U0197633

页岩气低成本高效钻完井
基础研究与应用

刘向君　梁利喜　熊　健　著

科 学 出 版 社

北　京

内 容 简 介

本书针对页岩气层钻井、完井过程中长水平井段安全钻井以及水平井体积改造等关键核心技术建立和实施过程中所面临的地质及岩石力学共性基础问题，以页岩岩石矿物学特征研究为基础，全面系统深入地揭示页岩气层岩石油水两亲且更亲油的特点、水-岩相互作用过程中页岩水化致裂特征及水-岩相互作用机制，提出水基钻井液钻井过程中，"封堵+抑制"的页岩地层稳定井壁的钻井液性能优化设计思路及方法，并建立适用于该类地层钻井液性能评价的新方法；同时室内实验与数值仿真模拟相结合，对多因素作用下页岩气层水平井缝网形成力学机制进行详细分析。衷心希望本书能够对读者有所帮助，为页岩气层水平井钻井和体积改造提供理论借鉴，促进页岩气更加科学、安全和低成本、环境友好化开发；希望本书所体现的以地质认识为基础，多学科联合攻关的研究思路能够对大家有所启示。

本书可供油气田开发工程、地质工程、钻完井工程等领域的工程技术人员和研究人员参考，也可供相关专业的研究生和高年级本科生参考使用。

图书在版编目(CIP)数据

页岩气低成本高效钻完井基础研究与应用 / 刘向君,梁利喜,熊健著.
— 北京：科学出版社,2018.9
　ISBN 978-7-03-052989-3

　Ⅰ.①页… Ⅱ.①刘… ②梁… ③熊… Ⅲ.①油页岩–油气钻井–完井 Ⅳ.①TE257

中国版本图书馆 CIP 数据核字 (2017) 第 116335 号

责任编辑：罗 莉 / 责任校对：彭 映
责任印制：罗 科 / 封面设计：陈 敬

科 学 出 版 社 出版

北京东黄城根北街16号
邮政编码：100717
http://www.sciencep.com

四川煤田地质制图印刷厂印刷
科学出版社发行 各地新华书店经销

*

2018 年 9 月第 一 版　　开本：787×1092 1/16
2018 年 9 月第一次印刷　　印张：21 1/2
字数：510 千字

定价：258.00 元
(如有印装质量问题,我社负责调换)

前　　言

天然气具有高效、清洁和环保的优势，是当今世界的理想能源，大力发展天然气产业，是缓解环境压力的重要途径之一。美国对页岩气的成功开发使页岩气逐渐成为全球非常规油气资源勘探开发的热点，世界各国陆续在页岩气领域加大科技投入，目前大约有 30 个国家开展了页岩气的勘探开发工作。我国也加入了页岩气开发热潮中，渴望依靠页岩气缓解天然气资源的紧缺。根据 2013 年美国能源信息署页岩气储量调查报告，世界页岩气地质储量约为 $1013×10^{12}m^3$，可开采资源量约为 $207×10^{12}m^3$。我国页岩气储量全球第一，约占全球页岩气储量的 15%，页岩气技术可采资源量约为 $31.6×10^{12}m^3$，巨大的开采潜力使页岩气成为中国能源未来发展的重点方向。近几年来，我国对页岩气的开发越来越重视，为加速页岩气商业化开发进程，中国石油天然气集团公司、中国石油化工集团公司等大型国企在页岩气勘探开发及工程技术等方面都投入了大量人力、物力和财力。通过大力引进国外页岩气工程技术和我国页岩气工程技术的自主研发与应用，我国页岩气探明储量快速增长，已经形成涪陵、长宁、威远、延长四大页岩气产区。虽然目前我国页岩气勘探开发取得了一定成果，但在整体发展过程中，钻完井周期长、压裂改造效果不理想、开发成本高等问题普遍存在，还未达到全面经济有效开发的效果，因此，我国页岩气勘探开发仍处在初步阶段。

由于我国页岩气储层埋藏深、地质及地质力学条件的特殊性和复杂性，低成本钻成长井段规则水平井及体积改造技术是页岩气开发至今未能很好解决的核心关键技术及重大技术难点，成为严重制约我国页岩气规模化开发的技术瓶颈。针对页岩气地层钻井完井过程中的技术难点，须客观、系统认识页岩地层的复杂性与特殊性深入机理，从页岩组构及理化特性、岩石物理响应特征、力学特性及破坏模式等钻完井工程地质基础问题出发，提出切实可行的应对措施和优化方法。页岩气储层微层理、微裂隙等弱结构面十分发育，导致页岩力学特性存在显著的各向异性特征。尤其与钻井液接触后，页岩力学特性及破坏特征变化复杂，从而导致稳定井壁难度较大。鉴于页岩地层对水敏感性和钻井过程中水平井存在严重井壁垮塌问题，油基钻井液被大量应用于钻井，试图弱化钻井液对地层岩石强度的影响，提高井壁的稳定性。然而油基钻井液目前不仅未能完全解决长井段水平井钻井井壁稳定问题，还带来了高钻井成本和严重的环保问题。因此，为了实现页岩气高效低成本、环保开发，采用水基钻井液钻成长水平段规则井眼是必须探索的重要方向。尽管通过近几年的攻关，现阶段水基钻井液在长宁、礁石坝等页岩工区都不同程度地取得了巨大成功，但更多的不成功案例和深层油气资源开发中遇到的越来越多的硬脆性页岩地层也使水基钻井液钻井页岩地层的相关基础研究具有了必要性。

当井眼形成后，由于页岩气储层岩石基质骨架极低的渗透性及其中天然气赋存状态的特殊性，如何沿水平段形成复杂裂缝网络，最大限度地提高页岩气的解吸、扩散及渗流通道，已成为有效实施页岩气藏体积改造技术必须首先解决的基础问题，对页岩气井建井生产十分关键。对比传统体积压裂改造，页岩地层井周压裂缝形成更为复杂。页岩地层发育层理、天然裂缝等弱结构面，使得压裂缝延伸过程中会出现分叉、沿结构面延伸、穿过结构面延伸等情况，同时压裂缝延伸过程易与天然裂缝相交、贯通。因此，如何有效控制裂缝形态，使之形成有效缝网是页岩地层体积改造技术关键问题。地质参数（岩石结构及强度非均质性、地应力状态等）和工程参数（井眼轨迹、钻井卸载作用、完井参数与水平段分段数等）如何影响水平井井周网状裂缝的萌生、扩展、规模、转向等系统研究都亟待开展。

2012 年以来，本书作者及研究团队在国家自然科学基金石化联合基金重点基金项目"页岩气低成本高效钻完井技术基础研究"（U1262209）、国家自然科学基金面上项目"硬脆性页岩地层井周裂缝形成与形态调控基础研究"（51274172），以及一批油田科研项目的支持下，针对目前影响我国页岩气高效、低成本开发的重大技术瓶颈问题，针对页岩气藏地层水平井井壁失稳机理及地层坍塌压力调控方法、页岩气储层压裂缝萌生、成网机制及调控方法等基础理论问题开展了系统深入的研究与实践。本书内容就是在分析与总结这些研究与实践成果的基础上编写而成。全书共分为 7 章，第 1 章详细描述页岩组构及理化特性、基础岩石物理特征；第 2 章叙述页岩岩石变形破坏模式及其影响因素；第 3 章研究页岩-工作液相互作用对其结构和强度的影响；第 4 章介绍井壁稳定性化学调控方法；第 5 章叙述力学与化学协同作用下的页岩地层井壁稳定性评价方法；第 6 章阐述页岩结构、强度、地应力、水平井眼轨迹等多因素作用下的井周压裂缝形态，介绍井周裂缝形态形成机制及调控方法；第 7 章介绍硬脆性页岩钻完井技术的应用实例。希望本书关于页岩地层岩石与水基钻井液的作用方式、作用时间、作用程度、作用机理对页岩地层岩石结构和井壁稳定性的影响，裂缝形成、扩展等的研究成果，本书所贯穿的以地质及地质力学研究为基础和依据，地质工程一体化实现钻井、完井等工程技术，钻前一体化优化设计的思路对页岩地层井壁垮塌等失稳事故的控制、解决，低成本水基钻井液技术的研发和体积改造优化等能起到一定借鉴和指导作用，推动我国页岩气开发。

本书主要由西南石油大学刘向君教授团队共同完成，梁利喜、熊健两位副教授完成统稿，全书由刘向君教授定稿、审稿。特别感谢团队刘琨、黄静、曾韦、丁乙、庄大琳、王光兵、蒋文超、吴涛、李德远、何顺平、雷梦等历届博士、硕士研究生，正是团队每个人的辛勤付出和努力工作使得研究取得丰硕成果和本书能够顺利完成。6.8 节由西南石油大学杨兆中教授团队完成。特别感谢中国石油天然气集团公司川庆钻探工程有限公司陈俊斌等专家在相关研究过程中的大力支持。

在本书的撰写过程中，参阅了国内外相关专业的大量文献，在此向所有论著的作者表示由衷的感谢！

由于作者水平和知识面的限制，书中如有不妥之处，敬请读者批评指正。

刘向君

2018 年 3 月

目　　录

第 1 章　页岩气层岩石组分、结构及理化特征

地层岩石矿物组分、结构及理化特征是钻井、完井、储层改造等工程技术设计、建立与优化的基础。本章较为系统地对比分析、总结四川盆地多个地区的龙马溪组、五峰组，以及鄂尔多斯盆地延长组长 7 段等海相和陆相页岩气层岩石的组分、结构及理化性质，数据来源于新鲜露头样品、井下样品以及文献资料。

1.1　矿物组分特征

页岩矿物组分分析常采用 X 射线衍射方法。依照行业标准《沉积岩中黏土矿物和常见非黏土矿物 X 衍射分析方法》SY/T 5163—2010，采用 PANalytical 公司生产的 X-射线衍射仪，对取自多个页岩气层的 220 个试样进行了 XRD 矿物组分测试分析，包括四川盆地下志留系龙马溪组、四川盆地上奥陶统五峰组、鄂尔多斯盆地上三叠统延长组长 7 段页岩。

根据页岩矿物的分类原则(Loucks and Rupple，2007)，将页岩中矿物分为三大类：①黏土矿物，②碳酸盐(包括方解石、白云石)和③石英、黄铁矿、长石。四川盆地龙马溪组、五峰组以及鄂尔多斯盆地延长组长 7 段等页岩样品的矿物组成及其含量可见图 1-1、图 1-2 和表 1-1。从图 1-1、图 1-2 和表 1-1 中可看出，所研究页岩的矿物组成以石英和黏土矿物为主，且石英和黏土矿物含量的变化范围大，其中不同地区龙马溪组页岩中石英平均含量分布范围为 30.19%～42.17%，武隆地区五峰组页岩中石英平均含量为 61.07%，鄂

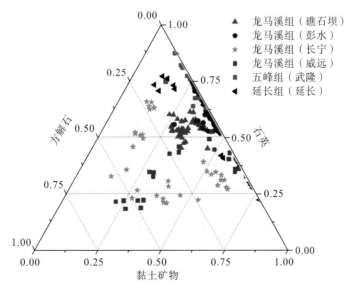

图 1-1　页岩气层岩石矿物组成三元图

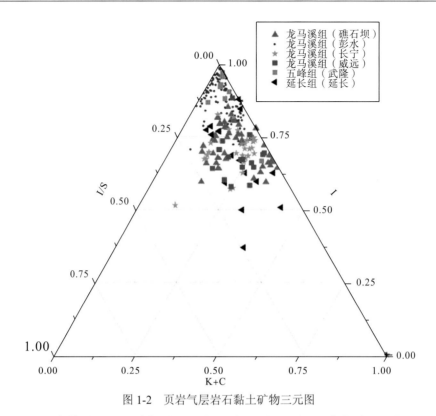

图 1-2　页岩气层岩石黏土矿物三元图

注：I. 伊利石（Illite）；K. 高岭石（Kaolinite）；C. 绿泥石（Chlorite）；S. 蒙脱石（Smectite）。

表 1-1　不同地层的页岩气层岩石的矿物组成对比

取样点	地层	石英/%			黏土矿物/%			碳酸盐岩/%		
		Min	Max	Ave	Min	Max	Ave	Min	Max	Ave
长宁	龙马溪组	19.89	62.71	38.85	11.1	59.34	33.29	8.76	52.59	22.42
威远	龙马溪组	15.48	40.25	30.19	20.02	64.66	39.55	0.00	52.75	20.74
礁石坝	龙马溪组	25.12	51.04	37.39	21.45	65.94	38.27	0.38	19.04	10.61
彭水	龙马溪组	27.67	56.29	42.17	21.29	59.92	39.09	0.23	16.25	1.26
武隆	五峰组	48.88	72.53	61.07	14.91	38.58	25.52	0.45	10.68	5.38
下寺湾	延长组长 7 段	17.10	72.33	37.54	12.37	61.55	40.57	0.00	14.34	5.84

注：Min 为最小值，Max 为最大值，Ave 为平均值。

尔多斯盆地延长组长 7 段页岩中石英平均含量为 37.54%；不同地区龙马溪组页岩中黏土矿物平均含量分布范围为 33.29%～39.55%，武隆地区五峰组页岩中黏土矿物平均含量为 25.52%，鄂尔多斯盆地延长组长 7 段页岩中黏土矿物平均含量为 40.57%。同时，从图 1-2 中还可看出，黏土矿物以伊利石含量最高，平均含量都大于 60%，伊/蒙混层相对含量大都小于 25%，不含有蒙脱石等膨胀性矿物。

　　从图 1-1、图 1-2 和表 1-1 中可以看出，不同地区龙马溪组页岩样品矿物组成存在一定的差异，反映出龙马溪组页岩横向分布差异。陈尚斌等（2011）研究结果表明，四川盆地长宁—兴文地区龙马溪组页岩的黏土矿物含量范围分布为 16.8%~70.1%，平均 53.4%，石英含量范围分布为 16.2%~75.2%，平均 29.2%及碳酸盐岩含量范围分布为 0~20.1%，平均 6.98%；陈文玲等(2013)研究结果表明长芯 1 井龙马溪组页岩的黏土矿物含量范围分布为 15%~75%，平均 40%，石英含量范围分布为 30%~70%，平均 34%，碳酸盐岩含量范围分布为 5%~30%，平均 18%；Guo 等(2014)研究结果表明礁石坝地区焦页 1 井龙马溪组页岩的黏土矿物平均含量为 34.6%，石英平均含量为 37.39%，碳酸盐岩平均含量为 9.71%。由于取样点的差异，本团队研究获得的不同地区龙马溪组页岩矿物组分数据与陈尚斌等(2011)、陈文玲等(2013)、Guo 等(2014)得到的矿物组分尽管具体数值存在差异，但都指示了四川盆地龙马溪组页岩矿物组成是以石英和黏土矿物为主，且黏土矿物含量变化大，总体不高的特点，也反映出龙马溪组地层的横向变化性，这种矿物组分的变化，尤其黏土矿物含量的变化，必然会给工程技术的建立带来更多的不确定性。

从表 1-1 中还可看出，无论海相页岩气层岩石(龙马溪组、五峰组)还是陆相页岩气层岩石(延长组长 7 段)，矿物组成的范围变化大，且矿物组成的差别也大，这种差异将造成页岩理化性能特征的差异，对页岩地层钻井过程中的井壁稳定产生不同的影响。

同时，北美地区的主要海相页岩和所研究页岩矿物组成含量的最小值和最大值可见图 1-3，包括巴尼特(Barnett)页岩 (Bowker, 2003; Bruner and Smosna, 2011)、伍德福德(Woodford)页岩(Abousleiman et al., 2008)、马塞卢斯(Marcellus)页岩(Bruner and Smosna, 2011)和新奥尔巴尼(New Albany)页岩(Strapoć et al., 2010)。从图 1-3 中可看出，北美地区的主要海相页岩和所研究页岩的矿物组成含量既有相似性也有差异性，其中龙马溪组页岩和延长组页岩的石英含量与北美地区的主要海相页岩的石英含量相近，而五峰组页岩的石英含量相对较低；与北美地区的主要海相页岩相比，所研究页岩的黏土矿物含量相对较高；北美地区的主要海相页岩和所研究页岩的碳酸盐岩含量的差异较明显，其中伍德福德(Woodford)、龙马溪组、五峰组和延长组的碳酸盐岩含量相对较低；所研究页岩的长石

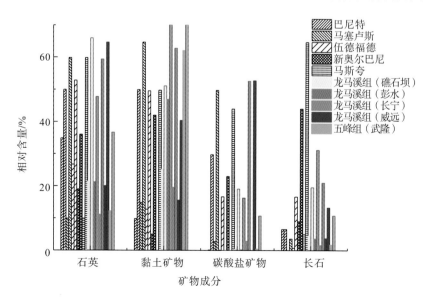

图 1-3　页岩矿物组成含量对比图

含量比北美地区的主要海相页岩中巴尼特(Barnett)页岩、伍德福德(Woodford)页岩和马塞卢斯(Marcellus)页岩的长石含量高，而低于北美地区的主要海相页岩中新奥尔巴尼(New Albany)页岩和马斯夸(Muskwa)页岩的长石含量。总体来看，北美地区的主要海相页岩和所研究页岩矿物组成也是以石英和黏土矿物为主。

此外，Chen 等(2011)、白志强等(2013)等研究发现龙马溪组页岩的岩性具有明显的二分性，即龙马溪组上段页岩和龙马溪组下段页岩，龙马溪组页岩的二分性分布特点将导致页岩矿物组成特征、有机碳含量等的差异。长宁地区和礁石坝地区的龙马溪组页岩的矿物组成特征也说明了龙马溪组页岩具有二分性的特点，可分别见图 1-4 和图 1-5，图中(a)代表龙马溪组上段页岩，(b)代表龙马溪组下段页岩。长宁地区和礁石坝地区龙马溪组上段页岩和下段页岩的石英含量、黏土矿物含量和碳酸盐岩含量的对比见表 1-2。从表 1-2 中可看出，长宁地区和礁石坝地区龙马溪组上段页岩和龙马溪组下段页岩的矿物组成差别较大，龙马溪组上段页岩的石英含量比下段石英含量低，其中长宁地区龙马溪组上段页岩石英平均含量为 27.6%，礁石坝地区龙马溪组上段页岩石英平均含量为 29.02%，而长宁地区龙马溪组下段页岩石英平均含量为 52.19%，礁石坝地区龙马溪组下段页岩石英平均含量为 43.10%；龙马溪组上段页岩的黏土矿物含量比下段黏土矿物含量高，其中长宁地区龙马溪组上段页岩黏土矿物平均含量为 47.09%，礁石坝地区龙马溪组上段页岩黏土矿物平均含量为 58.70%，而长宁地区龙马溪组下段页岩黏土矿物平均含量为 14.52%，礁石坝地区龙马溪组下段页岩黏土矿物平均含量为 25.71%；龙马溪组页岩上段的碳酸盐岩含量比下段碳酸盐岩含量低，其中长宁地区龙马溪组上段页岩碳酸盐岩平均含量为 18.57%，礁石坝地区龙马溪组上段页岩碳酸盐岩平均含量为 2.72%，而长宁地区龙马溪组下段页岩碳酸盐岩平均含量为 29.86%，礁石坝地区龙马溪组下段页岩碳酸盐岩平均含量为 13.74%。因此，龙马溪组上段和下段页岩的矿物组成差异将造成龙马溪组上段和下段页岩的理化性能差异，对龙马溪组上段和下段页岩地层钻井过程中的井壁稳定产生不同的影响。

表 1-2　长宁地区和礁石坝地区龙马溪组上段和下段页岩的矿物组成对比

取样点	地层	石英/%			黏土矿物/%			碳酸盐岩/%		
		Min	Max	Ave	Min	Max	Ave	Min	Max	Ave
长宁	龙马溪组上段	20.08	35.9	27.6	34.56	63.6	47.09	8.76	37.51	18.57
	龙马溪组下段	43.46	62.66	52.19	11.1	18.79	14.52	22.4	39.59	29.86
礁石坝	龙马溪组上段	25.12	35.27	29.02	39.68	65.94	58.7	0.38	9.06	2.72
	龙马溪组下段	32.25	51.04	43.10	21.45	39.08	25.71	5.97	18.63	13.74

注：Min 为最小值，Max 为最大值，Ave 为平均值。

根据页岩气层岩石的 XRD 测试结果，无论是海相页岩(龙马溪组、五峰组)还是陆相页岩(延长组长 7 段)，矿物组分主要以石英和黏土矿物为主，其次为长石(正长石、斜长石、钾长石)、碳酸盐岩(方解石、白云石)等，同时含有少量黄铁矿等矿物。黏土矿物主要以伊利石为主，其次为绿泥石、伊/蒙混层，部分岩样中可见少量的高岭石，基本不含蒙脱石等膨胀性矿物。

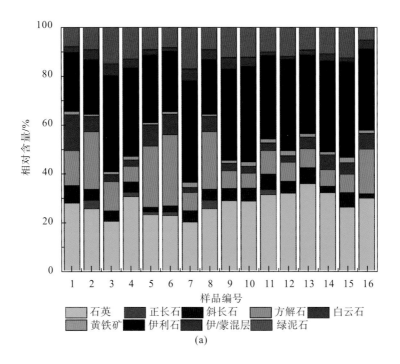

(a)

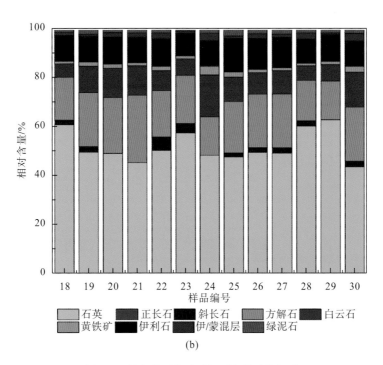

(b)

图 1-4　长宁地区龙马溪组页岩的矿物组成

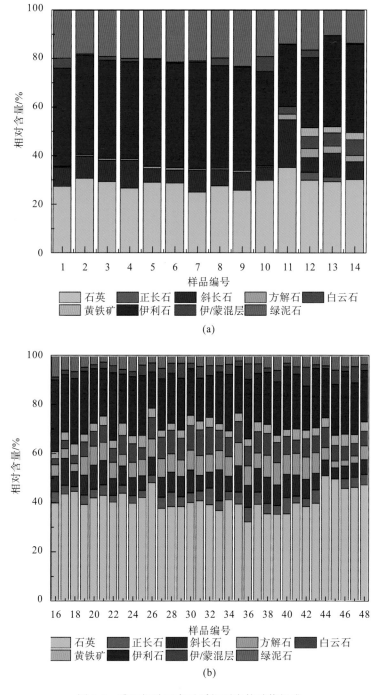

图 1-5　礁石坝地区龙马溪组页岩的矿物组成

　　由此可见，页岩气层岩石的矿物组成和钻井工程界长期以来关注的传统水化膨胀性泥岩的矿物组分存在较大差异，其中页岩气层岩石的黏土矿物主要为伊利石和较低含量的伊/蒙混层，且不含蒙脱石，而水化膨胀性泥岩一般含有较高含量的蒙脱石。

1.2　有机碳含量

　　为了研究页岩气层岩石的有机碳(total organic carbon，TOC)含量，利用 LECO CS230 C/S 测试仪器开展了页岩有机碳含量测试。页岩气层岩石的有机碳含量测试结果见图 1-6 和表 1-3。从图 1-6 和表 1-3 中可看出，龙马溪组上段页岩的 TOC 含量明显低于龙马溪组下段页岩的 TOC 含量，其中长宁地区的龙马溪组上段页岩的 TOC 平均含量为 1.25%，礁石坝地区的龙马溪组上段页岩的 TOC 平均含量为 1.01%；而长宁地区的龙马溪组下段页岩的 TOC 平均含量为 4.12%，礁石坝地区的龙马溪组下段页岩的 TOC 平均含量为 3.83%。同时陈文玲等(2013)研究结果表明，长芯 1 井龙马溪组上段页岩的 TOC 含量平均值 1.4%(1.04%~2.05%)低于下段 TOC 含量平均值 5.33%(3.95%~6.7%)。这些结果说明龙马溪组下段页岩比龙马溪组上段页岩更富含有机质。同时，从图 1-6 中可看出，武隆地区五峰组页岩的 TOC 含量分布为 0.621%~5.33%，平均含量为 2.80%；鄂尔多斯盆地延长组长 7 段页岩的 TOC 含量分布为 3.89%~5.11%，平均含量为 4.38%。以上结果说明了研究的龙马溪组、五峰组和延长组页岩都富含有机质。

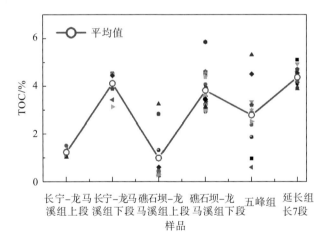

图 1-6　页岩气层岩石的有机碳含量对比图

表 1-3　长宁地区和礁石坝地区龙马溪组上段页岩和下段页岩的 TOC 和 CEC[①]对比

取样地区	地层	TOC/%			CEC / (mmol·kg⁻¹)		
		最小值	最大值	平均值	最小值	最大值	平均值
长宁	龙马溪组上段	1.06	1.53	1.25	70	120	94.69
	龙马溪组下段	3.44	4.53	4.12	30	55	38.93
礁石坝	龙马溪组上段	0.274	3.26	1.01	—	—	—
	龙马溪组下段	2.04	5.87	3.83	40	65	45.58

---

① CEC：cation exchange capacity，阳离子换量。

长宁地区和礁石坝地区龙马溪组上段页岩和下段页岩的石英含量和有机碳含量之间的关系分别见图 1-7 和图 1-8。从图 1-7 中可看出，长宁地区龙马溪组上段页岩的石英含量与有机碳含量存在较弱的正线性关系(R^2=0.0793)，而下段页岩的石英含量和有机碳含量之间存在良好的正线性关系(R^2=0.538)；同时从图 1-8 中可看出，礁石坝地区龙马溪组上段页岩的石英含量与有机碳含量存在较弱的正线性关系(R^2=0.0481)，而下段页岩的石英含量和有机碳含量之间存在良好的正线性关系(R^2=0.603)。鄂尔多斯盆地延长组长 7 段页岩的石英含量和有机碳含量之间的关系可见图 1-9。从图 1-9 中可看出，延长组长 7 段页岩的石英含量和有机质含量之间存在良好的负线性关系，相关系数为 0.7203。

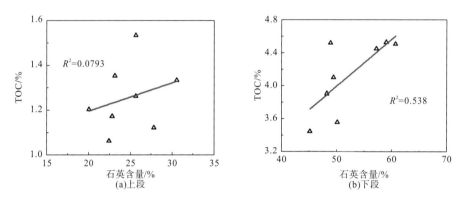

图 1-7　长宁地区龙马溪组页岩石英含量和有机碳含量之间的关系

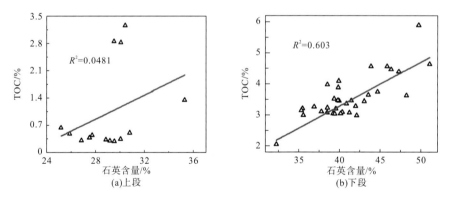

图 1-8　礁石坝地区龙马溪组页岩石英含量和有机碳含量之间的关系

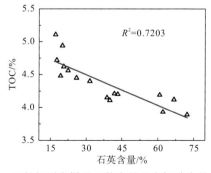

图 1-9　延长组页岩样品石英含量和有机碳含量之间的关系

Ross 等(2007)和 Chalmers 等(2012)研究结果表明，加拿大侏罗纪(Jurassic)页岩和泥盆纪(Devonian)页岩的石英含量与 TOC 含量呈正线性相关性，他们研究认为这主要是因为研究区块页岩中石英主要来源于硅质生物，即生物成因。因此，与侏罗纪(Jurassic)页岩和泥盆纪(Devonian)页岩相比，四川盆地龙马溪组上段页岩的石英可能较少源于生物成因，龙马溪组下段页岩的石英可能较多源于生物成因。白志强等(2013)通过薄片、扫描电镜观察发现龙马溪组页岩中的石英主要来源于陆源碎屑和生物成因，同时龙马溪组下段页岩能观察到更多的硅质生物。这可能是因为龙马溪组下段页岩是深水陆棚沉积，沉积环境远离大陆，石英较多部分来源于硅质生物，即生物成因，较少部分来源于陆源碎屑，即碎屑成因，而龙马溪组上段页岩是浅水陆棚沉积，沉积环境离大陆较近，石英较多部分来源于陆源碎屑，即碎屑成因，较少部分来源于硅质生物，即生物成因。然而鄂尔多斯盆地延长组长 7 段页岩为陆相页岩，为陆相湖泊沉积环境，其石英主要来源于陆源碎屑，即碎屑成因。

1.3　孔隙结构特征

目前针对页岩孔隙结构的特征，研究内容包括：页岩中孔隙的形态、孔隙类型、比表面积、孔容、孔径大小、孔径分布等。巨大的比表面积常使得页岩具有较高的化学活泼性，能优先与侵入地层的外来流体发生化学反应和物理化学作用，并具有较高的化学反应速度。页岩比表面积受其有机质、矿物组成、颗粒排列方式、粒径和颗粒形状等的综合影响。从传统水化膨胀性泥岩地层的研究已经知道，泥岩地层中常见的四类黏土矿物中，蒙脱石具有最大的比表面积，它与水介质接触时表现出最强的敏感性，遇水后体积膨胀，对泥岩地层岩石强度和井壁稳定性影响也大。从前述的龙马溪组等页岩岩样的矿物组成分析结果中可知，龙马溪组、五峰组等页岩的黏土矿物以伊利石为主，其为弱膨胀性矿物。

采用低压气体吸附(氮气和二氧化碳)、高压压汞(MICP)、小角中子散射(SANS)等手段可研究页岩孔容、表面积、微孔孔容、微孔比表面积、孔径大小及孔径分布曲线等，其中低压氮气吸附法应用最为广泛。低压氮气吸附法常用来研究固体纳米级孔隙的分布情况，本研究中的低压氮气吸附实验采用美国康塔公司 NOVA2000e 型比表面积和孔隙度分析仪(图 1-10)进行，仪器孔径测量范围为 0.35~400nm，实验测试前样品首先在 150℃高温下抽真空预处理 4h，以除去杂质气体，然后放在盛有液氮的杜瓦瓶中与仪器分析系统相连。在 77K 温度下测定不同相在压力范围(0.001~0.998)下进行等温吸附-脱附实验，获得低压氮气的吸附-脱附等温数据。在这些数据的基础上，以相对压力(p/p_0)为横坐标，以单位质量的氮气吸附量为纵坐标，可绘制氮气吸附-脱附等温线。以低压氮气吸附等温数据为基础，根据 BET 二常数公式[式(1-1)]在相对压力为 0.05~0.35 时，作 BET(Brunauer-Emmett-Teller)直线图，根据斜率和截距可计算得到单分子层吸附量，根据式(1-2)可计算得到样品的比表面积(Brunauer et al., 1938)。BET 二常数公式为

$$\frac{p}{V(p_0-p)} = \frac{1}{V_m \cdot C} + \frac{C-1}{V_m \cdot C} \cdot \frac{p}{p_0} \tag{1-1}$$

式中，p 为被吸附气体在吸附温度下的平衡压力，MPa；p_0 为被吸附气体在吸附温度下的饱和蒸气压，MPa；V 为平衡压力 p 下的吸附量，cm³/g；V_m 为形成单分子吸附层时的吸附量，cm³/g；C 为常数。

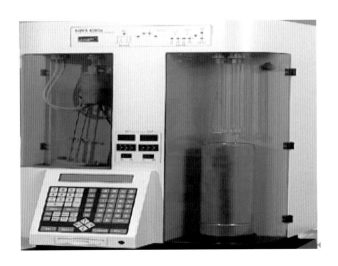

图 1-10　NOVA2000e 型比表面积和孔隙度分析仪

样品的比表面积计算公式为

$$S_{BET} = \frac{V_m N A_m}{22400W} \times 10^{-18} \tag{1-2}$$

式中，S_{BET} 为样品的比表面积，m²/g；N 为阿伏伽德罗常数，6.023×10^{23}；A_m 为吸附质分子的截面积，即每个氮气分子在样品表面上所占的面积（0.162 nm²）。

基于低压氮气吸附等温数据，可综合利用 t-plot 法和 BET 比表面积法求出样品的微孔孔容和微孔的比表面积。t-plot 法实际上就是吸附层厚度法，可利用基于 Harkins-Jura 模型的公式计算（de Boer et al., 1966）：

$$t = \left[\frac{13.99}{0.034 - \log(p/p_0)} \right]^{\frac{1}{2}} \tag{1-3}$$

式中，t 为吸附层厚度。

在相对压力为 0.2～0.5 时，以氮气吸附量为纵坐标，以吸附层厚度 t 为横坐标可得到 t-plot 曲线，可利用曲线的截距计算样品的微孔孔容，利用曲线的斜率计算样品的外比表面积，其为除去微孔比表面积外的比表面积，包括中孔、大孔及其他孔的比表面积，即样品的微孔比表面积为 BET 比表面积和外比表面积之差。

样品的微孔孔容为

$$V_{mic} = 0.001547b \tag{1-4}$$

样品的外比表面积为

$$S_{ext} = 15.47k \tag{1-5}$$

样品的微孔比表面积为

$$S_{mic} = S_{BET} - S_{ext} \tag{1-6}$$

式中，V_{mic} 为样品微孔的孔容，cm^3/g；S_{mic} 为样品的微孔比表面积，m^2/g；S_{ext} 为样品的外比表面积，m^2/g；k、b 分别为 t-plot 曲线的斜率和截距。

样品的孔径分布有多种计算方法，BJH（Barret-Joyner-Halenda）法是一种常用的分析中孔和部分大孔的孔径分布方法，非定域密度函数理论（nonlocal density function theory，NLDFT）法可用来分析微孔和部分中孔的孔径分布方法（Xiong et al., 2015a）。基于氮气吸附-脱附的等温数据，综合利用 BJH 法和 NLDFT 法分析样品的孔径分布曲线。

在此基础上，将龙马溪组页岩、五峰组页岩和延长组页岩样品按国家标准取样、破碎和筛分，对页岩样品进行低压氮气吸附测试。基于页岩样品低压氮气吸附测试，可以获得页岩样品的吸附-脱附等温线，在吸附数据的基础上获得比表面积、微孔比表面积、孔容和微孔孔容等参数，通过 BJH 法和 NLDFT 法获得页岩样品的孔径分布曲线，研究孔径分布特征。

1.3.1　低压氮气吸附-脱附等温线

部分龙马溪组页岩样品低压氮气吸附等温线和脱附等温线见图 1-11，五峰组页岩样品低压氮气吸附等温线和脱附等温线见图 1-12。从图 1-11 和图 1-12 中可看出，龙马溪组页岩和五峰组页岩样品的吸附等温线在形态上略有差别，且在相对压力较高（$p/p_0 > 0.45$）时，每个页岩样品的吸附-脱附等温线的吸附分支与脱附分支发生分离，形成吸附回线，说明页岩样品孔隙中存在中孔和大孔，且吸附质在中孔中发生毛细凝聚现象（Gregg et al., 1982; Xiong et al., 2015a），同时页岩样品在相对压力较低（$p/p_0 > 0.01$）时，页岩样品的吸附气量较大，说明页岩样品中存在微孔，特别是龙马溪组页岩样品 1、2、3、4 和 8（图 1-11）以及五峰组页岩样品 1、3、4、5、6、7 和 8（图 1-12）中应含有较多的微孔（Mastalerz et al., 2013）。此外需要注意的是图 1-11 中部分页岩样品低压氮气吸附等温线在低压区吸附回线未闭合，原因可能是页岩微孔中发生膨润现象（Gregg et al., 1982）。根据吸附等温线的 BDDT 分类（Mastalerz et al., 2013），页岩样品的吸附曲线形态与Ⅳ型吸附等温线接近（等温线存在吸附回线），吸附曲线前段上升缓慢，曲线中段近似呈线性，曲线后段上升较快。从图 1-11 和图 1-12 中可以看出，龙马溪组页岩和五峰组页岩样品的吸附-脱附等温线的吸附回线具有不同的形态，不同的吸附回线形状类型可反映样品孔的结构特征和类型。根据 de Boer 等（1966）和国际纯化学与应用化学联合会（International Union of Pure and Applied Chemistry，IUPAC）（Sing et al., 1985），龙马溪组页岩的吸附回线可分为 de Boer 分类法的 B 型和 IUPAC 分类法的 H2 型，这类等温线上的吸附-脱附曲线中脱附曲线分支有明显的拐点，该类曲线反映出研究区龙马溪组页岩的孔隙形态呈开放性，孔隙类型较为复杂，以含有墨水瓶状、四边都开口的平行板状及平行壁的狭缝状等孔为主（Mastalerz et al., 2013; Xiong et al., 2015a），而五峰组页岩的吸附-脱附曲线中吸附曲线分支和脱附曲线分支近似平行，其吸附回线可分为 de Boer 分类法的 D 型和 IUPAC 分类法的 H3 型，这类曲线孔隙形态以四边都开口的平行板状、狭缝形等为主（Mastalerz et al., 2013; Xiong et al., 2015a)。

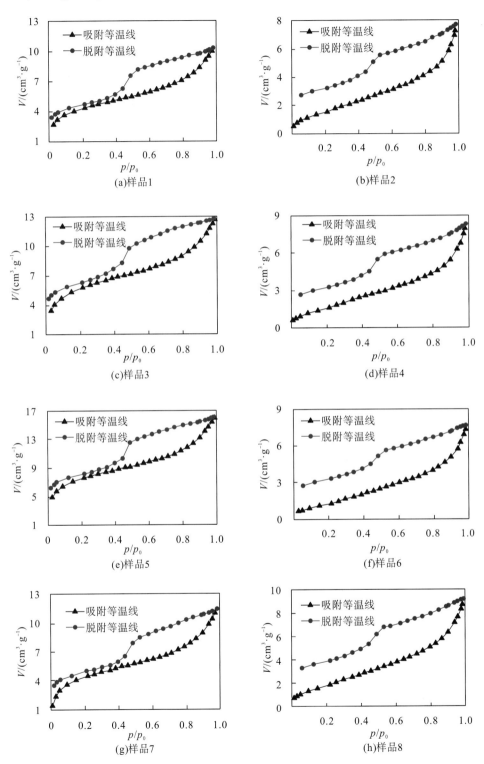

图 1-11 部分龙马溪组页岩样品的吸附-脱附等温线

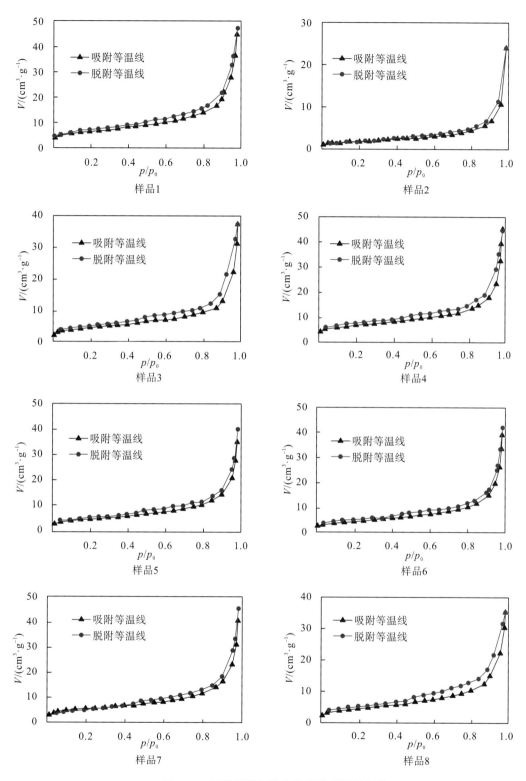

图1-12　五峰组页岩样品的吸附-脱附等温线

1.3.2 比表面积和总孔容

由低压氮气吸附法测得龙马溪组页岩样品的比表面积、微孔比表面积和外比表面积见表 1-4。从表 1-4 中可看出，龙马溪组页岩样品的比表面积由多点 BET 方法计算得到，其分布范围为 5.416～25.958 m^2/g，平均 12.848 m^2/g；外比表面积由 t-plot 方法计算得到，其分布范围为 4.412～17.568 m^2/g，平均 9.803m^2/g；微孔比表面积由比表面积减去微孔比表面积得到，其分布范围为 0.953～8.390 m^2/g，平均 3.045m^2/g。从表 1-4 还可以看出，微孔比表面积对总比表面积的贡献分布为 15.12%～32.32%，微孔比表面积对总比表面积的贡献平均为 20.95%。同时，由低压氮气吸附法测得五峰组页岩样品的比表面积、微孔比表面积和外比表面积可见表 1-5。从表 1-5 中可看出，五峰组页岩样品的比表面积由多点 BET 方法计算得到，其分布范围为 6.78～24.59 m^2/g，平均 17.05 m^2/g；外比表面积由 t-plot 方法计算得到，其分布范围为 6.78～17.71 m^2/g，平均 15.23m^2/g；微孔比表面积分布范围为 0～7.85 m^2/g，平均 3.52m^2/g。从表 1-5 还可以看出，微孔比表面积对总比表面积的贡献分布范围为 0～31.92%，微孔比表面积对总比表面积的贡献平均为 18.18%。

表 1-4　基于低压氮气吸附测试的龙马溪组页岩样品的比表面积

样品编号	比表面积/(m^2/g)[①]	S_{mic}/(m^2/g)[②]	S_{ext}/(m^2/g)[②]	微孔贡献的比表面积/%
1	14.975	3.176	11.799	21.21
2	6.301	0.953	5.348	15.12
3	20.077	5.439	14.638	27.09
4	6.710	1.068	5.642	15.92
5	25.958	8.390	17.568	32.32
6	5.416	1.004	4.412	18.53
7	15.823	3.199	12.624	20.22
8	7.527	1.291	6.236	17.15

①比表面积利用多点 BET 方法计算；②S_{ext} 为除微孔外的外表面积，包括中孔、大孔及其他孔，S_{mic} 为微孔的比表面积，利用 t-plot 方法计算得到。下同。

表 1-5　基于低压氮气吸附测试的五峰组页岩样品的比表面积

样品编号	比表面积/(m^2/g)	S_{mic}/(m^2/g)	S_{ext}/(m^2/g)	微孔贡献的比表面积/%
1	23.68	5.97	17.71	25.21
2	6.78	0	6.78	0.00
3	15.42	2.635	12.785	17.09
4	24.59	7.85	16.74	31.92
5	17.19	3.321	13.869	19.32
6	16.14	2.99	13.15	18.53
7	18.74	3.039	15.701	16.22
8	13.88	2.38	11.5	17.15

由低压氮气吸附法测得龙马溪组页岩样品的总孔容、微孔孔容和平均孔径见表 1-6。从表 1-6 中可看出，龙马溪组页岩样品的总孔体积(总孔容)分布为 0.01076～0.02504 cm³/g，平均为 0.01456 cm³/g；微孔孔容分布为 0.00022～0.001395 cm³/g，平均为 0.000661 cm³/g；微孔孔容对总孔容的贡献分布为 1.98%～5.57%，微孔孔容对总孔容的贡献平均为 3.85%。同时，由低压氮气吸附法测得五峰组页岩样品的总孔容、微孔孔容和平均孔径见表 1-7。从表 1-7 中可看出，五峰组页岩样品的总孔体积(总孔容)分布为 0.03742～0.07264cm³/g，平均为 0.06108 cm³/g；微孔孔容分布为 0～0.03801cm³/g，平均为 0.02014 cm³/g；微孔孔容对总孔容的贡献分布为 0～5.25%，微孔孔容对总孔容的贡献平均为 3.06%。以上研究结果表明，富有机质页岩中微孔对页岩比表面积的贡献明显大于页岩中微孔对页岩总孔容的贡献，说明页岩中微孔数量对于页岩比表面积而言有重要的意义，页岩中微孔的数量越多，造成页岩比表面积越大，其对页岩比表面积贡献越大。这个就相当于一个大孔被分成多个小孔，虽然小孔的孔隙体积之和等于大孔的体积(即体积没有变化)，但是小孔的比表面积之和远大于这个大孔的比表面积。

表 1-6   基于低压氮气吸附测试的龙马溪组页岩样品的总孔容

样品编号	总孔容/(cm³/g)	V_{mic}/(cm³/g)	平均孔径/nm	微孔贡献的总孔容/%
1	0.01 602	0.000 841	4.279	5.25
2	0.01 161	0.00 023	7.370	1.98
3	0.01 962	0.001 063	3.909	5.42
4	0.01 263	0.000 565	7.529	4.47
5	0.02 504	0.001 395	3.859	5.57
6	0.01 076	0.000 22	7.947	2.04
7	0.01 776	0.000 693	4.490	3.90
8	0.01 313	0.000 284	6.978	2.16

注：总孔容为在相对压力为 0.99 时的液氮的质量，换算成在标准状况下的体积；V_{mic} 为微孔的孔容，利用 t-plot 方法计算得到；平均孔径=4×总孔容÷比表面积。下表同。

表 1-7   基于低压氮气吸附测试的五峰组页岩样品的总孔容

样品编号	总孔容/(cm³/g)	V_{mic}/(cm³/g)	平均孔径/nm	微孔贡献的总孔容/%
1	0.07246	0.003801	12.2407	5.25
2	0.03742	0	22.0767	0
3	0.05827	0.001412	15.1154	2.42
4	0.06956	0.003111	11.3157	4.47
5	0.06147	0.002196	14.3037	3.57
6	0.06470	0.001899	16.0347	2.94
7	0.06993	0.002239	14.9264	3.20
8	0.05482	0.001458	15.7983	2.66

根据不同采样点的 98 个富有机质页岩样品的低压氮气吸附测试结果可获得其比表面积，其结果见图 1-13。

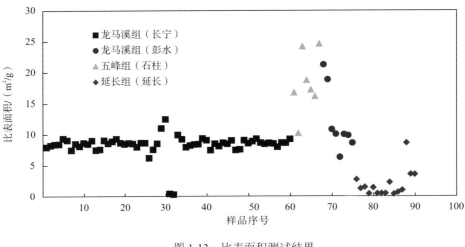

图 1-13　比表面积测试结果

从图 1-13 中可看出，富有机质页岩的比表面积普遍较低，均小于 25m²/g，其中长宁龙马溪组、延长组长 7 段页岩的比表面积主要分布在 0.397～10.0m²/g。

1.3.3　孔径分布曲线

孔容和比表面积关于孔径分布可以用来表征孔径分布曲线，如 dV/dD、dS/dD、$dV/dlog(D)$、$dS/dlog(D)$，通常选用 $dV/dlog(D)$ 来表征样品的孔径分布特征，因此选用该方式来描述页岩样品的孔径分布曲线。基于 NLDFT 法计算得到的龙马溪组页岩样品的孔径分布曲线见图 1-14，基于 BJH 法计算得到的龙马溪组页岩样品的孔径分布曲线见图 1-15。

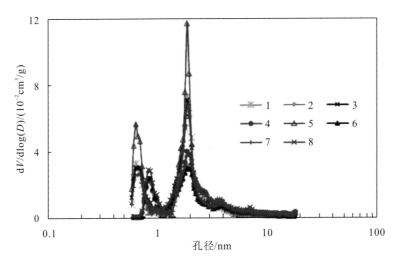

图 1-14　基于 NLDFT 法的龙马溪组页岩样品孔径分布曲线

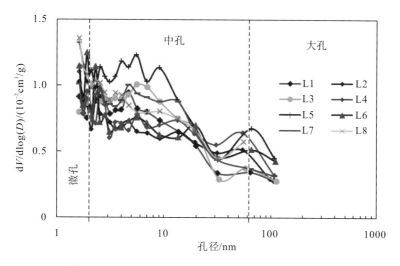

图 1-15　基于 BJH 法的龙马溪组页岩样品孔径分布曲线

从图 1-14 和图 1-15 中可以看出，基于 BJH 法和 NLDFT 法综合反映出页岩样品的孔径具有连续分布的特征。从图 1-14 中可以看出龙马溪组页岩样品的微孔和部分中孔的分布特征，页岩样品的孔径分布图的形态特征主要为分散型，其主要包含一个主峰和一个次峰，主峰在 1.9nm 附近，页岩样品的最小孔径分布为 0.5888~0.7374nm。从图 1-15 中可以看出页岩样品的中孔和部分大孔的分布特征，页岩样品的孔径分布图的形态特征主要为集中型，集中型孔径分布图只含有一个主峰，主峰在 1.9nm 附近，页岩样品的最大孔径分布为 98.8835~113.4697 nm。同时，由低压氮气吸附法测得五峰组页岩样品的孔径分布曲线可参考文献(Xiong et al., 2015b)，研究表明五峰组页岩样品的最小孔径分布为 0.812~1.1776nm，页岩样品的最大孔径分布为 108.9~132.5 nm，同时也表明五峰组页岩样品的孔径具有连续分布的特征。以上研究结果表明了富有机质页岩中孔径具有连续分布的特征。

1.4　阳离子交换容量

阳离子交换容量的大小反映出当外来钻井液滤液与页岩相互作用后，钻井液中水分子、含水化壳的阳离子能将黏土矿物晶层间阳离子交换下来的总量。页岩阳离子交换容量越大，其越易发生水化反应。页岩阳离子交换容量与其吸附水分子、发生水化的能力直接相关，反映页岩水化膨胀能力的强弱。因此，可利用阳离子交换容量分析页岩气层岩石水化膨胀能力的强弱。

依照行业标准《泥页岩理化性能试验方法(SY/T 5613—2000)》，对岩样处理后测量阳离子交换容量。测定方法如下：

(1)准备岩样：将小碎岩块在研钵内砸碎，用 100 目的筛网筛出实验所需的粉末状的岩样粉。并在 105℃下，烘干岩样 6h，然后放入干燥器(底部放有吸湿硅胶)冷却。

(2)页岩浆液制备：①取冷却至室温的岩样粉 20g 置于容量为 100mL 的烧杯中，加蒸馏水至总体积为 40mL。用玻璃棒搅拌均匀后,在磁力搅拌机上高速搅拌 30min。②用不带针头的注射器量取 2mL 摇匀的页岩浆液注入另一盛有 10mL 蒸馏水、容量为 100mL 的烧杯中。③加入 15mL 浓度为 3%的过氧化氢溶液和 0.5mL 浓度为 2.5mol/L 的硫酸溶液,缓慢煮沸 10min(但不能蒸干),用水稀释至 50mL,待滴定。

　　(3)亚甲基滴定:以 0.5mL/次逐渐把亚甲基蓝溶液加到待滴定的烧杯中,用玻璃棒搅拌 1min。在固体悬浮的状态下,用搅拌棒取一滴液体在滤纸上,当染料在染色固体周围显出蓝色环时,即达到滴定终点(图 1-16),按照式(1-7)计算页岩的阳离子交换容量(cation exchange capacity,CEC)。

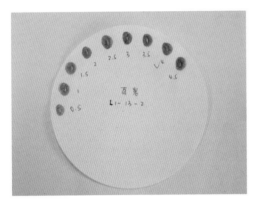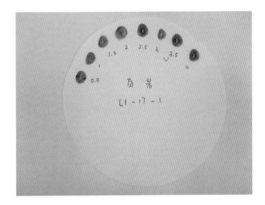

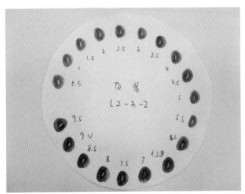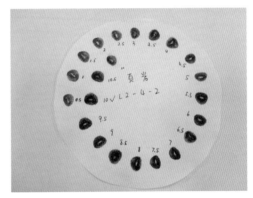

图 1-16　部分龙马溪组页岩样品滴定终点

$$CEC = \frac{a}{b} \times 10 \tag{1-7}$$

式中,CEC 为泥页岩的阳离子交换容量,mmol/kg(干页岩);a 为滴定所耗亚甲基蓝溶液体积,mL;b 为滴定所取泥页岩质量,g。

　　对长宁地区、彭水地区龙马溪组以及鄂尔多斯盆地延长组长 7 段共计 48 个页岩岩样进行了阳离子交换容量的实验。实验结果如图 1-17 所示。

　　页岩气层岩石样品的阳离子交换容量(CEC)测试结果可见图 1-17 和表 1-3。从图 1-17 和表 1-3 中可看出,长宁地区的龙马溪组上段页岩和下段页岩的 CEC 差异较大,其中龙马溪组上段页岩的 CEC 分布为 70～120 mmol/kg（平均值为 94.69 mmol/kg），而龙马溪组下段页岩的 CEC 分布为 30～55 mmol/kg（平均值为 38.93 mmol/kg）。从图 1-17 和表 1-3 中还可看出，礁石坝地区龙马溪组下段页岩的 CEC（平均值为 45.58 mmol/kg）和长宁地区龙马溪组下段页岩的 CEC 相差较小，而与长宁地区龙马溪组上段页岩的 CEC 差异较大。这些结果说明四川盆地龙马溪组上段页岩和下段页岩的水化膨胀能力相差较大，龙马溪组上段页岩的水化膨胀能力总体上较大，而龙马溪组下段页岩的水化膨胀能力总体上较小，龙马溪组上下两段页岩的差异导致目的层段在钻井过程中所需采取的井壁保护措施手段不一致，龙马溪组上段页岩钻井过程中更需要抑制水化作用，避免因水化作用造成井壁的坍塌。此外，延长组长 7 段页岩的 CEC 分布为 55～125 mmol/kg，平均值为 77.81 mmol/kg，其介于长宁地区龙马溪组上段页岩的 CEC 和下段页岩的 CEC 之间。

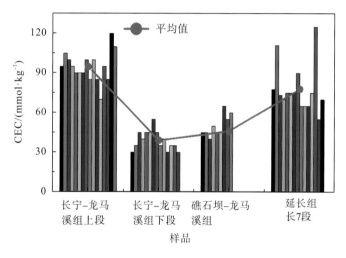

图 1-17　阳离子交换容量测试结果

以上结果表明页岩阳离子交换容量都相对较低，除个别数据点外，普遍小于 100mmol/kg，说明富有机质页岩气层岩石属于低水化膨胀性岩石。因此，与传统水化膨胀性泥岩地层水基钻井液钻井过程中钻井液以抑制水化膨胀为主要不同，抑制水化膨胀应该不是该类地层钻井液设计中面临的首要问题。

1.5　润湿性特征

利用接触角法测定长宁地区龙马溪组下段页岩和延长组长 7 段页岩-气-液体系的接触角，定性评价了页岩的润湿性。测试液体有水、水基钻井液、白油、煤油，测试条件为常温常压。图 1-18、图 1-19 分别为水、水基钻井液（1#～8#）、白油和煤油在页岩表面的铺展情况，接触角测定结果见表 1-8 和表 1-9。从图和表中可看出，在水-气-页岩体系中，水在页岩表面呈滴状，且接触角小于 90°，而在油-气-页岩体系中，油在页岩表面完全铺展。以上研究说明了在液-气-岩石体系中，页岩表面既亲水又亲油，即页岩表面的润湿性具有两亲性。根据页岩矿物组分，石英、长石、方解石、白云石、伊利石及伊/蒙间层等具有亲水性，黄铁矿具有弱亲水性，而有机质具有亲油性，因此页岩表面的润湿性与页岩中的有机质有关。

（a）水在页岩表面呈滴状

（b）白油在页岩表面完全铺展

（c）煤油在页岩表面完全铺展

图 1-18　长宁地区龙马溪组下段页岩的润湿性

（a）水在页岩表面上的接触角

（b）水基钻井液在页岩表面上的接触角

（c）白油在页岩表面完全铺展

图 1-19　鄂尔多斯盆地延长组长 7 段页岩的润湿性

表 1-8　长宁龙马溪组下段页岩润湿性测试结果

润湿介质	龙马溪露头		井下样品		井下 WL	
	CA[L]/(°)	CA[R]/(°)	CA[L]/(°)	CA[R]/(°)	CA[L]/(°)	CA[R]/(°)
1#	14.4	14.4	14.5	14.5	11.6	11.6
2#	44.3	44.3	16.7	16.7	17.2	17.2
3#	48.8	48.8	38.4	38.4	40.4	40.4
4#	51.9	51.9	52.5	52.5	43.8	43.8
5#	41.7	41.7	49.9	49.9	49.6	49.6
6#	61	61	32.5	32.5	29.4	29.4
7#	44	44	39	39	17.7	17.7
8#	33.2	33.2	19.7	19.7	11.7	11.7

续表

润湿介质	龙马溪露头		井下样品		井下 WL	
	CA[L]/(°)	CA[R]/(°)	CA[L]/(°)	CA[R]/(°)	CA[L]/(°)	CA[R]/(°)
现场钻井液	36.6	36.6	43.8	43.8	33.9	33.9
实验室钻井液	全铺	全铺	全铺	全铺	全铺	全铺
水	10.5	10.5	全铺	全铺	23.4	23.4
白油	全铺	全铺	全铺	全铺	全铺	全铺

注：CA[L]表示液滴左接触角，CA[R]表示液滴右接触角。下表同。

表 1-9 延长组长 7 段页岩润湿性实验结果

润湿介质	4 井		8 井		9 井		露头	
	CA[L]/(°)	CA[R]/(°)	CA[L]/(°)	CA[R]/(°)	CA[L]/(°)	CA[R]/(°)	CA[L]/(°)	CA[R]/(°)
水	49.1	49.1	47.8	47.8	63.7	63.7	5.6	5.6
水基钻井液	56.5	56.5	54.8	54.8	55.7	55.7	26	26
白油	全铺	全铺	全铺	全铺	全铺	全铺	全铺	全铺

　　同时，利用颗粒液-液萃取（liquid-liquid extraction，LLE）法研究页岩样品颗粒对水、油的亲疏性。页岩样品颗粒 LLE 法测试步骤：将 1g 岩样粉末颗粒（粒径小于 10μm）、20mL 水和 20mL 白油混合，充分搅拌及摇晃，放置一段时间，通过观察颗粒是沉在水中还是悬浮在油中判断颗粒亲疏性，测试结果见图 1-20。从图 1-20 中可看出，部分页岩颗粒沉在水底，部分颗粒悬浮在白油中处，部分颗粒悬浮在油水界面处，因此页岩岩样颗粒中存在亲水颗粒和憎水颗粒（即亲油颗粒）。从微观角度分析页岩岩石孔隙表面处润湿性存在差异，表现为微观非均质润湿特征，即斑状润湿，部分孔隙表现为水湿，部分孔隙表现为油湿。

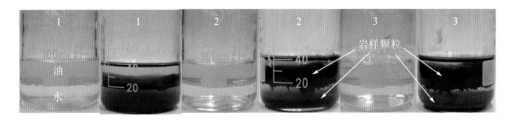

图 1-20 页岩样品颗粒 LLE 法测试结果

　　此外，利用自吸实验研究富有机质页岩对水、油的自吸率。页岩岩样自吸实验主要包括页岩岩样先浸泡水中自吸后浸泡白油中自吸实验和页岩岩样先浸泡白油中自吸后浸泡水中自吸实验。页岩自吸率随时间的变化见图 1-21，从图中可看出，页岩自吸吸水率和自吸吸油率随时间增加而先上升后趋于稳定，页岩自吸吸水率大于自吸吸油率。从低压氮气吸附法测试得到页岩孔径分布结果(图 1-14 和图 1-15),可发现页岩孔径中富含大量的纳米级孔隙,从零点几纳米到几十纳米。水分子直径为 0.4nm,水分子能自由进入页岩孔隙中,而白油分子直径大于水分子直径,说明在毛细管效应作用下,水进入页岩孔隙范围大于白油进入孔隙范围,同时在相同孔隙下,水受到的毛细管力大于白油受到的毛细管力(水-空气界面张力大于油-空气界面张力),造成水的自吸动力大于油的自吸动力,导致页岩的自吸吸水率大于自吸吸油率。从图 1-21 中还可看出,页岩先自吸白油后自吸吸水率低于直接自吸吸水率,且前者自吸吸水率上升速度降低,同时页岩先自吸水后自吸吸油率低于直接自吸吸油率,且前者自吸吸油率上升速度降低。页岩与水、油接触后,因毛细管效应作用自吸吸水及油,水或油都会优先进入页岩孔隙中,从而占据部分孔道,阻碍了油或水后续进入,使自吸吸油率或自吸吸水率降低。油、水进入富有机质页岩的不同孔隙说明富有机质页岩润湿性具有双亲性,表现为微观非均质润湿特征,部分孔隙表现为亲水性,部分孔隙表现为亲油性。

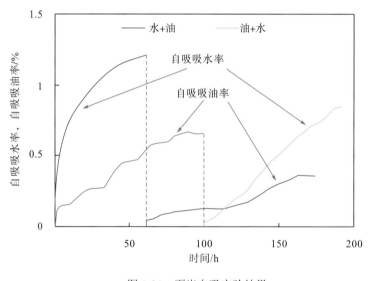

图 1-21   页岩自吸实验结果

在前面研究的基础上,以长宁地区龙马溪组页岩为研究对象,我们也研究了加温和饱和液体条件下页岩润湿性情况,测试条件有常温下、样品加温(60℃)、饱和水及饱和白油,测试结果见表 1-10 及图 1-22。

表 1-10   页岩样品接触角测试结果

实验条件	样品	水接触角	白油接触角	柴油接触角
常温	1	36.4° 38.7°	铺展	铺展
	2	10.7° 12.5°	铺展	铺展

续表

实验条件	样品	水接触角	白油接触角	柴油接触角
	3	20.4°	铺展	铺展
		19.6°		
加温（60℃）	1	10.2°	—	—
	2	2.1°	—	—
	3	6.9°	—	—
饱和水	1	—	铺展	
	2	—	铺展	
	3	—	铺展	
饱和白油	1	77.6°	—	—
	2	73.5°	—	—
	3	40°	—	—

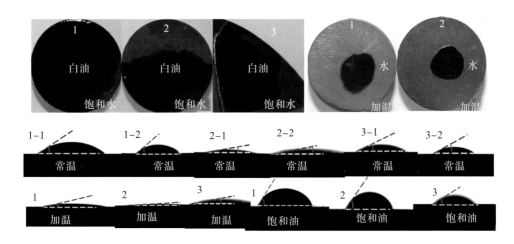

图 1-22　长宁地区龙马溪组下段页岩样品接触角测试结果

从表 1-10 和图 1-22 中可以看出，与常温条件相比，随着页岩样品温度升高，水滴在页岩表面铺展比较明显，水接触角降低，说明地层条件下页岩表面水湿程度强于地面条件下页岩表面水湿程度，地层条件下页岩表面亲水性更好；在饱和水条件下，页岩表面油湿程度不变，而在饱和油条件下，页岩表面水接触角增大，页岩表面疏水性增强。因此，页岩的润湿性特征表明了在毛细管效应作用下，油、水均易通过自吸作用沿层理面或微裂缝侵入页岩。

1.6　微观结构特征

微观结构特征不但直接影响页岩储层含气量，同时还影响页岩的力学性能，进而影响钻完井工程优化。页岩的微观结构分析主要揭示黏土矿物的定向排列、胶结结构及微裂隙的发育及分布状况。除组分外，页岩中微裂缝是否发育、发育的程度以及微裂缝开度的大小是钻井液性能优化的另一重要因素。以长宁地区龙马溪组页岩为研究对象，利用 FEI Quanta 650FEG 场发射扫描电镜对页岩的微观形貌和结构特征进行观察。

　　Jarvie 等（2007）、Loucks 等（2009）研究发现，富有机质页岩内部存在丰富的纳米级孔隙，可分为有机孔隙和无机孔隙，其中无机孔隙包括粒内孔、粒间孔和微裂缝。长宁地区龙马溪组页岩的有机质孔隙可见图 1-23。从图 1-23 中可看出长宁地区龙马溪组页岩发育大量的有机质孔隙，孔隙大小分布从几纳米到几百纳米不等，孔隙形状主要呈近球形或椭球形，此外也有其他不规则形状，如狭缝形等，且龙马溪组下段页岩中发育的有机质孔隙明显要多于上段页岩。同时，我们还发现并不是所有的有机质都发育纳米孔隙，其与有机质成熟度有关，低成熟度的有机质中孔隙较少，且有机质部分与岩石骨架矿物之间形成微裂缝，可能与有机质部分收缩有关，这些现象在龙马溪组上段页岩中发现较多。结合前面润湿性分析结果可知，有机质的存在将使页岩既有水湿无机孔又有油湿有机孔，造成页岩的润湿性复杂，根据页岩的扫描电镜结果可看出，页岩中有机碳含量、有机质的分布、有机质成熟度、有机质孔隙的发育等对页岩的有机孔隙网络有重要的影响，这也将对页岩润湿性造成影响。

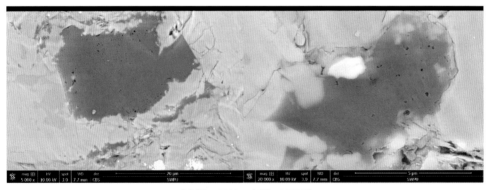

（左图×5000，右图×20000）
龙马溪组下段页岩

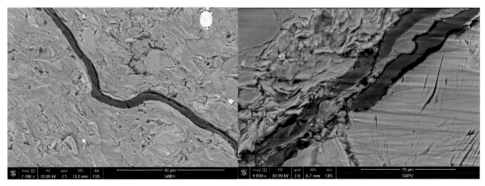

（左图×2400，右图×4000）
龙马溪组上段页岩

图 1-23　长宁地区的龙马溪组页岩样品的有机质孔隙

长宁地区龙马溪组页岩的黏土矿物赋存形态可见图 1-24。从图 1-24 中可看出长宁地区龙马溪组页岩黏土矿物中明显夹杂着非黏土矿物颗粒如石英、长石等，这些矿物分布不均匀，且黏土矿物颗粒呈片状，岩样中片状黏土颗粒沿层理方向趋于定向排列，片层之间发育明显的微裂缝。

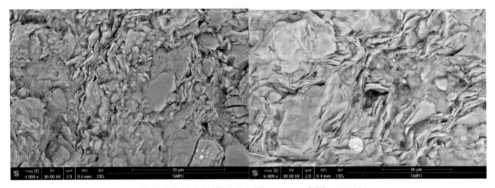

黏土矿物的定向排列（左图 × 4000，右图 × 6000）

片状黏土矿物（左图 ×2500，右图 ×3000）

图 1-24　长宁地区的龙马溪组页岩样品的黏土矿物赋存形态

长宁地区龙马溪组页岩的孔隙发育特征和微裂缝发育特征可见图 1-25 和图 1-26。从图 1-25 和图 1-26 中可看出，长宁地区龙马溪组页岩压实程度高，页岩中发育大量纳米级孔隙和孔洞，孔隙相对孤立、连通性较差，但都不同程度地发育有不同类型的微裂缝。微裂缝的发育破坏了岩石的完整性，弱化了原岩的力学性能，同时为钻井过程中钻井液进入地层提供了通道，即在钻井正压差以及毛管力的作用下，工作液滤液将沿微裂缝侵入地层。龙马溪组上段页岩的微裂缝发育特征可见图 1-27。从图 1-27 中可看出，龙马溪组上段页岩中的微裂缝的长度较长、数量较多、开度较大，且部分颗粒可能因受力作用而形成微裂缝，部分区域还形成了裂缝网络。这说明了龙马溪组上段页岩将为工作液滤液提供更多的流动通道以及相互作用空间。

孔洞（左图×1000，右图×2000）

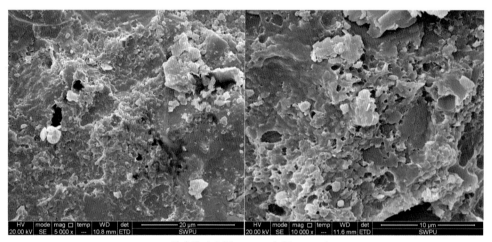

粒内孔（左图×5000，右图×10000）

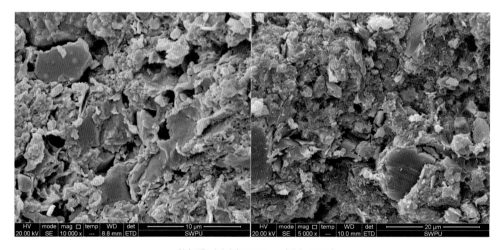

粒间孔（左图×10000，右图×5000）

图 1-25　长宁地区的龙马溪组页岩样品的孔隙发育特征

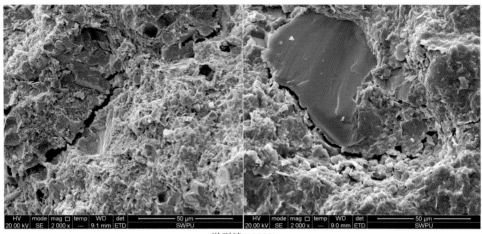

微裂缝(×2000)

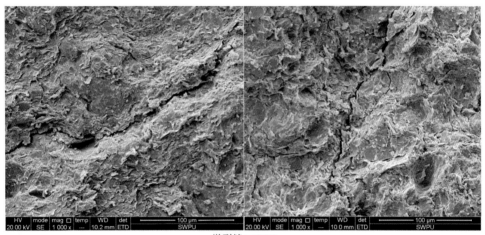

微裂缝(×1000)

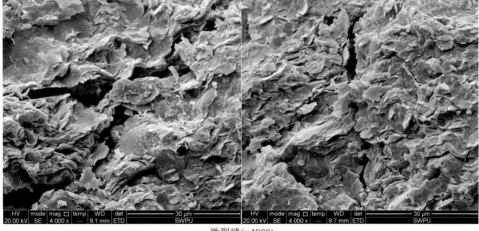

微裂缝(×4000)

图 1-26 长宁地区的龙马溪组页岩样品的微裂缝发育特征

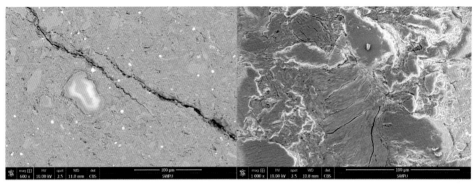

(左图×600，右图×1000)

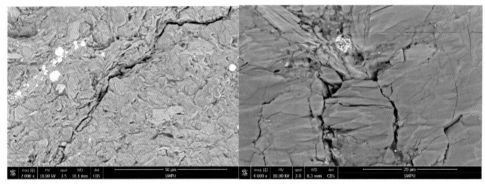

(左图×2000，右图×4000)

图 1-27　长宁地区的龙马溪组上段页岩样品的微裂缝发育特征

　　综上页岩气层岩石组分、结构及理化特征研究成果可认为，页岩气层岩石具有较强的水、油两亲性；页岩气层岩石微裂纹发育且骨架基质渗透性差，在毛管自吸作用和钻井正压差的作用下，不论水基还是油基工作液，都会侵入页岩气层中，但与油基工作液相比，页岩气层岩石中的伊利石、伊/蒙混层等与水基工作液中的水相接触后还会产生一定的水化作用，将降低岩石的内摩擦角和内聚力，造成岩石强度的减弱。

第 2 章　页岩气层岩石变形破坏特征及其影响因素

岩石的变形破坏特征是井壁力学失稳模式和地层裂缝扩展规律研究的重要依据。岩石的变形破坏特征除表现为峰前和峰后的应力应变特征外，还体现在岩石受压或受拉过程中的破坏模式。岩石矿物成分、均质程度、致密程度、力学参数等不同，岩石破坏模式差异较大。外界载荷的作用方式、作用路径及作用速度等，也是影响岩石破坏模式的重要因素。依据《工程岩体试验方法标准(GB/T 50266—2013)》的相关建议，本章采用室内岩石力学试验与岩石破裂数值仿真相结合的方法，对页岩气层岩石破坏模式及影响因素进行了系统分析。

2.1　页岩气层岩石强度特性及破坏模式分析

对取自长宁地区龙马溪组、彭水地区龙马溪组以及鄂尔多斯盆地延长组长 7 段等页岩计 150 余试样，开展了单轴和三轴条件下的岩石力学试验。不同围压下页岩抗压强度分布如图 2-1 所示，部分岩样的应力-应变曲线如图 2-2～图 2-4 所示。

图 2-1 中，大量的单轴、三轴力学试验表明，与延长组长 7 段页岩相比，不同地区龙马溪组页岩的单轴、三轴抗压强度都较高。其中，彭水地区龙马溪组页岩的单轴抗压强度变化范围为 92.4～132.7MPa，平均 109.3MPa；围压 17.5MPa 时抗压强度变化范围为 151.7～251.5MPa，平均 199.5MPa；围压 35MPa 时抗压强度变化范围为 210.8～276.6MPa，平均 252.0MPa。根据摩尔-库伦强度准则，彭水地区龙马溪组页岩的内摩擦角约为 32.1°，内聚力约为 20.6MPa。

长宁地区龙马溪组页岩的单轴抗压强度变化范围为 88.4～138.7MPa，平均 112.1MPa；围压 17.5MPa 时抗压强度变化范围为 160.5～236.5MPa，平均 203.5MPa；围压 35MPa 时抗压强度变化范围为 216.8～289.9MPa，平均 260.0MPa。根据摩尔-库伦强度准则，长宁地区龙马溪组页岩的内摩擦角约为 37.4°，内聚力约为 24.5MPa。

延长组页岩单轴抗压强度变化范围为 50.4～89.7MPa，平均为 76.1MPa；围压 17.5MPa 时抗压强度变化范围为 91.2～120.5MPa，平均为 105.5MPa；围压 35MPa 时三轴抗压强度变化范围为 134.2～192.6MPa，平均为 167.5MPa。根据摩尔-库伦强度准则，延长组长 7 段页岩的内摩擦角和内聚力分别约为 17.74°和 21.98MPa。

通过对三组页岩进行对比分析发现，长宁地区与彭水地区龙马溪组页岩的抗压强度差异较小，两者强度均明显高于延长组长 7 段页岩的抗压强度。从应力-应变曲线和破坏后岩样特征(图 2-2～图 2-4)中可看出，无论海相页岩气层岩石还是陆相页岩气层岩石样品，

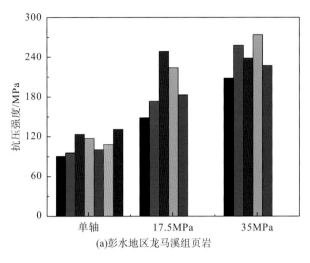

(a)彭水地区龙马溪组页岩

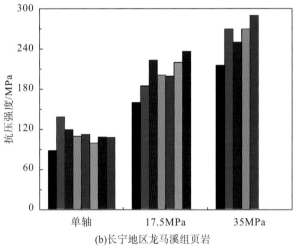

(b)长宁地区龙马溪组页岩

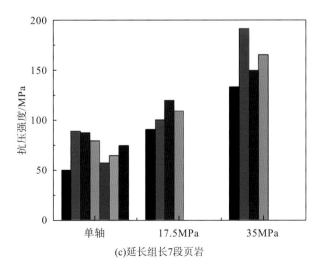

(c)延长组长7段页岩

图 2-1　不同围压下页岩样品的抗压强度分布

其轴向变形均大于径向变形;随着围压的增加,海相页岩和陆相页岩气层岩石样品的脆性特征减弱,塑性增强。在不同围压的三轴压缩测试实验(围压 17.5MPa、围压 35MPa)中,岩样整体破坏前的轴向峰值应变都小于 1%。根据岩石脆性和延性划分标准,说明海相页岩和陆相页岩气层岩石具有较强的脆性特征;并且,随围压的增加,海相页岩和陆相页岩气层岩石样品的脆性特征减弱,塑性增强。第 1 章的岩石矿物组成测试结果也显示龙马溪组页岩和延长组长 7 段页岩矿物组成脆性矿物(石英、长石、方解石、黄铁矿等矿物)含量较高。同时,从图 2-2～图 2-4 中的三轴压缩应力-应变曲线中也可注意到屈服破坏前弹性特征显著,屈服后岩石迅即破坏、应力迅即跌落,这也说明海相页岩和陆相页岩气层岩石均表现出较强的脆性特征。

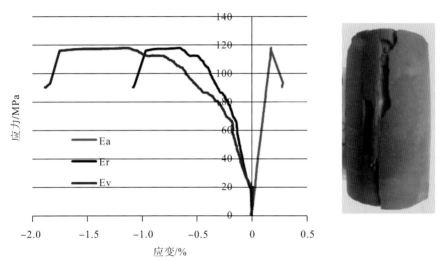

(a)岩样 2-1 单轴应力–应变曲线及破坏后岩样图

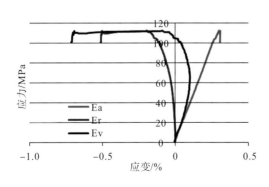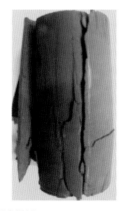

(b)岩样2-2 单轴应力–应变曲线及破坏后岩样图

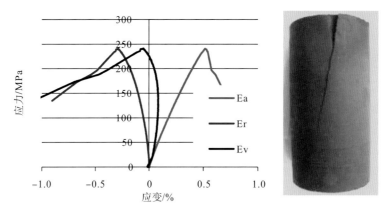

(c)岩样3-6 三轴应力-应变曲线（围压17.5MPa）及破坏后岩样图

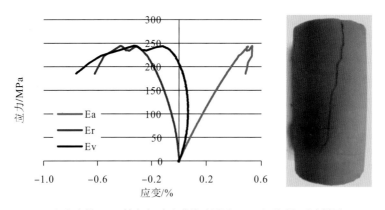

（d）岩样2-9 三轴应力-应变曲线（围压35MPa）及破坏后岩样图

图 2-2　　彭水地区龙溪马组页岩三轴应力-应变曲线

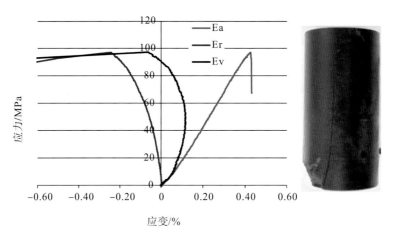

（a）岩心2单轴应力-应变曲线及三轴破坏后岩样图

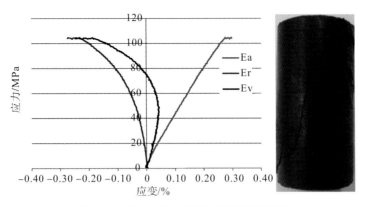

（b）岩心3单轴应力–应变曲线及三轴破坏后岩样图

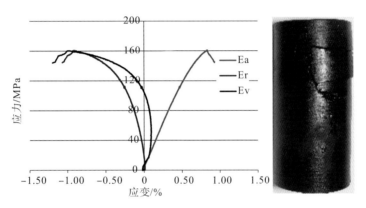

（c）岩样4应力–应变曲线（围压17.5MPa）及三轴破坏后岩样图

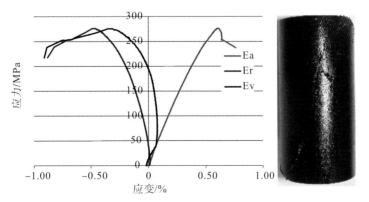

（d）岩样5应力–应变曲线（围压35MPa）及三轴破坏后岩样图

图 2-3　长宁地区龙马溪组页岩三轴应力-应变曲线

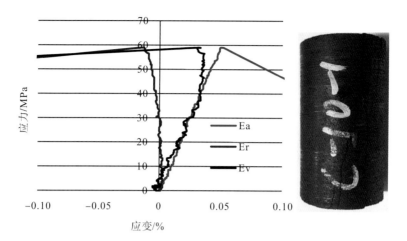

(a)岩心1单轴应力–应变曲线及试验后岩样照片

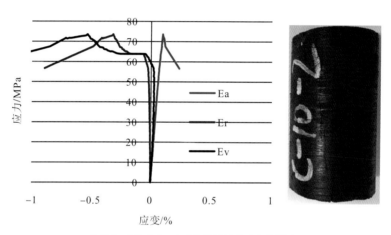

(b)岩心2单轴应力–应变曲线及试验后岩样照片

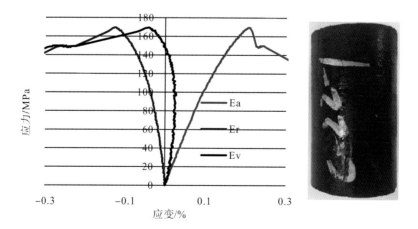

(c)岩心3三轴应力–应变曲线（17.5MPa）及试验后岩样照片

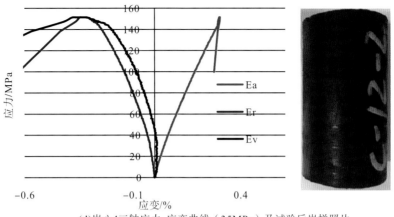

(d)岩心4三轴应力–应变曲线（35MPa）及试验后岩样照片

图 2-4　延长组页岩三轴应力-应变曲线及试验后岩样照片

大量三轴压缩试验显示(图 2-5 和图 2-6)，页岩试样破坏模式主要表现为张性劈裂破坏和高角度的剪切破坏，实验围压条件是影响页岩破坏模式的重要因素。从图 2-5 中可看出单轴压缩条件下，页岩岩样的破坏模式以纵向劈裂破坏为主，在劈裂破坏的同时，试样局部也存在细小裂纹，并形成一些次生张拉面和剪切面。从图 2-6 中可看出，随着围压增大，页岩岩样的破坏形式从以劈裂破坏为主逐渐变为以高角度剪切破坏为主。这主要是因

图 2-5　页岩样品单轴压缩破坏模式

(a)17.5MPa围压　　　　　　　　　　　　　　　　(b)35MPa围压

图 2-6　页岩样品三轴压缩破坏模式

为围压条件可抑制竖向裂缝张开，在一定程度上阻止多破裂面发育。因此，三轴压缩试验中因围压的束缚作用，高围压条件下页岩样品的破坏程度明显低于单轴条件下，其中35MPa 围压下页岩样品破坏呈明显单剪切破坏模式，相比较单轴条件下岩样表面无明显次生裂缝。

2.2 页岩气层岩石脆性评价

美国页岩气勘探开发的成功经验使人们逐渐认识到岩石脆性指标的重要性，岩石脆性作为衡量和评价岩石变形破坏特征的一个重要参数，已成为评价页岩气层能否成为有效甜点、有效实施改造的重要指标。

针对美国福特沃斯盆地的巴尼特页岩，Rickman 等 (2008) 提出了岩石脆性评价模型，如式 (2-1) 所示。该模型迄今在我国国内也被大量使用，但随着我国页岩气勘探开发的深入推进，其局限性和不适应性日益显现，针对我国特殊复杂地质环境，页岩的脆性评价方法需要进行系统研究。

$$B_1 = \frac{1}{2}\left(\frac{E - E_{\min}}{E_{\max} - E_{\min}} \times 100 + \frac{\mu_{\max} - \mu}{\mu_{\max} - \mu_{\min}} \times 100 \right) \tag{2-1}$$

式中，E 为页岩弹性模量，MPa；$E_{\max}$、$E_{\min}$ 分别为该区块页岩最大和最小弹性模量，MPa；μ 为页岩泊松比；$\mu_{\max}$、$\mu_{\min}$ 分别为该区块页岩最大和最小泊松比。

追溯岩石脆性评价方法可见，到目前为止，在岩石力学领域，岩石脆性依然没有标准的定义。国内外学者根据不同的研究目的和实验方法，从不同角度提出了数十种表征岩石脆性的指标，根据评价指标建立的依据不同，主要可以将其归纳成以下几类。

2.2.1 基于强度的岩石脆性评价方法

该类方法主要基于岩石的单轴抗压强度、抗张强度、峰值强度和残余强度等参数建立，如：

$$B_2 = \sigma_c / \sigma_t \tag{2-2}$$

$$B_3 = (\sigma_c - \sigma_t) / (\sigma_c + \sigma_t) \tag{2-3}$$

$$B_4 = \sigma_c \sigma_t / 2 \tag{2-4}$$

$$B_5 = \sqrt{\sigma_c \sigma_t} / 2 \tag{2-5}$$

$$B_6 = (\tau_p - \tau_r) / \tau_p \tag{2-6}$$

$$B_7 = \sin\varphi \tag{2-7}$$

$$B_8 = 45° + \varphi / 2 \tag{2-8}$$

式中，τ_p 为峰值强度，MPa；τ_r 为残余强度，MPa；σ_c 为抗压强度，MPa；σ_t 为抗张强度，MPa；φ 为内摩擦角，（°）。

研究表明，岩石抗压强度与抗张强度的差异越大，脆性越强，且岩石越容易发生劈裂破坏，岩石应力达到峰值强度后，应力跌落越快；岩石残余强度越小，脆性越强；内摩擦角越大，脆性越强。在岩石脆性评价中，该类方法由于模型参数易于获取而被较多应用，尤其是基于岩石单轴抗压强度和抗张强度的方法。国外学者针对 B_2 和 B_5 分别提出了岩石脆性等级分类方案，表 2-1 为 B_2 的等级分类标准，表 2-2 为 B_5 的等级分类标准。

表 2-1　岩石脆性等级分类（B_2）

等级	脆性指数	脆性描述
1	>25	高脆性
2	15～25	脆性
3	10～15	中度脆性
4	0～10	低脆性

表 2-2　岩石脆性等级分类（B_5）（Altindag, 2003）

等级	脆性指数	脆性等级
1	>25	极高脆性
2	20～25	高脆性
3	15～20	脆性
4	10～15	中度脆性
5	0～10	低脆性

利用龙马溪组页岩的单轴抗压、抗拉试验结果，根据式(2-2)和式(2-5)分别对 B_2 和 B_5 进行计算，计算结果如表 2-3 所示。

表 2-3　脆性指数计算结果表

编号	单轴抗压强度/MPa	抗拉强度/MPa	B_2	B_5
C1	32.70	2.87	11.39	4.84
C2	49.10	6.32	7.77	8.81
C3	54.20	6.56	8.26	9.43
C4	19.80	8.08	2.45	6.32
C5	15.10	7.16	2.11	5.20
C6	63.40	9.74	6.51	12.42
C7	74.90	10.23	7.32	13.84
C8	54.60	7.76	7.04	10.29
C9	51.90	11.13	4.66	12.02
C10	70.90	10.49	6.76	13.64
C11	46.10	6.46	7.14	8.63
C12	73.50	6.40	11.48	10.84
C13	132.90	7.57	17.56	15.86
C14	132.30	6.83	19.37	15.03

根据 B_2、B_5 的脆性等级分类标准，对岩样进行分类，如图 2-7 和图 2-8 所示。从图 2-7 中可看出，根据 B_2 分类标准，该组岩样的脆性级别以低脆性为主，仅有 2 个处于中度脆性和脆性级别。同时，从图 2-8 中可看出，根据 B_5 分类标准，该组岩样的脆性级别以低脆性和中度脆性为主。

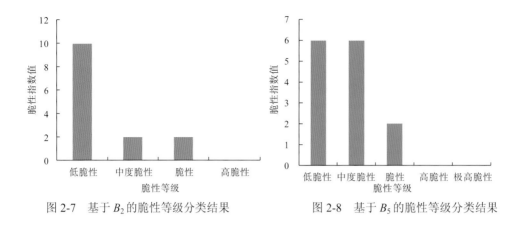

图 2-7　基于 B_2 的脆性等级分类结果　　　　　图 2-8　基于 B_5 的脆性等级分类结果

图 2-9 为龙马溪组页岩试验岩样中脆性指数，B_2、B_5 指示处于低脆性的几块岩样的应力-应变曲线和试验破坏后的岩样的照片。

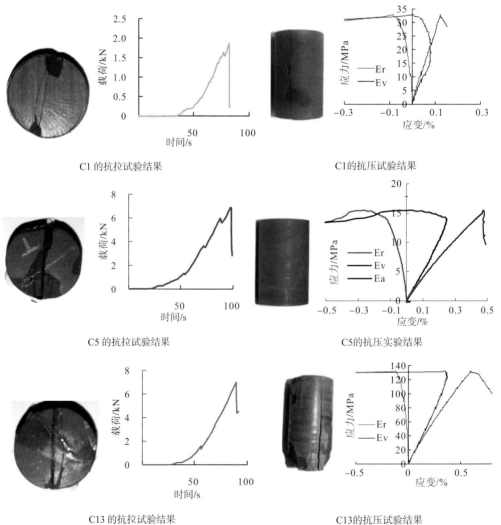

图 2-9　部分龙马溪组页岩样品的抗拉和单轴抗压试验结果

从图 2-9 中可看出，龙马溪组页岩的试验岩样主要表现为垂直贯穿岩样的劈裂破坏，显示出这些岩样的脆性较强。这说明 B_2、B_5 两种分类方法用于龙马溪组页岩的脆性指数评价将造成结果误差较大。

2.2.2　基于硬度和断裂韧性的岩石脆性评价方法

该类方法主要基于岩石的硬度和断裂韧性等参数建立，主要的表达式如下：

$$B_9 = H / K_{IC} \tag{2-9}$$

$$B_{10} = HE / K_{IC}^2 \tag{2-10}$$

$$B_{11} = A_F / A_E \tag{2-11}$$

式中，H 为岩石硬度；K_{IC} 为岩石断裂韧性；E 为岩石弹性模量；A_F 为岩石破碎前耗费的总功；A_E 为岩石破碎前弹性变形功。

脆性指数 B_{11} 基于岩石压入硬度实验的载荷-位移曲线来表征岩石脆性及塑性的大小。该值为岩石破碎前耗费的总功 A_F 与弹性变形功 A_E 的比值。由图 2-10(b) 可知，B_{11} 即载荷-位移曲线中 OABC 与 ODE 的面积比值。表 2-4 为基于该方法的岩石脆性分类标准。

$$B_{11} = A_F / A_E = S_{OABC} / S_{ODE} \tag{2-12}$$

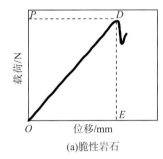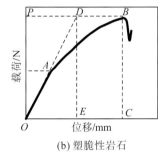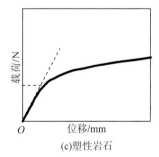

(a)脆性岩石　　　　　　　(b) 塑脆性岩石　　　　　　　(c)塑性岩石

图 2-10　不同类型岩石压入硬度实验的载荷-位移曲线图

表 2-4　岩石脆塑性分类

等级	脆性指数 B_{11}	脆性描述
1	<1	脆性
2	1～2	低塑性
3	2～3	中等塑性
4	3～4	较高塑性
5	4～6	高塑性
6	>6	塑性

按照该方法，根据龙马溪组页岩压入硬度实验下所获得的载荷-位移曲线(图 2-11)，计算得到龙马溪组页岩的塑性系数均小于 1，按照等级分类标准，均为脆性。可见，该方法能够较好地反映龙马溪组页岩气层岩石的脆性，但这类方法所需的断裂韧性、变形功等

参数获取相对困难，从而限制了该方法的广泛应用。

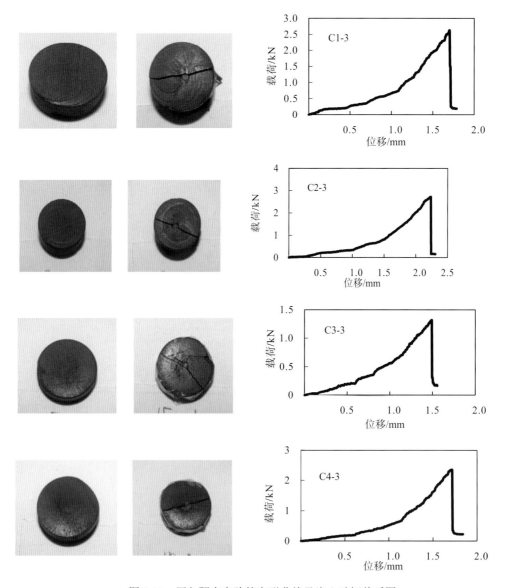

图 2-11　压入硬度实验的变形曲线及岩心破坏前后图

2.2.3　基于峰后应力脆性跌落的岩石脆性评价方法

　　根据岩石破坏时的应变特征研究显示，岩石破坏前非弹性变形或不可恢复的变形越小或可恢复的弹性应变越大，脆性越强；岩石破坏时的峰值应变越小，岩石越容易产生脆性破坏；岩石破坏后，峰值后区的变形越小，应力脆性跌落越快，岩石的脆性越强。该类方法基于应力-应变曲线相关特征参数来评价岩石的脆性程度，是目前脆性评价方法中最有效、最直观的方法。该类方法既可以获得不同岩石同等应力状态下的脆性特征，也可以获得不同应力状态下的脆性特征。其表达式主要有以下 5 种：

$$B_{12} = \varepsilon_r / \varepsilon_t \tag{2-13}$$

$$B_{13} = \varepsilon_{ll} \times 100\% \tag{2-14}$$

$$B_{14} = \left(\varepsilon_p - \varepsilon_r \right) / \varepsilon_p \tag{2-15}$$

$$B_{15} = \frac{\varepsilon_B - \varepsilon_P}{\varepsilon_P - \varepsilon_M} \tag{2-16}$$

$$B_{16} = 1 - \exp\left(M / E \right) \tag{2-17}$$

式中，ε_r 为残余应变；ε_t 为总应变；ε_{ll} 为破坏时不可恢复的轴向应变；ε_p 为破坏时的峰值应变；ε_M 为与残余强度相等应力值所对应的峰前应变；E 为弹性模量；M 为软化模量。

以上 5 种脆性指数的表达式中，脆性跌落系数 B_{15} 应用较多，该方法基于应力-应变全过程曲线峰后应力的跌落速度来评价岩石脆性，如图 2-12 所示。峰值后区的变形越小，应力脆性跌落越快，岩石的脆性越强。基于应变的岩石脆性评价方法充分考虑了岩石脆性破坏前后的变形特征，能较准确地反映岩石的脆性破坏特征，但一般都需要峰后段的特征值来作为评价指标中的参数。应力应变曲线峰后段受测试条件、方法和岩石破坏的影响较大，有时还难以得到峰后残余段或得不到理想的峰后段，特别是页岩等层理发育、非均质性极强的脆性岩石，这就使得基于峰后段参数来表征岩石脆性的方法应用性受到限制。

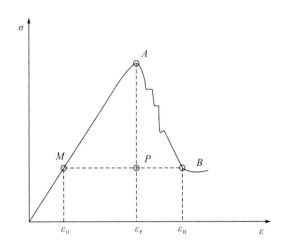

图 2-12　脆性岩石的典型应力-应变全过程曲线

此外，岩石脆性还可以基于贯入实验、应变能和破碎程度等进行评价。但由于方法自身的特点，在用于页岩评价时都表现出较强的不适应性。

在对国内外现有岩石脆性评价实验方法的基础上，本研究团队提出并建立了基于岩石割线模量的龙马溪组页岩气层岩石脆性评价指标及相应的评价分级标准。

$$B = \alpha \frac{\sigma_p}{\varepsilon_p} \tag{2-18}$$

式中，α 为调整系数，取值 0.1；σ_p 为峰值强度，MPa；ε_p 为峰值应变，%。

基于龙马溪组页岩岩石的单轴压缩测试实验，其应力-应变曲线及岩心破坏形态如图 2-13 所示。根据所提出的岩石脆性指数方法进行计算，其计算结果可见表 2-5。从

图 2-13 中可看出，将计算得到的脆性指数值和对应的岩心破坏形态进行综合对比研究，发现岩心破坏程度与该脆性表征指标有很好的对应关系：岩心的破碎面较多，即岩心的脆性较高，计算得到的岩石脆性指数值较大，而岩心的破碎面较少，即岩心的脆性较低，计算得到的岩石脆性指数值较小。评价结果同基于破损程度的脆性评价方法是一致的，说明基于应力-应变曲线峰值点的割线模量表征岩石脆性的方法，能够在一定程度上表征页岩的脆性特征。

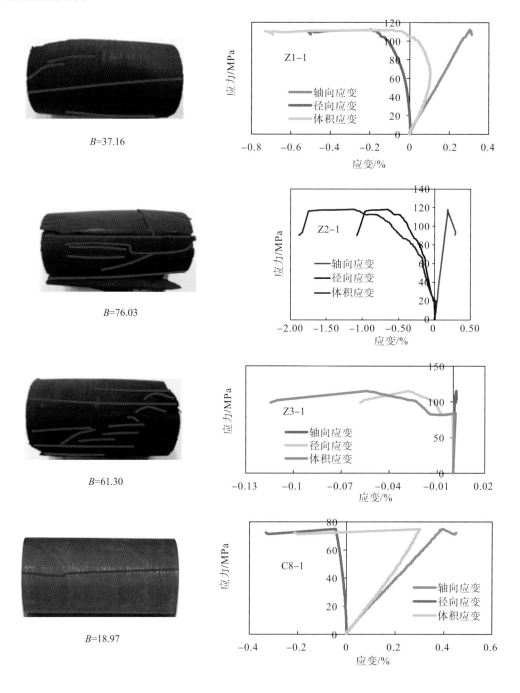

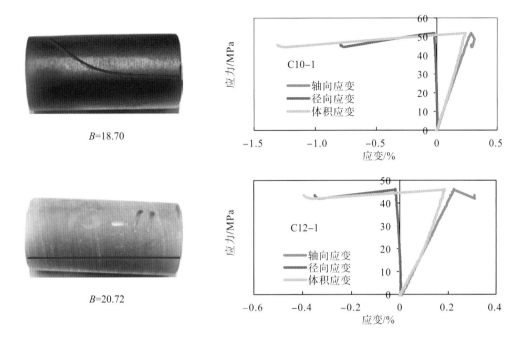

图 2-13 龙马溪组页岩岩石的单轴压缩应力-应变曲线及岩心破坏图

表 2-5 部分岩心脆性指数计算结果

编号	峰值强度/MPa	峰值应变/%	脆性指数 B
Z1-1	112.23	0.302	37.16
Z2-1	117.85	0.155	76.03
Z3-1	115.06	0.188	61.30
C8-1	74.89	0.39	18.97
C10-1	51.88	0.27	18.70
C12-1	46.10	0.22	20.72

基于 121 块页岩岩样的应力-应变实验数据,根据本研究团队提出的岩石脆性指数方法计算得到的页岩的脆性指数结果见表 2-6。

表 2-6 龙马溪组页岩气层岩石脆性计算结果

序号	编号	围压/MPa	峰值强度 σ_p/MPa	峰值应变 ε_p/%	脆性指数 B
1	H1	15	250.40	0.750	33.39
2	H2	15	272.10	1.000	27.21
3	H4	15	265.70	1.030	25.80
4	H5	30	315.60	1.220	25.87
5	H7	30	344.50	1.450	23.76
6	H10	30	326.30	1.340	24.35
7	C1-1	0	32.71	0.125	26.27

续表

序号	编号	围压/MPa	峰值强度 σ_p/MPa	峰值应变 ε_p /%	脆性指数 B
8	C2-1	0	49.11	0.140	35.06
9	C3-1	0	54.21	0.174	31.16
10	C4-1	0	19.75	0.090	22.02
11	C5-1	0	15.14	0.052	29.02
12	C6-1	0	63.40	0.233	27.15
13	C7-1	0	74.89	0.395	18.98
14	C8-1	0	54.63	0.229	23.87
15	C9-1	0	51.88	0.277	18.70
16	C10-1	0	70.91	0.383	18.53
17	C11-1	0	46.10	0.222	20.72
18	C12-1	0	73.47	0.384	19.15
19	C13-1	0	132.88	0.595	22.33
20	C14-1	0	132.26	0.541	24.44
21	C15	13.5	168.88	0.624	27.05
22	C16	13.5	145.67	0.435	33.50
23	C17	13.5	87.77	0.284	30.93
24	C18	13.5	80.28	0.276	29.03
25	C19	13.5	65.51	0.222	29.57
26	C20	13.5	85.68	0.285	30.09
27	C21	13.5	105.75	0.575	18.39
28	C22	13.5	123.50	0.546	22.62
29	C23	13.5	113.23	0.316	35.85
30	C24	13.5	137.75	0.623	22.13
31	C25	13.5	93.14	0.454	20.51
32	C26	13.5	156.66	0.894	17.53
33	C27	13.5	128.96	0.554	23.28
34	C28	13.5	160.50	0.767	20.92
35	D1-1	0	152.20	0.530	28.72
36	D1-2	15.0	250.40	0.930	26.92
37	D1-3	30.0	315.60	1.220	25.87
38	D2-1	0	82.00	0.910	9.01
39	D2-2	15.0	120.00	1.420	8.45
40	D2-3	30.0	175.00	2.210	7.92
41	W1-1	30.0	235.48	1.380	17.04
42	W2-1	30.0	180.88	1.410	12.85
43	L1-1	15.0	250.40	0.720	34.78
44	L1-2	15.0	243.14	0.700	34.73

序号	编号	围压/MPa	峰值强度 σ_p/MPa	峰值应变 ε_p /%	脆性指数 B
45	L1-3	30.0	315.60	1.200	26.30
46	L1-4	30.0	300.14	1.100	27.29
47	L2-1	15.0	107.74	0.456	23.63
48	L2-2	15.0	92.31	0.560	16.48
49	L2-3	15.0	83.19	0.540	15.41
50	L2-4	30.0	138.49	0.680	20.37
51	L2-5	30.0	128.16	0.700	18.31
52	L3-1	15.0	61.87	1.610	3.84
53	L3-2	15.0	74.43	1.570	4.74
54	L3-3	30.0	132.34	2.610	5.07
55	L3-4	30.0	109.34	2.420	4.52
56	L4-1	15.0	89.50	2.080	4.30
57	L4-2	15.0	90.15	1.810	4.98
58	L4-3	15.0	97.93	1.640	5.97
59	L4-4	30.0	104.22	2.190	4.76
60	L4-5	30.0	108.34	2.310	4.69
61	L4-6	30.0	127.14	2.050	6.20
62	Z1-1	0	112.23	0.302	37.16
63	Z1-2	0	109.86	0.454	24.20
64	Z1-3	0	104.49	0.276	37.86
65	Z1-4	17.5	160.53	0.832	19.29
66	Z1-5	17.5	204.41	0.510	40.08
67	Z1-6	17.5	189.49	0.568	33.36
68	Z1-7	35.0	236.02	0.564	41.88
69	Z1-8	35.0	189.28	0.743	25.49
70	Z1-9	35.0	216.86	1.029	21.08
71	Z1-10	0	63.28	0.312	20.30
72	Z1-11	0	88.08	0.410	21.48
73	Z1-12	17.5	131.81	0.604	21.82
74	Z1-13	17.5	185.38	0.320	57.93
75	Z1-14	17.5	182.90	0.571	32.04
76	Z1-15	35.0	275.63	0.962	28.66
77	Z1-16	35.0	203.38	0.975	20.86
78	Z1-17	35.0	289.95	0.611	47.45
79	Z2-1	0	117.85	0.155	76.03
80	Z2-2	0	109.86	0.137	80.27
81	Z2-3	0	101.06	0.168	60.01

序号	编号	围压/MPa	峰值强度 σ_p/MPa	峰值应变 ε_p /%	脆性指数 B
82	Z2-4	17.5	196.95	0.380	51.83
83	Z2-5	17.5	236.80	0.476	49.75
84	Z2-6	17.5	219.18	0.476	46.08
85	Z2-7	35.0	264.04	0.557	47.40
86	Z2-8	35.0	243.63	0.500	48.73
87	Z2-9	35.0	249.44	0.724	34.47
88	Z2-10	35.0	235.64	0.558	42.23
89	Z2-11	35.0	239.42	0.533	44.94
90	Z2-12	17.5	190.37	0.592	32.16
91	Z2-13	17.5	187.25	0.580	32.28
92	Z2-14	17.5	206.37	0.619	33.34
93	Z2-15	0	95.43	0.207	46.12
94	Z2-16	0	149.02	0.483	30.83
95	Z3-1	0	115.06	0.188	61.30
96	Z3-2	0	129.94	0.168	77.35
97	Z3-3	0	113.09	0.209	54.19
98	Z3-4	17.5	206.72	0.477	43.38
99	Z3-5	17.5	230.66	0.483	47.80
100	Z3-6	17.5	219.47	0.506	43.35
101	Z3-7	35.0	287.75	0.616	46.74
102	Z3-8	35.0	265.48	0.612	43.41
103	Z3-9	35.0	275.66	0.602	45.76
104	Z3-10	0	137.25	0.199	69.08
105	Z3-11	0	106.77	0.168	63.55
106	Z3-12	0	138.75	0.524	26.49
107	Z3-13	17.5	236.90	0.524	45.24
108	Z3-14	17.5	222.62	0.647	34.39
109	Z3-15	17.5	241.00	0.518	46.51
110	Z3-16	35.0	272.43	0.614	44.35
111	Z3-17	35.0	275.52	0.555	49.66
112	Z3-18	35.0	261.38	0.612	42.74
113	T1	0	60.57	0.533	11.37
114	T2	0	80.73	1.159	6.97
115	T3	0	62.75	0.408	15.37
116	T4	0	67.91	0.888	7.65
117	T5	0	58.28	0.335	17.42
118	T6	0	31.93	0.537	5.94

序号	编号	围压/MPa	峰值强度 σ_p/MPa	峰值应变 ε_p/%	脆性指数 B
119	T7	0	38.84	0.319	12.17
120	T8	0	47.83	0.738	6.48
121	T9	0	32.40	0.900	3.60

根据表 2-6 中计算得到的页岩脆性指数值按升序排列，如图 2-14 所示。从图 2-14 中可看出，龙马溪组页岩的脆性指数变化范围为 3.60～80.27，平均 30.27。在此基础上，根据图中数据分布特征，将龙马溪组页岩岩石细分为 5 个脆性等级：极高脆性、高脆性、脆性、中度脆性和低脆性，其对应的脆性值见表 2-7。

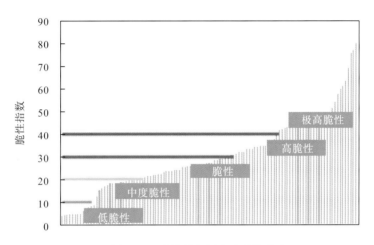

图 2-14　龙马溪组页岩脆性值分布

表 2-7　龙马溪组页岩脆性等级分类表

等级	脆性指数 B	脆性描述
1	>40	极高脆性
2	30～40	高脆性
3	20～30	脆性
4	10～20	中度脆性
5	<10	低脆性

2.2.4　页岩脆性的影响因素

基于上文中提出的岩石脆性指数方法计算得到的页岩的脆性指数，研究页岩脆性的影响因素。为了分析层理面对页岩脆性的影响，以龙马溪组页岩作为试验对象，规定取心方向（即岩心轴线）与层理面的夹角为层理面角度 β，按照层理面角度 0°、15°、30°、45°、60°、75°、90° 进行取心，如图 2-15 所示。每个角度取样为 2 个平行样，一共 14 个样，进行单轴压缩测试实验，且钻取的岩心直径为 25mm，长度为 50mm。

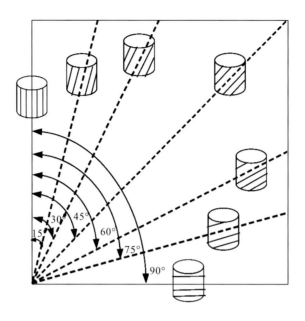

图 2-15   岩心钻取方案示意图

不同层理面角度岩心的单轴压缩测试实验结果可见表 2-8，在此基础上，依据本研究团队所提出的脆性指数方法计算得到的页岩岩石脆性指数如表 2-8 所示，并得到了层理面角度与岩石脆性指数的关系，其关系如图 2-16 所示。

表 2-8   不同层理面角度岩心的单轴压缩实验结果

编号	层理角度/(°)	峰值强度/MPa	峰值应变/%	脆性指数 B
C1-1	0	32.71	0.125	26.27
C2-1	0	49.11	0.140	35.06
C3-1	15	54.21	0.174	31.16
C4-1	15	19.75	0.090	22.02
C5-1	30	15.14	0.052	29.02
C6-1	30	63.40	0.233	27.15
C7-1	45	74.89	0.395	18.98
C8-1	45	54.63	0.229	23.87
C9-1	60	51.88	0.277	18.70
C10-1	60	70.91	0.383	18.53
C11-1	75	46.10	0.222	20.72
C12-1	75	73.47	0.384	19.15
C13-1	90	132.88	0.595	22.33
C14-1	90	132.26	0.541	24.44

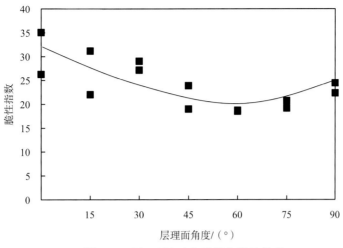

图 2-16　层理面角度与脆性指数的关系

　　从图 2-16 中可看出，随着层理面角度的增大，岩石脆性指数呈先减小后增大趋势，其中层理面角度为 60°的岩石脆性指数最小，层理面角度为 0°的岩石脆性指数要大于层理面角度为 90°的岩石脆性指数，这也显示出页岩具有较强的非均质性。说明了页岩岩石的层理面角度不一样，其脆性不一样，即层理发育对页岩的脆性有重要的影响。对于页岩地层的井壁稳定性和可压裂性评价，岩石脆性是一个重要的因素，因此，页岩地层的钻井和压裂施工需要考虑层理发育的影响。

　　在压缩测试实验基础上，我们可讨论岩石脆性指数与岩石弹性模量、泊松比和峰值强度间的关系。基于表 2-6 中的实验数据和岩石脆性指数计算结果，研究了岩石弹性模量与岩石脆性指数之间的关系，如图 2-17 所示。从图 2-17 中可看出岩石弹性模量与脆性指数之间存在较好的正相关性。

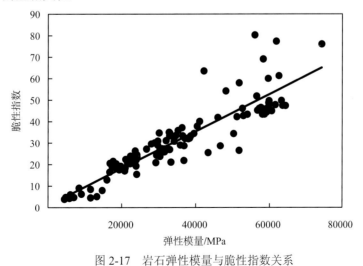

图 2-17　岩石弹性模量与脆性指数关系

　　基于表 2-6 中的实验数据和岩石脆性指数计算结果，研究了岩石泊松比与岩石脆性指数之间的关系，其关系如图 2-18 所示。从图 2-18 中可看出岩石泊松比与岩石脆性指数之间不存在较好的相关性。

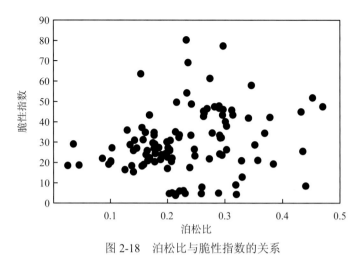

图 2-18　泊松比与脆性指数的关系

　　基于表 2-6 中的实验数据和岩石脆性指数计算结果,研究了岩石峰值强度与岩石脆性指数之间的关系,其关系如图 2-19 所示。从图 2-19 中可看出岩石脆性指数与峰值强度之间不存在较好的相关性。

　　综合上述研究结果可知,除岩石弹性模量与岩石脆性指数存在较好的正相关性外,岩石泊松比、峰值强度与岩石脆性指数的相关性不明显,这可能是因为页岩的层理面,造成岩石的各向异性与非均质性,导致岩石脆性指数与岩石弹性模量、泊松比和峰值强度关系复杂。

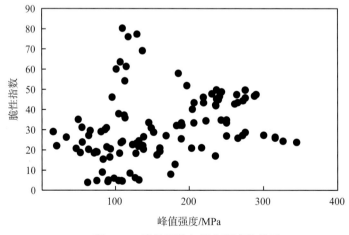

图 2-19　脆性指数与峰值强度的关系

　　在基于大量室内岩石力学实验、岩石组分及岩石物性测定的基础上,本书研究团队提出并建立了基于岩石峰值割线模量的页岩脆性指数评价指标及评价标准并进一步建立了基于该评价标准的四川盆地龙马溪组页岩脆性矿场评价方法,见式(2-19)、式(2-20)。

$$B_{脆} = 19.32\mathrm{e}^{-0.058X} + 1.31\mathrm{e}^{0.0418Y} + 6.63Z - 1.10 \tag{2-19}$$

式中，$B_{矿}$ 为岩石脆性指数；X 为黏土矿物含量，%；Y 为石英含量，%；Z 为黄铁矿含量，%。

$$B_{物} = -77.98\rho - 1.94\phi + 411600\frac{\rho}{\Delta t_s^2}\left(\frac{3\Delta t_s^2 - 4\Delta t_c^2}{\Delta t_s^2 - \Delta t_c^2}\right) + 212.17 \tag{2-20}$$

式中，$B_{物}$ 为岩石脆性指数；ρ 为岩石密度，g/cm³；ϕ 为岩石孔隙度，%；Δt_s 为横波时差，μs/m；Δt_c 为纵波时差，μs/m。

图 2-20 的"脆性指数"为基于式(2-20)计算得到的 5 口页岩气井地层脆性指数剖面。根据该脆性指数的评价标准，从图 2-20 可见，5 口井的井段剖面页岩产层段顶部岩石脆性指数值较小，变化范围为 15～25，脆性等级范围为中度脆性；中下部岩石脆性指数值较大，变化范围为 25～45，波动较大，脆性等级范围为中度脆性-脆性-高脆性。

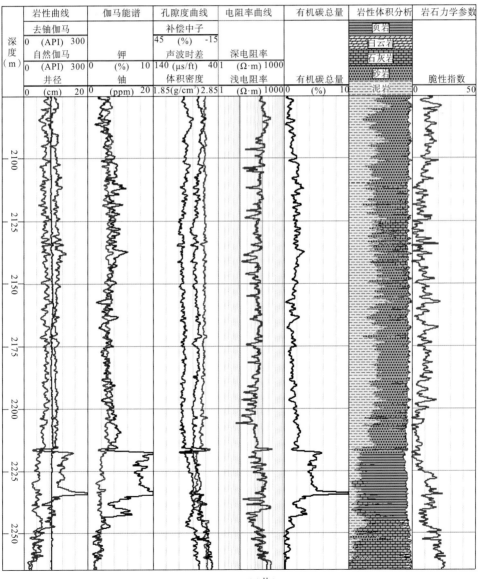

(a)井1

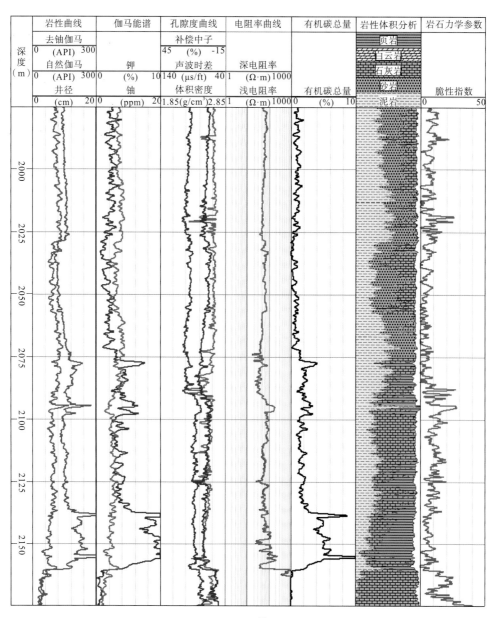

(b)井2

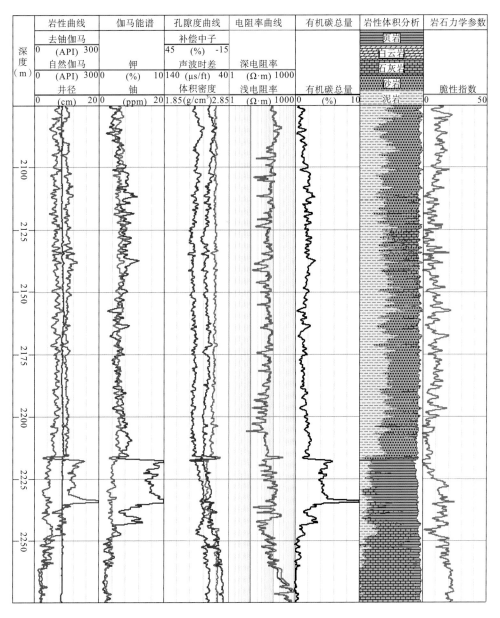

(c)井3

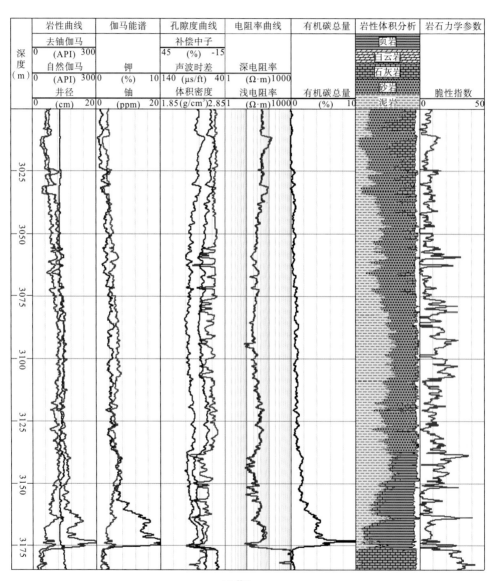

(d)井4

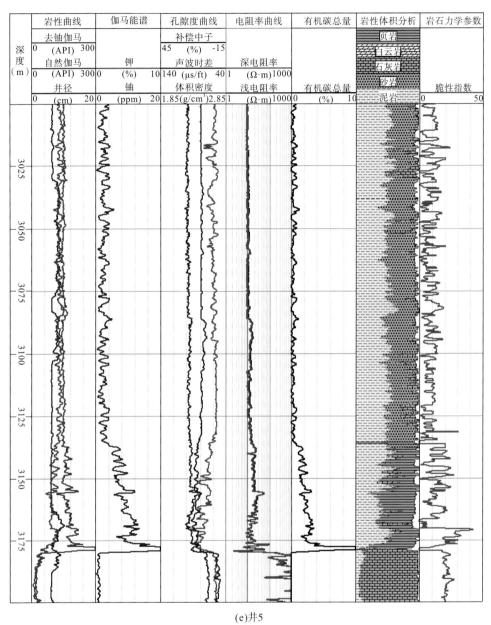

(e)井5

图 2-20　脆性指数分析结果剖面图

注：ppm = 10^{-6}；1 ft = 3.048×10^{-1} m。

2.3　孔隙压力传递对页岩气层岩石破坏的影响

页岩作为一种极低孔低渗介质，地层中发育的微裂缝是其渗流的重要通道。由于渗流作用，井周孔隙压力重新分布，将导致井周岩石强度与应力分布发生改变。本节采用孔隙压力传递物理模拟试验与数值模拟实验相结合的方法，较为系统地分析了孔隙压力传递对岩石破坏的影响。

2.3.1　压力传递对页岩气层岩石破坏影响的物理模拟试验

2.3.1.1　压力传递测试方法

压力传递试验的目的主要是为了观察和分析在一定的进口压力下,不同流体与页岩气层岩样接触时,流体在岩样内侵入的速度和侵入过程中岩样上不同测压点测得的压力随时间的变化,以此来分析不同流体在页岩中的侵入和流动能力,以及不同流体对页岩岩样结构的影响。

压力传递试验仪主要由五部分组成:高压釜体、进口压力加载系统、围压加载系统、岩心夹持器系统以及压力传感器系统等,可见图2-21和图2-22。

(1)高压釜体系统。高压釜体系统用于盛放实验工作液,可实现对不同工作液(煤油、水基钻井液滤液、清水等)施加压力。釜体采用耐高温高压的特种钢,可承受45MPa的压力。釜体内置有压力传感器、温度测量仪。

(2)进口压力加载系统。该系统采用手动液压泵作为施加进口液压的压力源。

(3)围压加载系统。围压加载系统使用常见的工业氮气瓶作为围压压力源,该压力系统操作简便、可靠性高,氮气不具有腐蚀性、无污染且成本低廉。

(4)岩心夹持器系统。岩心夹持器长度在5～150mm可调,可容纳岩样直径为25.4mm。

(5)压力传感器系统。每个岩心夹持器内置三个压力传感器,分别置于夹持器三等分点,压力传感器用于检测对应测压点的压力变化情况,并通过相应的计算机软件进行记录,获取分析岩样长度方向不同位置的孔隙压力随时间的变化。

图2-21　压力传递测试仪主体部分

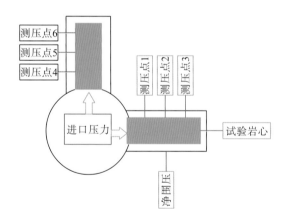

图2-22　压力传递测试仪器原理示意图

将岩心装入夹持器,准备就绪,通过液压泵给釜体内工作液加载3MPa的进口压力,同时使用氮气瓶给岩心夹持器施加围压8MPa。打开温控仪,设定好温度,启动电脑记录软件,开启压力传感器,开始记录压力随时间变化的曲线,软件设定为每10秒记录一次数据。试验过程耗时较长,一般一次试验持续时间最短为48小时,长则可达数百小时。试验过程中必须随时观察并保持进口压力恒定。

2.3.1.2　不同流体介质下页岩的压力传递试验

试验所设定的基本参数如表 2-9 所示。

表 2-9　压力传递试验设定基本参数表

温度/℃	围压/MPa	进口压力/MPa
20	8	3

选取表观完整的页岩气层岩样 2 组，分别采用水基工作液和煤油进行页岩压力传递试验，岩样及试验过程中所得到的压力变化曲线如图 2-23 和图 2-24 所示。

(a)采用水基工作液试验的岩样　　　　　　　　　(b)采用煤油试验的岩样

图 2-23　不同介质作用下页岩压力传递实验前后岩样

从图 2-24 中可见，随着时间增加，测试点压力逐渐上升并逼近井口压力，展示了压力在岩心内部的传递特征。水基工作液条件下，在约 40h 时岩心内部两个测压点均出现了压力上升；煤油作用下，在约 65h 时岩心内部相同测压点才出现压力上升。对比不同流体作用介质下的压力传递曲线，可发现与煤油、水接触的岩样均表现出压力传递特征。这主要是因为页岩气层岩石润湿性表现为既亲油性也亲水性。油、水在毛细管效应和压差作用下，都能进入页岩岩石内部，油、水进入页岩内部的不同孔隙中，造成油、水影响作用下页岩气层岩石内部压力传递特征不同。

从图 2-24 中还可以看出，水基钻井液更易进入岩石内部，在页岩气层岩石内部压力传递也更为迅速，即水基工作液导致的不同测压点压力上升快，这可能与页岩中伊利石和伊/蒙混层矿物的微观水化作用引起的水化膨胀应力有关，其可能促进页岩气层岩石内部的压力传递。

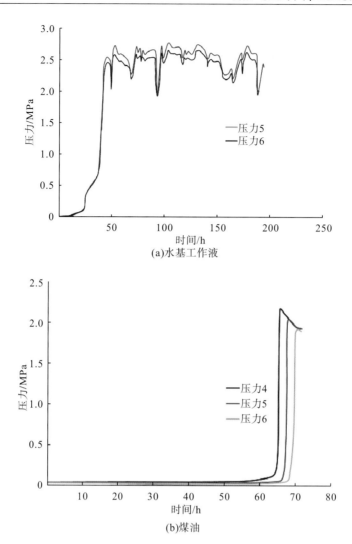

(a)水基工作液

(b)煤油

图 2-24　不同介质作用下页岩压力传递试验曲线

选取表观具有微裂缝的页岩岩样 2 组，分别采用水基工作液和煤油进行压力传递试验，岩样及试验过程中记录的压力变化曲线如图 2-25 和 2-26 所示。与图 2-23 和图 2-24 的试验结果相比，在水基工作液和煤油作用下，表观为具有微裂缝的页岩岩样内不同测压点的压力变化较快，其中水基工作液下尤其显著。从试验后岩样的表观形状也可看出，水基工作液作用下裂缝表现出明显的扩展、延伸破坏现象［图 2-25(a)］。从图 2-26 中可看出，煤油作用所导致的岩样内部压力变化缓慢，与水基工作液相比，煤油进入页岩岩样内部孔隙范围有限且煤油进入岩样后对页岩中已有裂缝的扩展和延伸贡献作用小。压力传递物理试验再次表明，页岩中压力传递、裂缝萌生和扩展机制非常复杂，尽管油相对页岩气层岩样具有较强的润湿性，但水-岩相互作用所产生的膨胀应力是裂缝萌生和扩展的重要驱动力。因此，页岩气层开发中新裂缝的萌生、扩展和延伸是孔隙压力传递和水-岩相互作用等方面综合的结果。

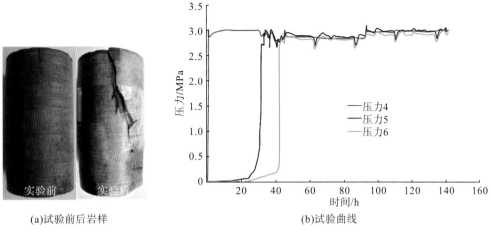

(a)试验前后岩样　　　　　　　　　(b)试验曲线

图 2-25　裂缝对孔隙压力传递影响(水基钻井液)

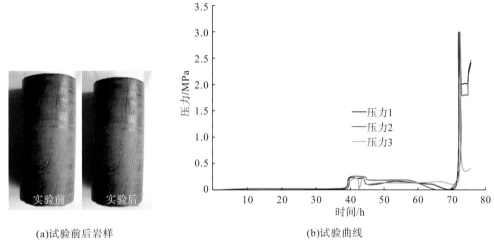

(a)试验前后岩样　　　　　　　　　(b)试验曲线

图 2-26　裂缝对孔隙压力传递影响(煤油)

2.3.2　压力传递对页岩气层岩石破坏影响的数值模拟试验

从前述的物理模拟试验中已经了解到水-岩相互作用是页岩气层这类基质致密岩石中微裂缝萌生、扩展的重要驱动力,在此基础上,进一步采用数值模拟的手段,忽略水岩相互化学作用的影响,单纯依靠水力压力传递,研究地层中裂缝形成、扩展特征及其影响因素。数值模拟研究采用岩石破裂仿真模拟软件 RFPA^{2D}。

2.3.2.1　裂缝长度对岩心内孔隙压力传递及岩石破坏影响

设计模型尺寸为 25mm×50mm,划分单元 200×400,围压取 8MPa,渗流边界条件设置为 8MPa,流体压力取 8MPa,单步增量 1MPa。模拟的模型方案分为岩心无裂缝和岩心内部存在裂缝,其中与岩心端面垂直的裂缝长度分别为 10mm、20mm 和 30mm。通过上述数值模拟过程,得到整体岩样孔隙压力传递破裂过程图,如图 2-27～图 2-30 所示。从无裂缝、结构完整岩心的模拟过程图(图 2-27)中可以看出,随着渗透压差的增大,一直增大到第 40 步,或接近 40MPa 的水力压差,岩心依旧没有发生明显的破坏。从图 2-28～图 2-30 中可看出,当岩心内部存在裂缝,且裂缝设置不同的长度时,随着与岩心端面垂直的内部裂缝长度增加,在渗透压差的作用下岩心更易发生破坏,当裂缝长度为 10mm、20mm、30mm 时,岩心发生相同程度破坏分别加载了 38 步(44.1MPa)、32 步(38.2MPa)、21 步(17.6MPa)和 1 步(14.2MPa),即随着内部裂缝长度的增加,岩心发生破坏时渗透压差逐渐降低。这说明在渗透压差的作用下,岩心内部的裂缝易造成岩石破坏,且随着岩石内部裂缝长度增大,岩石越易发生破坏。

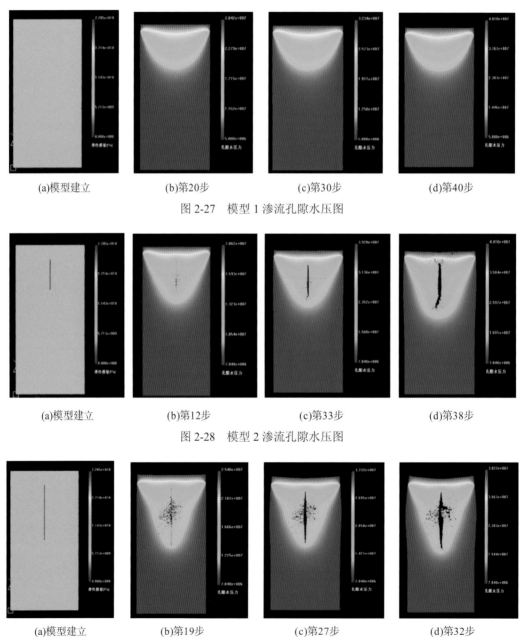

　(a)模型建立　　　　　　(b)第20步　　　　　　(c)第30步　　　　　　(d)第40步

图 2-27　模型 1 渗流孔隙水压图

　(a)模型建立　　　　　　(b)第12步　　　　　　(c)第33步　　　　　　(d)第38步

图 2-28　模型 2 渗流孔隙水压图

　(a)模型建立　　　　　　(b)第19步　　　　　　(c)第27步　　　　　　(d)第32步

图 2-29　模型 3 渗流孔隙水压图

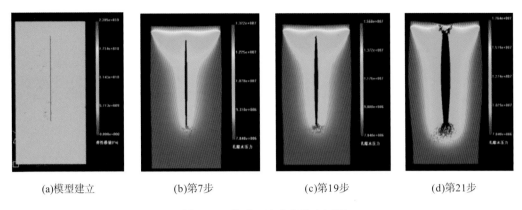

(a)模型建立　　　　　(b)第7步　　　　　(c)第19步　　　　　(d)第21步

图 2-30　模型 4 渗流孔隙水压图

2.3.2.2　裂缝角度对岩心内孔隙压力传递及岩石破坏影响

设计模型尺寸为 25mm×50mm，划分单元 200×400，围压取 8MPa，渗流边界条件设置为 8MPa，流体压力取 8MPa，单步增量 1MPa。模拟的模型中裂缝长度为 20mm，裂缝与岩心端面关系分别为垂直、呈 45°和平行。通过上述数值模拟过程，得到整体岩样孔隙压力传递破裂过程图，如图 2-31～图 2-33 所示。从图 2-31～图 2-33 中可看出，当裂缝与岩心端面呈 45°的时候，该岩心内部裂纹尖端的破坏应力最集中，且岩心比裂缝与岩心端面垂直时、裂缝与岩心端面平行时更易发生破坏。同时，与裂缝和岩心端面垂直时的模拟结果相比，与岩心端面呈 45°的裂缝开度并没有增大，一直保持闭合状态，然而随着加载进行，裂缝两端软弱部位逐渐萌生微裂纹，微裂纹也逐渐演变为大裂纹，之后裂纹间不断扩展贯通，最终裂缝两端大面积破坏。

当裂缝与岩心端面平行，且位于岩心中部时，因裂缝走向与渗透压差垂直，造成裂缝一直处于闭合状态，然而随着岩心端面所施加的渗透压差增大，裂缝所在位置的软弱结构面开始发生张裂、破坏，裂缝的扩展方向平行于渗透压差方向，与初始裂缝平面垂直。

综上表明在渗透压差的作用下，岩心内部裂缝角度对岩石破坏有重要的影响，裂缝角度的不同，将造成岩石的破坏模式、破坏程度和岩石内部裂缝延伸方向的不同，其中当裂缝与岩心端面呈 45°时，岩石易发生破坏。

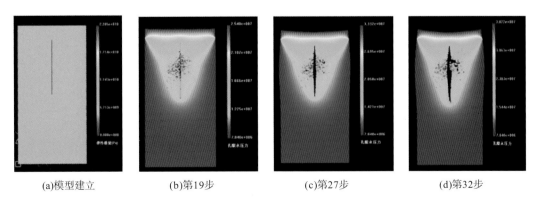

(a)模型建立　　　　　(b)第19步　　　　　(c)第27步　　　　　(d)第32步

图 2-31　裂缝与端面垂直条件下渗流孔隙水压图

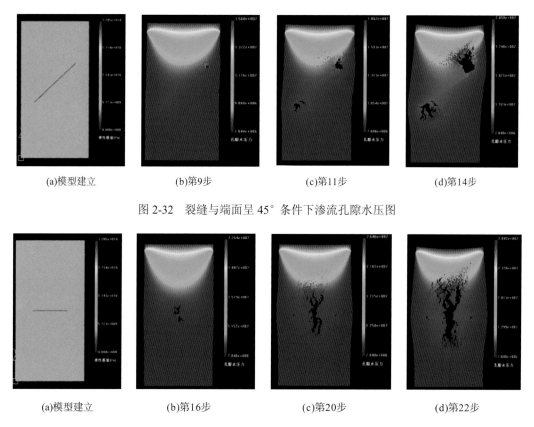

| (a)模型建立 | (b)第9步 | (c)第11步 | (d)第14步 |

图 2-32　裂缝与端面呈 45°条件下渗流孔隙水压图

| (a)模型建立 | (b)第16步 | (c)第20步 | (d)第22步 |

图 2-33　裂缝与端面平行条件下渗流孔隙水压图

2.3.2.3　裂缝密度对岩心内孔隙压力传递及岩石破坏影响

模型尺寸为 25mm×50mm，划分单元 200×400，围压取 8MPa，渗流边界条件设置为 6MPa，流体压力取 6MPa，单步增量 0.5MPa。模拟的模型中与岩心端面垂直的裂缝长度为 20mm，裂缝数量分别为 4 条、8 条。通过上述数值模拟过程，得到整体岩样孔隙压力传递破裂过程图，如图 2-34 和图 2-35 所示。从图 2-34 和图 2-35 中可看出，与岩心端面垂直的单条裂缝模拟结果相比(图 2-31)，当岩心中存在与岩心端面垂直的多条裂缝时，裂缝两端的软弱部位易出现应力集中，造成裂缝的萌生、扩展和贯通，进而导致岩心破坏；随着裂缝条数的增多，应力集中现象越来越明显，渗透压差作用下，岩心更易破坏。同时，从图 2-34 和图 2-35 中还可以发现在渗透压差的作用下，裂缝内部流体压力聚集会撑开裂缝，使相邻的裂缝出现连通的可能；在压力聚集压开裂缝的过程中，岩心容易沿其中一组最不利裂缝发生破坏，而不易发生整体式的劈裂或剪切破坏。这说明当岩心内部存在多条平行裂缝时，随着裂缝条数的增多，在渗透压差的作用下，岩心更易发生破坏。

基于 RFPA^{2D}-Flow 软件的数值模拟结果表明：岩石中存在的微裂缝是引起页岩产生水力劈裂破坏的重要因素。孔隙压力传递作用将造成岩石新的微裂缝萌生和地层中原生裂缝快速扩展、贯通，破坏岩石的完整性，降低岩石块体强度，最终导致岩石破坏。在孔隙压力传递过程中，岩体的破坏过程主要分为压力聚集、起裂、次生裂缝萌生、裂缝扩展并贯通,其中前三步是裂缝的稳定扩展阶段,当裂缝开始扩展和贯通时,裂缝加速扩展至岩体破坏,此为裂缝的不稳定扩展阶段。裂缝的长度、位置及倾角是影响页岩气层岩石破坏的重要因素。

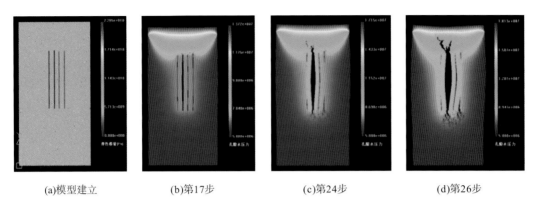

(a)模型建立　　　　(b)第17步　　　　(c)第24步　　　　(d)第26步

图 2-34　4 条裂缝条件下的渗流孔隙压力场

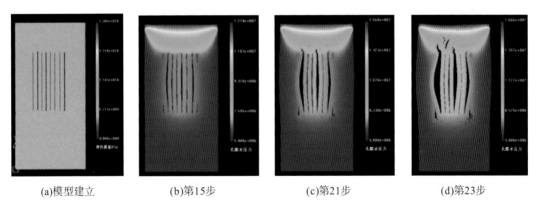

(a)模型建立　　　　(b)第15步　　　　(c)第21步　　　　(d)第23步

图 2-35　8 条裂缝条件下的渗流孔隙压力场

综合压力传递物理模拟实验和数值模拟实验结果,可认为通过压力传递类方法能够实现页岩气水平井井周地层体积改造,在这一过程中,水工作介质与页岩之间的水-岩相互作用诱发的微裂缝将极大地加速孔隙压力在致密地层中传递,而孔隙压力传递将加剧裂缝的扩展,二者相互促进,也更有利于压力传递和在页岩气井周围形成体积缝网。在页岩体积缝网改造中,水工作介质具有其他介质所不可替代的优势,但页岩气开发的高水耗,以及国家对环保越来越严苛的要求,水必须被替代。因此,寻找新的体积改造工作介质成为必然,从页岩储层的物性特征及物理场的传播特性看,声振动破岩诱导缝网技术值得探讨。

2.4　结构面发育对页岩气层岩石力学特性的影响

结构面(层理、裂缝等)发育是页岩结构的典型特征,页岩力学特性必然受结构面发育密度、产状及其力学特性的影响。考虑到页岩非均质性强、制备特定结构面试样难度大、物理实验对比效果不够理想等因素,在研究中结合数值模拟技术,着重研究了层理面对页岩常规岩石力学参数、声学特性、脆性指数以及断裂韧性的影响。

2.4.1 结构面对页岩力学强度影响的岩石力学试验研究

富有机质硬脆性页岩层理发育,层理面力学性能比页岩基质低,所以层理发育特征、层理面强度在很大程度上决定了页岩的强度。为了分析层理面对页岩抗压强度的影响,以长宁地区龙马溪组页岩下段的露头样品作为试验对象,按照层理面角度 0°、15°、30°、45°、60°、75°、90° 进行取心,如图 2-15 所示。钻取的岩心直径为 25mm,长度为 50mm。

对不同层理角度的岩心进行不同围压(10MPa、20MPa 和 30MPa)条件下的三轴压缩测试,测试结果如表 2-10 所示。

表 2-10 不同层理角度的岩心抗压强度测试结果

围压/MPa	角度 β/(°)	编号	弹性模量/MPa	泊松比	抗压强度/MPa
	0	s-1-1	132 924	0.26	125.93
	15	s-1-2	109 235	0.24	117.05
	30	s-1-3	98 419	0.33	56.29
10	45	s-1-4	98 053	0.26	61.23
	60	s-1-5	85 466	0.24	63.01
	75	s-1-6	95 314	0.24	96.18
	90	s-1-7	93 410	0.25	106.61
	0	s-2-1	137 495	0.35	171.90
	15	s-2-2	120 987	0.30	159.35
	30	s-2-3	93 361	0.25	102.11
20	45	s-2-4	93 860	0.32	90.15
	60	s-2-5	66 827	0.2	82.84
	75	s-2-6	108 422	0.28	151.97
	90	s-2-7	91 382	0.22	163.20
	0	s-3-1	114 891	0.24	202.20
	15	s-3-2	121 823	0.27	189.72
	30	s-3-3	40 173	0.16	129.47
30	45	s-3-4	79 328	0.21	125.62
	60	s-3-5	82 428	0.22	116.35
	75	s-3-6	98 241	0.25	192.73
	90	s-3-7	110 378	0.28	201.99

富有机质龙马溪组页岩层理发育,层间存在裂隙或软弱夹层,胶结强度低,属于力学弱面。在三轴压缩测试实验基础上获取的龙马溪组页岩岩心的三轴抗压强度和层理面角度的关系如图 2-36 所示。从图 2-36 中可看出三轴抗压强度和层理面角度 β 呈"U"形,其中当层理面角度在 0°～45° 时,页岩抗压强度随着与层理面角度的增大而减小,而当夹

角超过 45°时，抗压强度随着与层理面角度的增大而增大。同时，从图 2-36 中还可看出三轴抗压强度最小值在层理面角度 $\beta=45°$ 附近，而当 $\beta=90°$ 或 $\beta=0°$ 时，三轴抗压强度为最大值，且围压相同时最大三轴抗压强度约为最小三轴抗压强度的 2 倍。

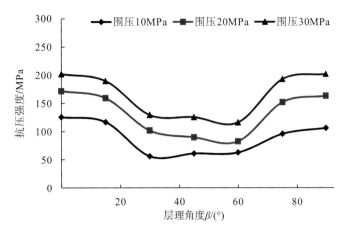

图 2-36　不同围压下，三轴抗压强度随层理角度的变化关系曲线

三轴压缩测试实验结果中，页岩破坏类型以沿层理面或岩石基体的剪切破坏为主，针对层理性弱面页岩，只有当层理面角度 β 在一定角度范围内时才会沿层理面破坏，否则沿岩石基质破坏，如图 2-37 所示。当钻进层理性弱面地层时，结构面对井壁稳定性有着较大影响。

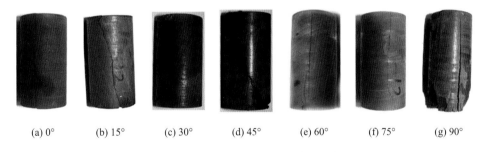

(a) 0°　　(b) 15°　　(c) 30°　　(d) 45°　　(e) 60°　　(f) 75°　　(g) 90°

图 2-37　不同层理面角度岩心三轴压缩测试实验后照片

2.4.2　结构面对岩石力学强度影响的数值模拟研究

页岩地层层状沉积构造和弱胶结作用是造成层理性弱面的主要原因。物理实验表明：当岩石上的最大主应力与层理面呈不同夹角时，页岩力学性能表现出较大的差异性，并且随着层理面角度 β 的增加，页岩的强度特征曲线近似为"U"形。本节在页岩三轴压缩试验的基础上，利用 RFPA^{2D} 软件计算研究了岩石结构面对龙马溪页岩力学强度的影响，模型参数见表 2-11，并依次对层理面力学强度为页岩基质强度的 3/4、2/4 和 1/4 三种情况展开模拟分析。从层理面角度(与加载方向的夹角)、层理面力学参数和层理密度等方面分别讨论了岩石结构面(层理面)对岩石力学参数的影响。

表 2-11　模型运算条件表

模型长度 /mm	模型直径 /mm	均质度系数	细观单轴抗压强度 /MPa	细观弹性模量 /MPa	细观泊松比	步数	单步增量 /mm
50	25	2	100	70000	0.4	20	0.005

岩心模型尺寸采用 25mm×50mm，构建的岩心模型图如表 2-12 所示，对岩心模型进行三轴压缩测试数值模拟，数值模拟破坏结果图如表 2-13 所示。在数值模拟结果基础上，可获取的弹性模量、泊松比和抗压强度与各影响因素之间的关系如图 2-38～图 2-40 所示。

表 2-12　模型图

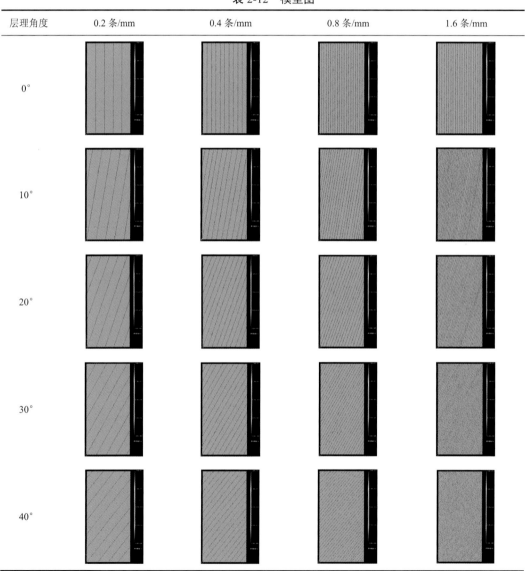

层理角度	0.2 条/mm	0.4 条/mm	0.8 条/mm	1.6 条/mm
0°				
10°				
20°				
30°				
40°				

续表

层理角度	0.2 条/mm	0.4 条/mm	0.8 条/mm	1.6 条/mm
45°				
50°				
55°				
60°				
70°				
80°				
90°				

表 2-13 运算后破坏图

层理角度	0.2 条/mm	0.4 条/mm	0.8 条/mm	1.6 条/mm
0°				
10°				
20°				
30°				
40°				
45°				
50°				
55°				
60°				

层理角度	0.2 条/mm	0.4 条/mm	0.8 条/mm	1.6 条/mm
70°				
80°				
90°				

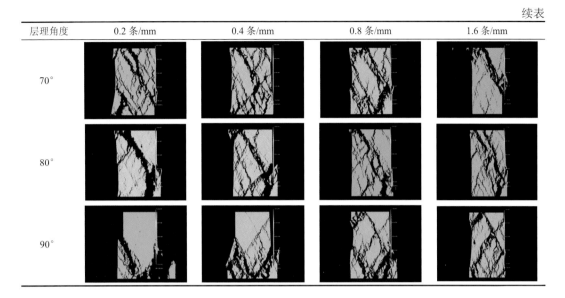

2.4.2.1　结构面对页岩弹性模量的影响

基于数值模拟结果，结构面对页岩弹性模量的影响如图 2-38。相同层理密度条件下，岩石弹性模量随着层理力学性质的减弱而降低；相同层理力学性质条件下，随着层理密度增大，岩石弹性模量也会降低；相同层理密度、力学强度的条件下，当层理面角度小于 50°时，岩石弹性模量随层理角度增大而呈降低趋势，而当层理面角度大于 50°时，岩石弹性模量随层理角度增大而不同程度增大，至 90°附近又出现小幅降低。以上研究表明：结构面的产状、密度、力学性质对页岩的弹性模量都有显著影响。

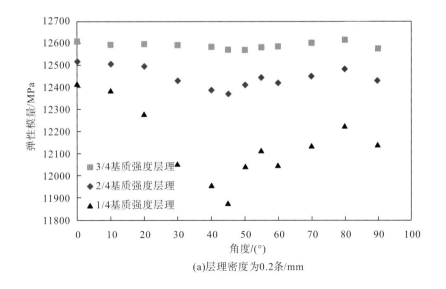

(a)层理密度为0.2条/mm

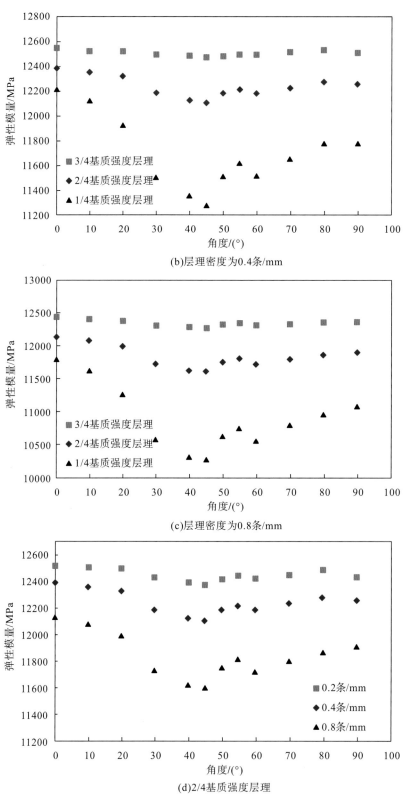

(b)层理密度为0.4条/mm

(c)层理密度为0.8条/mm

(d)2/4基质强度层理

图2-38　结构面发育对弹性模量的影响

2.4.2.2　结构面对页岩泊松比的影响

基于数值模拟结果，结构面对页岩泊松比的影响见图 2-39。当层理面角度小于 40°时，相同层理面密度条件下，岩石泊松比随层理力学性质的减弱而减小；当层理面角度大于 40° 时，相同层理面密度条件下，岩石泊松比随层理力学性质的减弱而增大。同时，当层理面角度小于 40° 时，相同层理力学性质条件下，岩石泊松比随层理角度的增加而降低；当层理面角度大于 40° 时，相同层理力学性质条件下，岩石泊松比呈先增大而后减小的趋势。由上述分析看出，结构面性质对页岩泊松比的影响相对更为复杂。

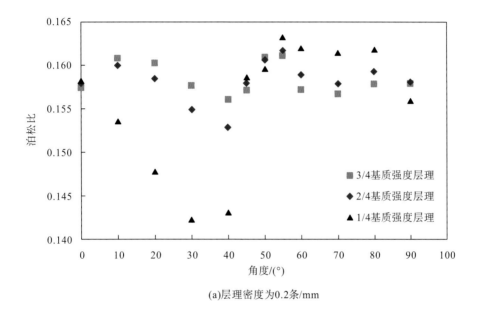

(a)层理密度为0.2条/mm

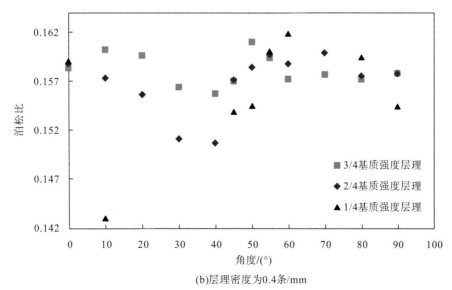

(b)层理密度为0.4条/mm

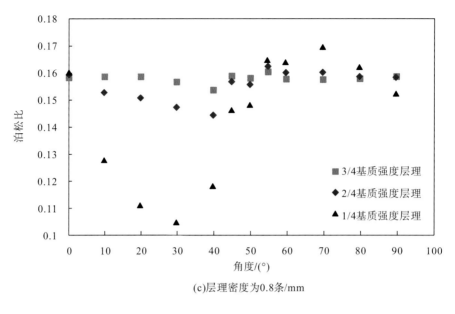

(c)层理密度为0.8条/mm

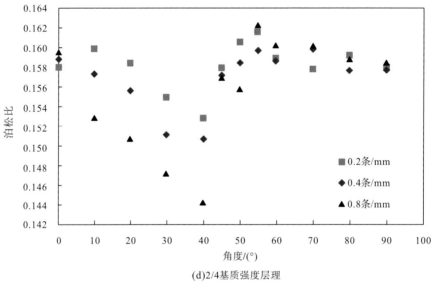

(d)2/4基质强度层理

图 2-39　结构面发育对泊松比的影响

2.4.2.3　结构面对页岩抗压强度的影响

基于数值模拟结果，结构面对页岩抗压强度的影响见图 2-40。相同层理密度条件下，页岩抗压强度随层理力学参数的减弱而降低；相同层理力学性质条件下，页岩抗压强度随着层理密度增加而降低。同时，当层理面角度小于 40°时，页岩抗压强度随层理角度的增加而降低，而当层理面角度大于 40°时，页岩抗压强度随层理角度的增加而增大，至 90°附近又出现小幅度降低。因此，页岩的抗压强度同样与结构面的产状、密度、力学性质等密切相关。

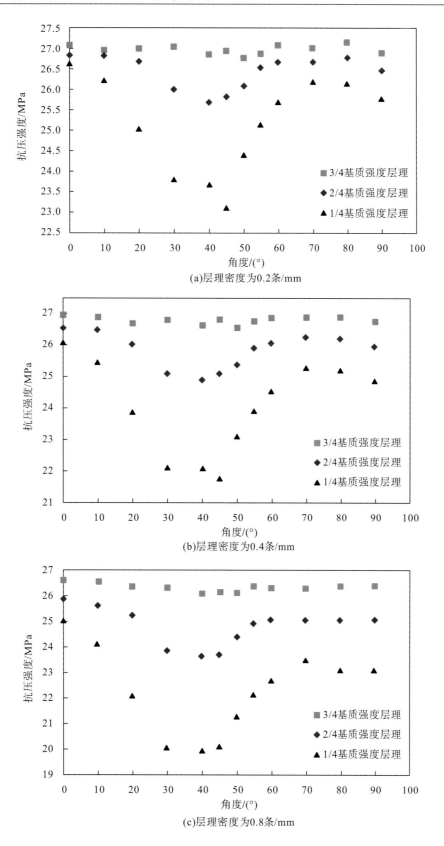

(a)层理密度为0.2条/mm

(b)层理密度为0.4条/mm

(c)层理密度为0.8条/mm

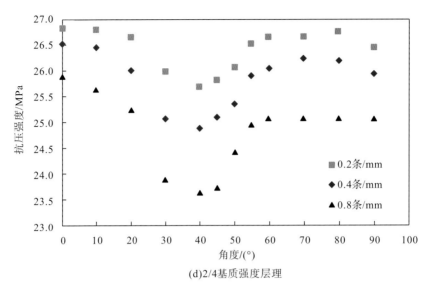

(d)2/4基质强度层理

图 2-40　结构面发育对页岩抗压强度的影响

2.4.3　结构面对页岩脆性指数的影响

基于单轴或三轴压缩测试实验结果，本章的 2.2.4 节已讨论了页岩脆性的影响因素，而本节基于数值模拟结果，继续探讨结构面对页岩脆性指数的影响，其中脆性指数的计算基于数值模拟获取的全应力-应变曲线［式(2-16)］。模拟结果如图 2-41 所示。

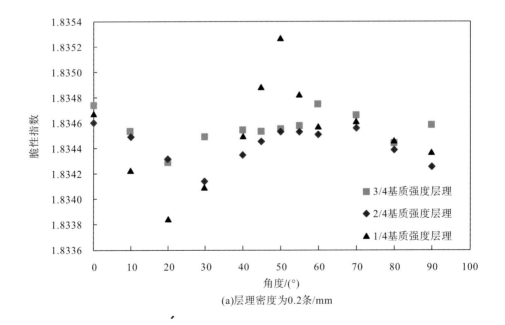

(a)层理密度为0.2条/mm

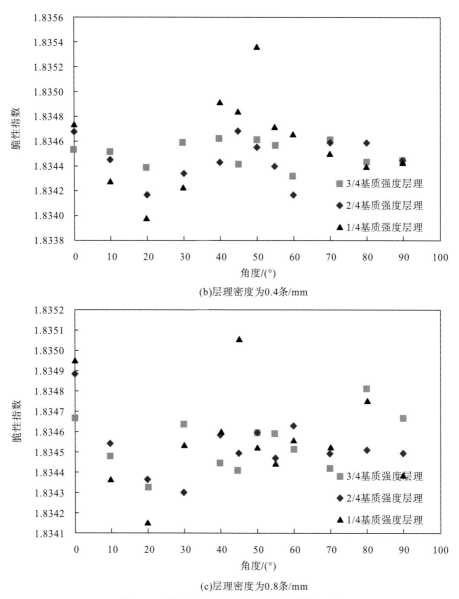

(b)层理密度为0.4条/mm

(c)层理密度为0.8条/mm

图 2-41　结构面发育对页岩脆性指数的影响

从图 2-41 中可看出，相同的层理力学性质条件下，层理面角度对页岩脆性指数的影响较复杂，即随着层理面角度的增大，页岩脆性指数呈先减小后增大再减小或趋于稳定的趋势，该数值模拟结果与实验结果(图 2-16)有相似的部分，也有不同的部分，这可能与实验岩心和数值模拟岩心中结构面性质的差异有关，如层理密度差异和层理面力学性质的差异。同时，从图 2-41 中我们也可注意到相同层理密度条件下，随着层理强度的减小，层理面角度对页岩脆性指数的影响显著增强。以上研究说明了结构面发育对页岩岩石脆性指数的影响规律较复杂。

基于以上研究结果，我们总结并分析了页岩脆性指数与岩石弹性模量、泊松比及抗压强度的关系，如图 2-42～图 2-44 所示。

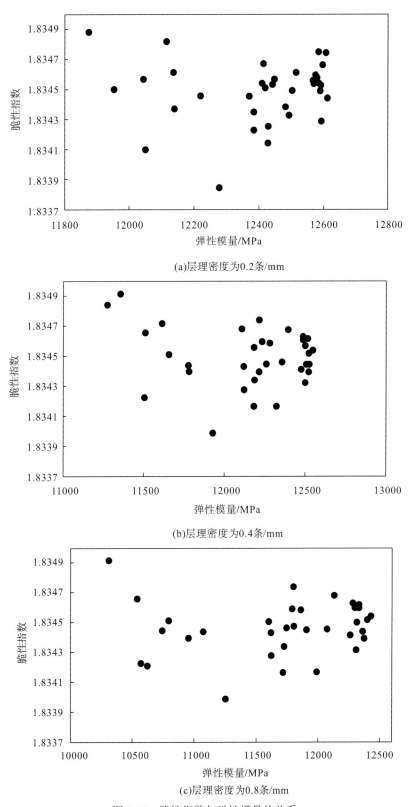

(a)层理密度为0.2条/mm

(b)层理密度为0.4条/mm

(c)层理密度为0.8条/mm

图 2-42　脆性指数与弹性模量的关系

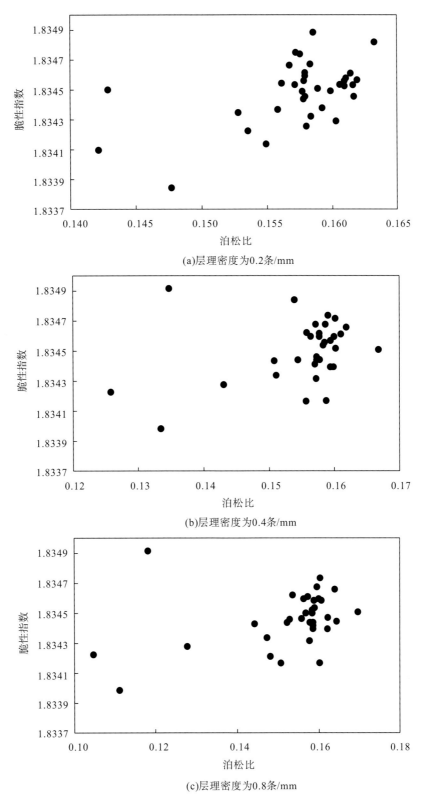

图 2-43　脆性指数与泊松比的关系

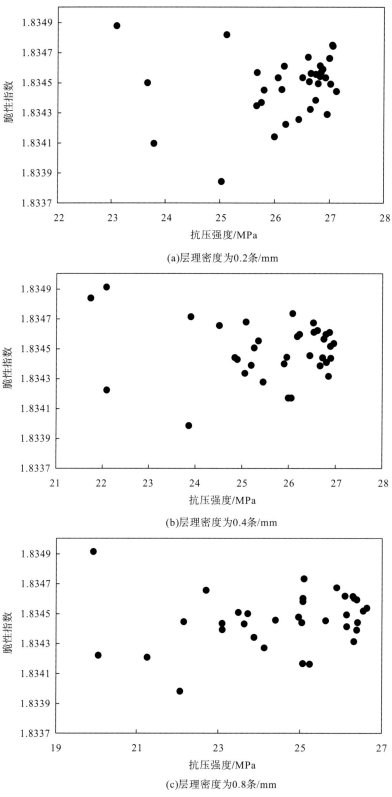

(a)层理密度为0.2条/mm

(b)层理密度为0.4条/mm

(c)层理密度为0.8条/mm

图 2-44   脆性指数与抗压强度的关系

从图 2-42～图 2-44 中可看出，当前模拟条件下，页岩脆性指数与岩石弹性模量、泊松比、抗压强度不存在明显的相关性，该数值模拟结果与实验结果(图 2-17～图 2～19)有相似的部分，也有不同的部分，这可能与实验岩心和数值模拟岩心中结构面性质的差异有关，如层理密度差异和层理面力学性质的差异。这说明在当前模拟条件下，页岩中的结构面发育，造成岩石脆性指数与岩石弹性模量、泊松比、抗压强度的关系不显著。这也表明了页岩结构面发育对岩石脆性的影响规律较复杂。

2.4.4　结构面对页岩气层岩石声学特性的影响

声学特性不仅是评价页岩力学性能的重要物理指标，同时也是页岩结构及其非均质性、各向异性特征评价的有效手段。因此，对页岩这类层理、微裂缝发育的地层，研究并弄清声波传播速度、衰减、频率等属性与层理、微裂缝的关系，对矿场利用超声波获取页岩的力学强度特性以及无损条件下分析页岩的各向异性和非均质性都具有重要的意义。

以长宁龙马溪组页岩为研究对象，按照图 2-15 所示的取心方案，以 β 角度按 10° 递增关系钻取实验用岩心。总共取心 10 组 168 块。岩心直径约为 25mm，长度为 20～50mm。

在常温(20℃)，轴压恒定为 0.5MPa 环境下，采用图 2-45 所示自主研发的多频率超声波测量仪(发明专利 ZL 201110056396.8)(测试频率：纵波 25kHz、50kHz、100kHz、250kHz、490kHz 和横波 260kHz；本节中 V_p 代表纵波 250kHz 的波速，V_s 代表横波 260kHz 的波速)进行不同频率下的声波纵横波测试。

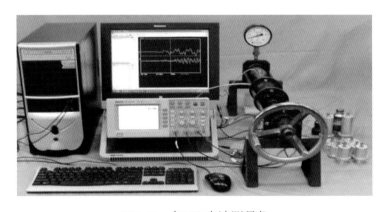

图 2-45　多频率声波测量仪

2.4.4.1　页岩的纵横波速度特点

不同层理面角度条件下岩石纵横波速度比分布见图 2-46(a)，从图中可以看出不同层理面条件下岩样纵横波速度比存在一定的离散性，且岩样的纵横波速度比均值随层理面角度变化的变化幅度较小，其中层理面角度为 30° 时，岩样的纵横波速度比均值偏小。从图 2-46(a)中还可看出在不考虑层理面角度为 30° 的纵横波速度比均值时，岩样的纵横波速度比均值随层理面角度增大而减小，两者之间存在弱负线性相关性。从图 2-46(b)(不同层理角度与岩样纵波速度均值的关系)中还可看出，岩样的纵波速度均值随层理面角度增大而减小，其中层理面角度为 30° 的岩样纵波速度均值偏低，在不考虑层理面角度为 30° 的纵横波速度均值时，两者之间存在负线性相关性。岩样中的层理面是造成岩样纵横波速度比或纵波速度差异的主要原因。因此，地层中存在的层理面在造成页岩结构非均质性的同时，也将导致页岩的声学性质及力学性质的各向异性，这种各向异性会随着井筒与地层内层理的夹角变化而引起井周岩石强度及井眼稳定性的差异性变化。

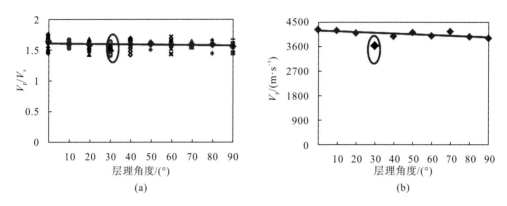

(a)　　　　　　　　　　　　　(b)

图 2-46　不同层理面角度与纵横波速度比与纵波速度的关系

　　纵横波速度关系见图 2-47，其中统计分析中未包含层理面角度 30° 的测试声波数据。从图 2-47 中可看出，横、纵波速度呈显著正相关性，关系式为 $V_s = 0.4334V_p + 795.16$，相关系数为 0.8677，说明岩样的横、纵波波速之间线性关系可靠性。为了得到能够反映不同层理面角度下岩样纵、横波速度之间的关系曲线，按照不同层理面角度，分别对纵、横波速度进行相关分析，拟合出不同层理面角度下的纵、横波间的关系式如表 2-14。从表 2-14 中可以看到不同层理面角度下，岩样纵、横波间的关系都呈良好的线性关系，且每个层理下纵、横波速度间关系式的系数不同，表明岩样中较发育的层理对其纵、横波波速造成的影响也较大。声波时差的差异在一定程度上反映了页岩的非均质性，井眼轴线与页岩地层层理夹角对井壁稳定性和后期压裂都有一定影响。

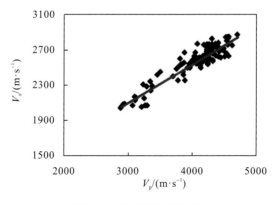

图 2-47　纵横波速度关系

表 2-14　不同层理面角度条件下纵波速度与横波速度的关系

层理角度	统计个数	表达式	层理角度	统计个数	表达式
$0°$	19	$V_s = 0.2925V_p + 1343.8(R^2 = 0.845)$	$60°$	10	$V_s = 0.4363V_p + 753.29(R^2 = 0.914)$
$10°$	11	$V_s = 0.4956V_p + 563.59(R^2 = 0.773)$	$70°$	10	$V_s = 0.4563V_p + 728.16(R^2 = 0.851)$
$20°$	11	$V_s = 0.4197V_p + 885.17(R^2 = 0.758)$	$80°$	12	$V_s = 0.4663V_p + 657.93(R^2 = 0.921)$
$40°$	10	$V_s = 0.4655V_p + 633.55(R^2 = 0.957)$	$90°$	16	$V_s = 0.4119V_p + 907.8(R^2 = 0.851)$
$50°$	10	$V_s = 0.5104V_p + 485.5(R^2 = 0.963)$			

2.4.4.2　页岩声波频散特征

声波是否存在频散现象对利用测井、地震等不同来源的声波资料获取矿场页岩地层岩石强度特性至关重要。选取较致密(无裂缝)的岩心(包括 10 组层理面角度)为研究对象，选用 5 种频率(25kHz、50kHz、100kHz、250kHz、490kHz)的纵波探头进行超声波透射实验，研究不同层理面角度条件下，测试频率对页岩声波特性的影响。不同层理面条件下，岩样的声波特性与测试频率的关系见图 2-48，其中统计分析也未包含层理面角度 30° 的测试数据。从图 2-48 中可看出，不同层理面角度下，岩样的纵波速度随着测试频率增加而增大，且呈对数相关性[图 2-48(a)]，各层理面角度下声波速度与频率的相关表达式见表 2-15，同时各频率的频散现象明显。从图 2-48(a)中看出在相同的频率条件下，随着层理面角度增大，声波纵波速度总体上呈减小的趋势。声波速度减小可能是声波穿透岩样层理数增加、层理面微裂纹较多导致。不同层理面角度下，声波衰减系数随着测试频率的增加总体呈增大的趋势[图 2-48(b)]，且呈正线性相关性，同时从图 2-48(b)中还可看出在相同频率条件下，随着层理面角度增大，衰减系数总体上呈增大的趋势。

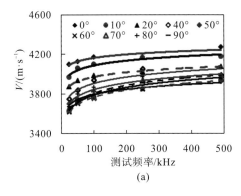
(a)

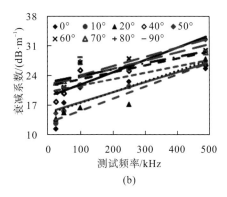
(b)

图 2-48　不同层理面角度条件下，测试频率与声波特性关系图

表 2-15　不同层理面角度条件下纵波速度与频率的关系

层理角度	表达式	层理角度	表达式
0°	$V = 50.30\ln(f) + 3934.4$　$(R^2 = 0.823)$	60°	$V = 105.24\ln(f) + 3284.7$　$(R^2 = 0.989)$
10°	$V = 68.99\ln(f) + 3773.3$　$(R^2 = 0.935)$	70°	$V = 114.54\ln(f) + 3284.1$　$(R^2 = 0.966)$
20°	$V = 65.25\ln(f) + 3675.6$　$(R^2 = 0.984)$	80°	$V = 98.37\ln(f) + 3394.7$　$(R^2 = 0.889)$
40°	$V = 91.64\ln(f) + 3487.9$　$(R^2 = 0.825)$	90°	$V = 110.77\ln(f) + 9282.9$　$(R^2 = 0.964)$
50°	$V = 73.96\ln(f) + 3458.6$　$(R^2 = 0.988)$		

综上可见，龙马溪组页岩中层理的发育对其纵、横波波速造成的影响较大，页岩各向异性特征显著，井下页岩岩心一般取自直井段，因此，为满足后期水平井设计、压裂需要而开展的岩石力学实验，在岩心制取时，必须考虑井型及井眼轨迹；页岩岩石纵波速度与横波速度的正线性相关性显著，页岩岩石的纵横波速度比的均值随层理面角度变化的变化幅度较小；层理发育将引起地层声波速度的频散效应，声波速度随层理面角度的增加或频率减小而减小，与频率呈良好的正对数关系；声波衰减系数随层理面角度的增加或频率的增加而增大。

测井资料、地震资料是矿场获取岩石强度、地应力等地质力学参数必需的基础资料，且二者常常须联合(井-震联合)使用，但由于测井频率、地震频率的差异性，以及在页岩这类复杂孔隙结构地层存在的严重频散现象及频散带来的强度参数、力学参数等与不同频率声波响应特征的不一致性问题，因此，在井-震联合应用中，必须对频散现象进行必要的修正。

2.5　卸荷作用对页岩力学特性及破坏特征的影响

钻井过程也是对井周地层岩石的卸荷过程。大量研究表明高应力水平的卸荷作用下，脆性岩石呈现出与加载截然不同的力学行为。但对卸荷条件下，页岩的变形破裂机制、结构演化特征以及本构关系、强度理论目前都还缺乏足够认识，对卸荷、流体协同作用对页岩内部结构演化及力学性能影响的研究更是鲜见报道。这些问题都是页岩水平井井壁稳定性合理评价所必需的重要基础性工作，也是目前制约页岩气层安全、高效钻井的关键科学问题。鉴于此，本研究团队基于岩石力学实验对钻井卸荷作用下页岩的力学行为特征开展了较为系统的研究。

根据物性参数相近原则，通过岩心多频超声波波速、密度等岩石物理参数从 98 块岩样中筛选出了 57 块岩心，按实验目的将实验用岩样分成 7 组，见表 2-16。

表 2-16　岩样筛选及分组

序号	实验分组	岩样编号
1	页岩加载实验	D-01,D-03,D-04,X-02,S-04,S-05,S-06,S-07,S-08,X-01
2	不同围压卸载实验	X-05,X-06,X-07,X-08,X-09,X-11,X-12,X-14
3	不同卸载速率卸载实验 1	X-15,X-16,X-17,X-18,X-19,X-20,X-21,X-22
4	不同卸载速率卸载实验 2	X-23,X-25,X-26,X-27,X-28,X-29,X-30,X-31
5	不同卸载速率卸载实验 3	X-32,X-33,X-34,X-35,X-36,X-37,X-39,X-40
6	不同卸载速率卸载实验 4	X-41,X-55,X-42,X-57,X-44,X-48,X-54
7	不同卸载幅度实验	X-50,X-56,X-62,X-70,X-63,X-69,X-64,X-74

　　地层岩石处于三向应力状态，钻进的过程对于井壁岩石来说实际上是沿井眼径向卸载的过程，为模拟钻进时地层受力变化情况，选择的卸载方式为峰前卸围压。峰值的确定基于三轴加载压缩实验结果。岩样加载路径为：同时加载围压和轴压到设计围压点，保持围压不变，加载轴压到设计轴压卸载点，再保持轴压不变，按照设计卸载速率和围压卸载路径进行卸围压实验。卸载路径示意图如图 2-49 所示。

　　根据页岩常规三轴加载实验的数据选取其基本参数如下：卸载点(即卸载时轴压)为该围压下常规三轴抗压强度的 80%；加载速率与页岩常规三轴加载实验速度相同；同样，为了获得数据的统计规律性，每个实验点重复进行两块岩样测试。

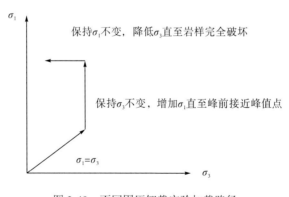

图 2-49　不同围压卸载实验加载路径

2.5.1　围压对页岩卸载破坏的影响

　　钻井过程中由于地层埋深不同，地层原地应力各有不同，井壁岩石所处的应力状态不同。为研究不同侧限条件下钻井破岩卸载对井周岩石的破坏情况，设计了不同围压下的卸载实验。

　　为对比分析同一围压下加载与卸载对页岩破坏模式、破坏程度的影响，以及不同围压卸载对页岩破坏的影响，因此加载阶段的加载速率与常规三轴压缩实验所用的加载速率相同，但卸载阶段速率统一为 0.2MPa/s，实验设计控制参数如表 2-17 所示。根据单轴和常规三轴压缩实验的结果，轴压卸载点分别为 185MPa、200MPa、225MPa 和 265MPa。由于实验过程中轴压卸载点需手动控制，不能很精确地控制在同一值，因此实验中轴压卸载点根据实际情况记录，与设计值存在一定偏差。

表 2-17　不同围压卸载实验设计

围压卸载路径	加载速率/(mm·min⁻¹)	轴压卸载点/MPa	卸载速率/(MPa·s⁻¹)
15～0	0.2	185	0.2
30～0	0.2	200	0.2
45～0	0.2	225	0.2
60～0	0.2	265	0.2

根据实验得到的不同围压条件下页岩的卸载岩石力学参数如表 2-18 所示，应力-应变曲线和岩样实验后的照片如图 2-50～图 2-65 所示。

表 2-18　不同围压下页岩卸载实验结果

岩样编号	长度/mm	直径/mm	密度/(g·cm⁻³)	围压/MPa	卸压点/MPa	卸载速率/(MPa·s⁻¹)	E/MPa	μ
X-05	49.75	24.65	2.6952	15	188.65	0.2	66584	0.2295
X-06	49.95	24.59	2.6823	15	187.00	0.2	69517	0.3933
X-07	49.72	24.73	2.6833	30	203.00	0.2	70459	0.3616
X-08	48.89	25.51	2.6807	30	187.00	0.2	75267	0.3982
X-09	49.87	24.75	2.7005	45	227.41	0.2	118250	0.8028
X-11	49.83	24.74	2.6977	45	227.60	0.2	198820	0.2858
X-12	49.91	24.65	2.6607	60	266.35	0.2	69193	0.2166
X-14	49.97	25.48	2.6800	60	267.54	0.2	66151	0.2695

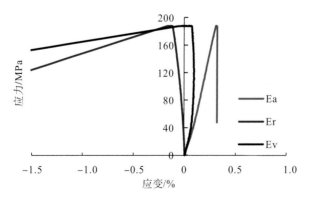

图 2-50　岩样 X-05 的应力-应变曲线

图 2-51　岩样 X-05 实验后的照片

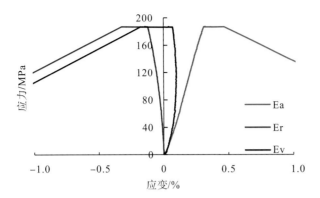

图 2-52　岩样 X-06 的应力-应变曲线　　　　图 2-53　岩样 X-06 实验后的照片

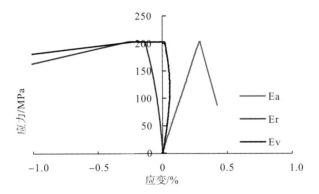

图 2-54　岩样 X-07 的应力-应变曲线　　　　图 2-55　岩样 X-07 实验后的照片

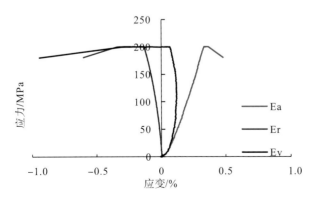

图 2-56　岩样 X-08 的应力-应变曲线　　　　图 2-57　岩样 X-08 实验后的照片

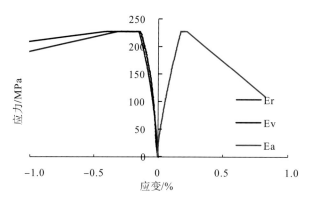

图 2-58　岩样 X-09 的应力-应变曲线　　　　　图 2-59　岩样 X-09 实验后的照片

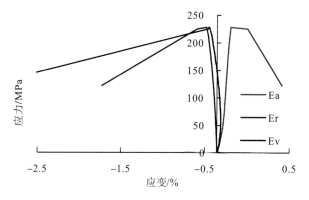

图 2-60　岩样 X-11 的应力-应变曲线　　　　　图 2-61　岩样 X-11 实验后的照片

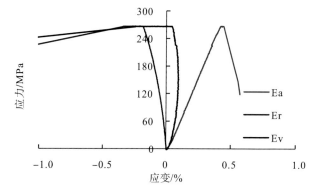

图 2-62　岩样 X-12 的应力-应变曲线　　　　　图 2-63　岩样 X-12 实验后的照片

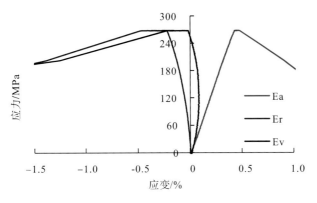

图 2-64 岩样 X-14 的应力-应变曲线　　　　图 2-65 岩样 X-14 实验后的照片

　　从各个岩样的卸载应力-应变曲线(图 2-50～图 2-65)中可看出，页岩在卸载过程中呈现明显的脆性破坏特征，从前述常规单轴、三轴实验页岩岩样的应力-应变曲线看，加载到该围压下抗压强度的 80%时，岩石仍具有较好的结构完整性及承载能力。因此，根据实验结果可知，处于某种应力平衡态下的脆性岩石，由于侧限压力的卸除，也将发生严重破坏。从应力-应变曲线看，围压卸除过程中，轴向应变和径向应变都在逐渐增大，径向应变的变化更加明显，说明岩样发生了明显扩容。在围压下降到某一值时，径向应变突然增大，岩样会突然破坏并失去承载能力，轴向压力随之突然跌落，岩样发出清脆的响声。由破坏后岩样的照片可以看出，卸载比加载对岩样的破坏更强烈，岩样出现了更多的裂缝，显示出更强的脆性。岩样破坏后照片也说明了岩样的破坏模式变得更加复杂：在围压较低(15MPa、30MPa)时，劈裂裂纹较多，岩样的破坏模式以劈裂破坏为主，岩样的破碎程度更高；随着围压的增大，岩样破坏同时存在劈裂破坏和剪切破裂；在较高围压下(60MPa)，岩样破坏以单剪和双剪为主，但破坏程度仍然强于同围压下加载实验的破坏程度，弱于低围压下卸载导致的破坏程度。这说明低围压下岩样的破坏受围压的控制，对围压卸除更加敏感，更易产生张性破坏。对钻井工程来说，在埋深和垂向应力一定时，侧向应力越低，钻井过程中井周越易形成张性破坏，在井周地层中将产生更多的诱导裂缝。

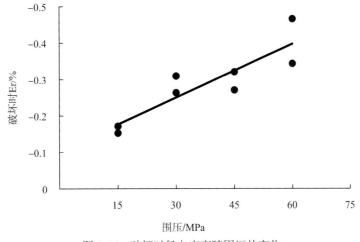

图 2-66 破坏时径向应变随围压的变化

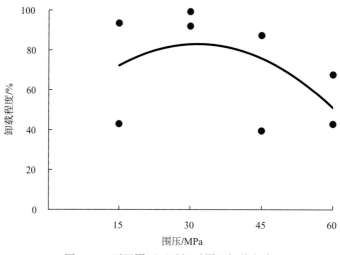

图 2-67 不同围压下破坏时围压卸载程度

为了研究岩样破坏程度,根据岩样破坏时的径向应变和围压卸载程度可得到两者间的关系,如图 2-66 和图 2-67 所示。根据破坏时径向应变的大小(图 2-66)可以看出,随着围压的增大,破坏时径向应变的大小逐渐增大,二者呈正相关性。同时,从不同围压下破坏时的围压卸载幅度(图 2-67)中可看出,虽然整体趋势上随着围压增大,破坏时卸载程度先增大后减小,但数据较为离散,有的岩石全部卸载掉围压之后才发生破裂。说明卸载时围压虽然被卸掉,但岩样内部的应力可能仍在调整。因此,卸载程度不能很好说明岩样的破坏程度,而径向应变水平可以反映岩样在卸载过程中的破坏程度。

2.5.2 卸载速率对页岩破坏特征的影响

钻井过程中,对地层的钻进速度不同,从岩石力学的角度看,这种钻进速度的差异,就表现为对井壁地层岩石应力的扰动和卸载速率不同。钻速越快,对井壁岩石的应力卸载速度就越快。因此,不同钻速对井壁地层应力扰动和应力卸载的影响可通过研究卸载速率对页岩破坏的影响来实现。为研究并获得有意义的认识,仍然用室内实验来模拟这一物理过程,实验加载路径与不同围压卸载实验的相同,即同时加围压和轴压到设计围压点,围压保持不变加轴压到设计轴压点,再保持轴压不变,按照设计卸载速率和围压卸载路径进行卸围压。

根据岩样情况,设计了 0.2MPa/s、0.4MPa/s、0.6MPa/s、0.8MPa/s 和 1.0MPa/s 等 5 个不同的卸载速率,模拟不同钻速引起的应力卸除对井壁岩石破坏的影响,不同卸载速率卸载实验设计如表 2-19 所示。

表 2-19 不同卸载速率卸载实验设计

围压卸载路径	加载速率/(mm·min⁻¹)	轴压卸载点/MPa	卸载速率/(MPa·s⁻¹)
15~0	0.2	185	0.2,0.4,0.6,0.8,1.0
30~0	0.2	200	0.2,0.4,0.6,0.8,1.0
45~0	0.2	225	0.2,0.4,0.6,0.8,1.0
60-0	0.2	265	0.2,0.4,0.6,0.8,1.0

根据实验得到不同卸载速率下页岩的卸载岩石力学参数。为了方便描述卸载程度，引入卸载变形模量，其值为卸载过程中围压-径向应变关系曲线的斜率的绝对值，求取卸载变形模量的方法如图 2-68 所示。由实验得出的岩石力学参数如表 2-20 所示。

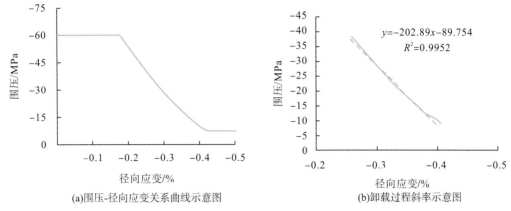

(a)围压-径向应变关系曲线示意图　　　　　(b)卸载过程斜率示意图

图 2-68　卸载变形模量求取示意图

表 2-20　不同卸载速率卸载实验数据

岩样编号	围压/MPa	卸压点/MPa	卸载速率/(MPa·s⁻¹)	破坏时径向应变 Er/%	卸载变形模量/MPa
X-05	15	188.65	0.2	−0.17 143	27 910
X-06	15	187.00	0.2	−0.15 259	25 353
X-15	15	187.59	0.4	−0.23 357	25 072
X-16	15	186.55	0.4	−0.16 054	24 863
X-23	15	186.33	0.6	−0.31 805	22 252
X-25	15	186.04	0.6	−0.15 333	33 560
X-32	15	187.79	0.8	−0.17 208	25 390
X-33	15	184.20	0.8	−0.18 579	29 351
X-41	15	187.18	1.0	−0.16 949	24 234
X-55	15	184.41	1.0	—	—
X-07	30	203.00	0.2	−0.26 294	24 435
X-08	30	187.00	0.2	—	—
X-17	30	201.12	0.4	−0.36 577	21 289
X-18	30	201.25	0.4	—	—
X-26	30	203.47	0.6	−0.22 897	28 297
X-27	30	200.03	0.6	−0.33 201	25 888
X-34	30	200.06	0.8	−0.22 098	27 518
X-35	30	201.22	0.8	−0.32 424	26 708
X-42	30	200.13	1.0	−0.26 494	21 838
X-57	30	201.27	1.0	−0.22 214	29 830

岩样编号	围压/MPa	卸压点/MPa	卸载速率/(MPa·s⁻¹)	破坏时径向应变 Er/%	卸载变形模量/MPa
X-09	45	227.41	0.2	-0.32 013	31 157
X-11	45	227.60	0.2	-0.27 020	26 599
X-19	45	226.83	0.4	-0.37 489	25 697
X-20	45	226.52	0.4	-0.33 925	23 030
X-28	45	225.74	0.6	-0.30 873	26 115
X-29	45	227.33	0.6	-0.3 522	24 335
X-36	45	226.01	0.8	-0.36 812	32 749
X-37	45	226.78	0.8	-0.33 429	22 964
X-44	45	226.74	1.0	-0.26 105	30 241
X-12	60	266.35	0.2	-0.34 286	31 497
X-14	60	267.54	0.2	—	—
X-21	60	266.85	0.4	-0.31 965	26 808
X-22	60	268.23	0.4	-0.40 346	27 655
X-30	60	265.23	0.6	-0.35 157	20 916
X-31	60	266.71	0.6	-0.43 389	20 289
X-39	60	265.89	0.8	—	—
X-40	60	266.01	0.8	-0.37 843	23 411
X-48	60	266.96	1.0	-0.37 106	30 963
X-54	60	265.77	1.0	-0.33 852	35 487

围压为 15MPa 时，不同卸载速率下岩样的卸载实验的应力-应变曲线和岩样实验后照片如图 2-69～图 2-84 所示，不同卸载速率下径向应变随围压的变化关系如图 2-85 所示，围压下径向变形模量随卸载速率的变化如图 2-86 所示，破坏时径向应变随卸载速率的变化如图 2-87 所示。

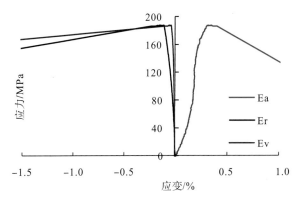

图 2-69　岩样 X-15 的应力-应变曲线

图 2-70　岩样 X-15 实验后的照片

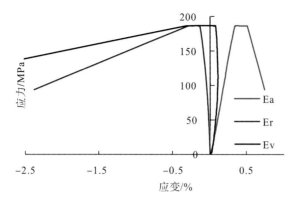

图 2-71　岩样 X-16 的应力-应变曲线

图 2-72　岩样 X-16 实验后的照片

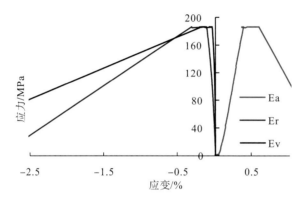

图 2-73　岩样 X-23 的应力-应变曲线

图 2-74　岩样 X-23 实验后的照片

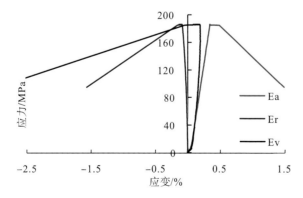

图 2-75　岩样 X-25 的应力-应变曲线

图 2-76　岩样 X-25 实验后的照片

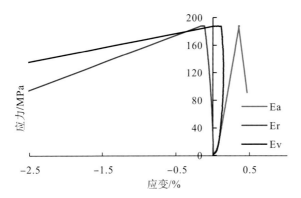

图 2-77   岩样 X-32 的应力-应变曲线　　　　　图 2-78   岩样 X-32 实验后的照片

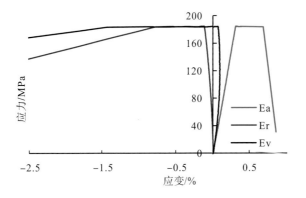

图 2-79   岩样 X-33 的应力-应变曲线　　　　　图 2-80   岩样 X-33 实验后的照片

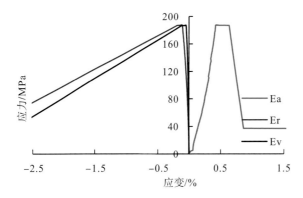

图 2-81   岩样 X-41 的应力-应变曲线　　　　　图 2-82   岩样 X-41 实验后的照片

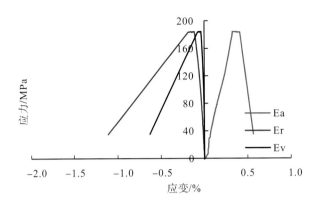

图 2-83　岩样 X-55 的应力-应变曲线　　　　　　图 2-84　岩样 X-55 实验后的照片

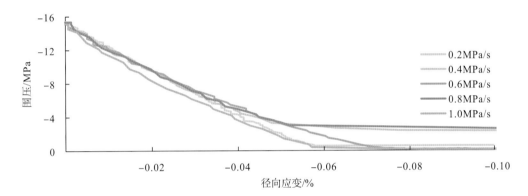

图 2-85　围压 15MPa 时不同卸载速率下径向应变随围压的变化关系

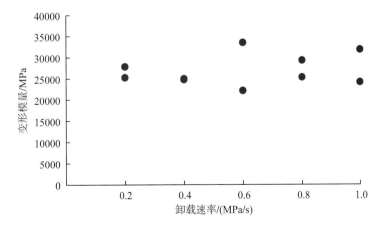

图 2-86　15MPa 围压下径向变形模量随卸载速率的变化

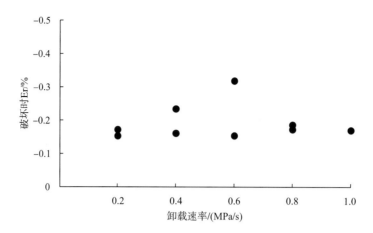

图 2-87　15MPa 围压下破坏时径向应变随卸载速率的变化

由应力-应变曲线(图 2-69～图 2-84)中可看出,围压卸载过程中,不同卸载速率下应力-应变曲线变化趋势一致,轴向应变和径向应变都在逐渐增大,径向应变的变化更加明显,说明卸载过程中岩样发生了明显扩容。随着卸载速率的增大,岩样破坏时的应变大小和径向变形模量有所波动,但整体变化幅度不大。从岩样实验后的破坏照片可以看出,不同卸载速率下,岩样的破坏模式仍主要为张性劈裂破坏或张性破裂与剪切破裂共存。综合对比径向变形模量、破坏时径向应变和岩样破坏照片可得出结论:岩样破坏的剧烈程度和径向变形模量、破坏时径向应变具有一定关系,径向变形模量和破坏时径向应变都较大的岩样,其破坏程度越剧烈,说明岩样的径向变形模量和破坏时的径向应变可以一定程度上反映岩样的破坏程度。岩样破裂程度最剧烈处的卸载速率既不是最大的也不是最小的,可以认为在卸载速率为 0.2～1.0MPa/s 存在一个卸载速率使得岩样破坏最剧烈。卸载速率变化反映了钻井过程中的钻进速度变化,因此,在钻井过程中随着钻速的增大,岩石受应力卸载而发生破坏的程度不是单调递增。因此,在这类脆性地层的实际钻井过程中,钻速和保持井周地层岩石结构完整性及井壁地层稳定性之间存在一个合理的匹配关系,优化钻速应同时考虑钻速变化对井壁岩石变形破坏的影响。在围压 30MPa、45MPa、60MPa 下开展的不同卸载速率的卸载实验获得了同样的认识。

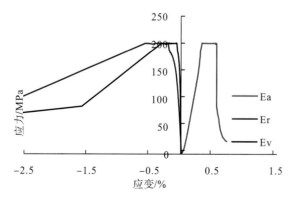

图 2-88　岩样 X-17 的应力-应变曲线

图 2-89　岩样 X-17 实验后的照片

　　围压为30MPa时不同卸载速率下岩样的应力-应变曲线和破坏照片如图2-88~图2-103所示，不同卸载速率下径向应变随围压的变化关系如图2-104所示，径向变形模量随卸载速率的变化如图2-105所示，破坏时径向应变随卸载速率的变化如图2-106所示。

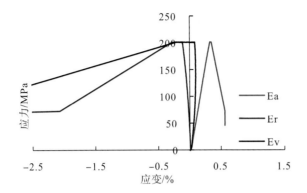

图 2-90　岩样 X-18 的应力-应变曲线　　　　　图 2-91　岩样 X-18 实验后的照片

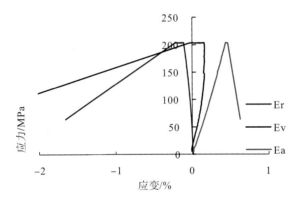

图 2-92　岩样 X-26 的应力-应变曲线　　　　　图 2-93　岩样 X-26 实验后的照片

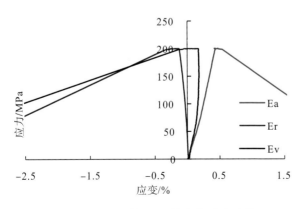

图 2-94　岩样 X-27 的应力-应变曲线　　　　　图 2-95　岩样 X-27 实验后的照片

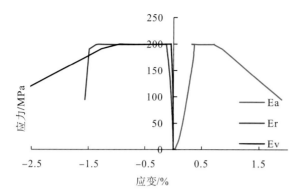

图 2-96　岩样 X-34 的应力-应变曲线

图 2-97　岩样 X-34 实验后的照片

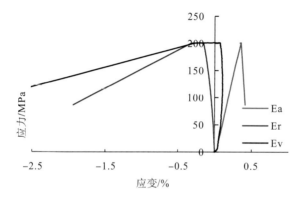

图 2-98　岩样 X-35 的应力-应变曲线

图 2-99　岩样 X-35 实验后的照片

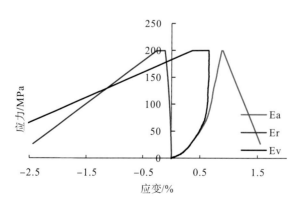

图 2-100　岩样 X-42 的应力-应变曲线

图 2-101　岩样 X-42 实验后的照片

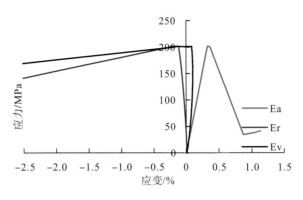

图 2-102　岩样 X-57 的应力-应变曲线　　　　　图 2-103　岩样 X-57 实验后的照片

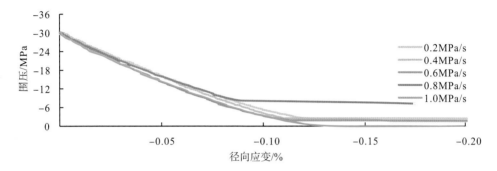

图 2-104　围压 30MPa 时不同卸载速率下径向应变随围压的变化关系

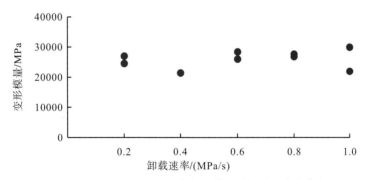

图 2-105　30MPa 围压下径向变形模量随卸载速率的变化

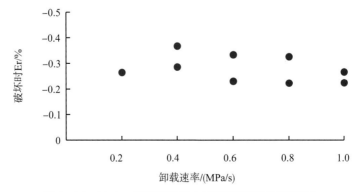

图 2-106　30MPa 下破坏时径向应变随卸载速率的变化

　　围压为 45MPa 时不同卸载速率下岩样的应力-应变曲线和破坏照片如图 2-107～图 2-120 所示，不同卸载速率下径向应变随围压的变化关系如图 2-121 所示，径向变形模量随卸载速率的变化如图 2-122 所示，破坏时径向应变随卸载速率的变化如图 2-123 所示。

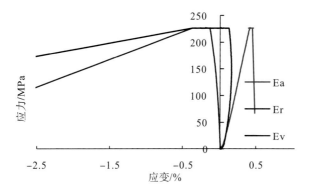

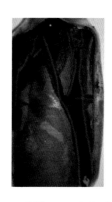

图 2-107　岩样 X-19 的应力-应变曲线　　　　　图 2-108　岩样 X-19 实验后的照片

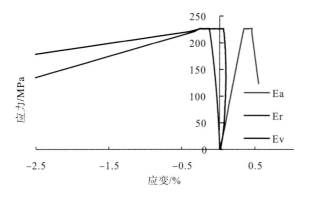

图 2-109　岩样 X-20 的应力-应变曲线　　　　　图 2-110　岩样 X-20 实验后的照片

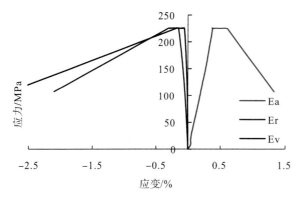

图 2-111　岩样 X-28 的应力-应变曲线　　　　　图 2-112　岩样 X-28 实验后的照片

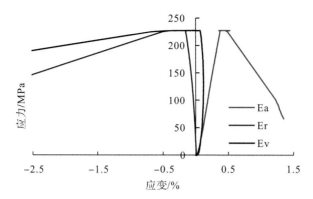

图 2-113　岩样 X-29 的应力-应变曲线　　　　　　图 2-114　岩样 X-29 实验后的照片

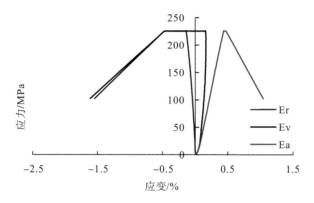

图 2-115　岩样 X-36 的应力-应变曲线　　　　　　图 2-116　岩样 X-36 实验后的照片

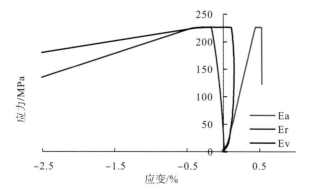

图 2-117　岩样 X-37 的应力-应变曲线　　　　　　图 2-118　岩样 X-37 实验后的照片

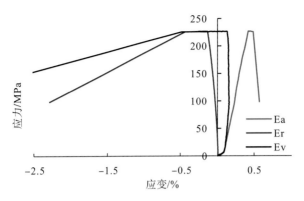

图 2-119　岩样 X-44 的应力-应变曲线

图 2-120　岩样 X-44 实验后的照片

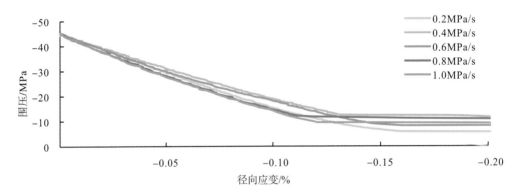

图 2-121　围压 45MPa 时不同卸载速率下径向应变随围压的变化关系

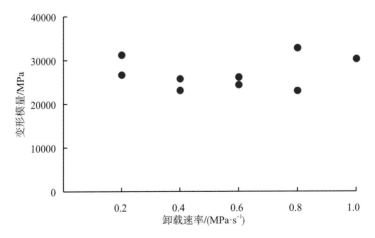

图 2-122　围压 45MPa 时径向变形模量随卸载速率的变化

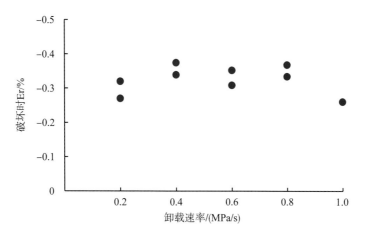

图 2-123　围压 45MPa 时破坏时径向应变随卸载速率的变化

围压为 60MPa 时不同卸载速率下岩样的应力-应变曲线和破坏照片如图 2-124～图 2-139 所示,不同卸载速率下径向应变随围压的变化关系如图 2-140 所示,径向变形模量随卸载速率的变化如图 2-141 所示,破坏时径向应变随卸载速率的变化如图 2-142 所示。

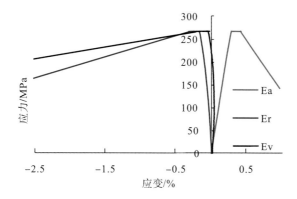

图 2-124　岩样 X-21 的应力-应变曲线

图 2-125　岩样 X-21 实验后的照片

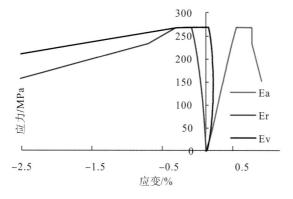

图 2-126　岩样 X-22 的应力-应变曲线

图 2-127　岩样 X-22 实验后的照片

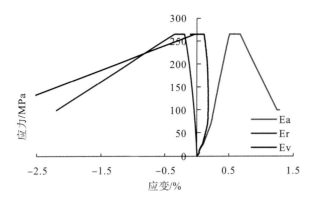

图 2-128　岩样 X-30 的应力-应变曲线　　　　图 2-129　岩样 X-30 实验后的照片

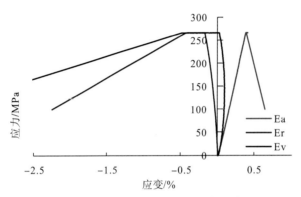

图 2-130　岩样 X-31 的应力-应变曲线　　　　图 2-131　岩样 X-31 实验后的照片

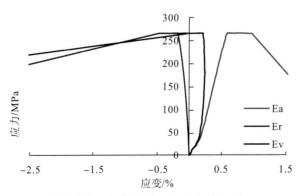

图 2-132　岩样 X-39 的应力-应变曲线　　　　图 2-133　岩样 X-39 实验后的照片

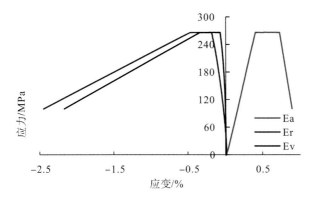

图 2-134　岩样 X-40 的应力-应变曲线　　　　　图 2-135　岩样 X-40 实验后的照片

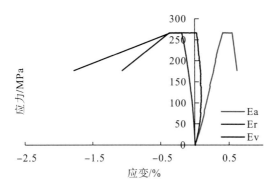

图 2-136　岩样 X-48 的应力-应变曲线　　　　　图 2-137　岩样 X-48 实验后的照片

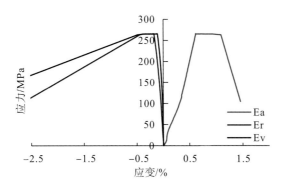

图 2-138　岩样 X-54 的应力-应变曲线　　　　　图 2-139　岩样 X-54 实验后的照片

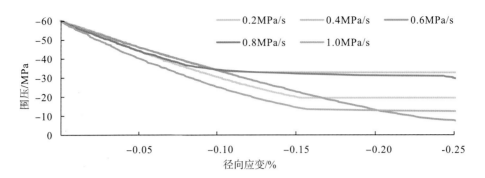

图 2-140　围压 60MPa 时不同卸载速率下径向应变随围压的变化关系

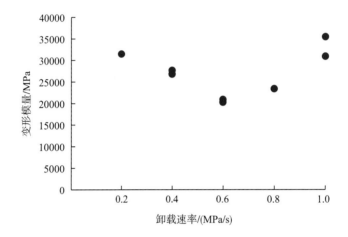

图 2-141　60MPa 围压下径向变形模量随卸载速率的变化

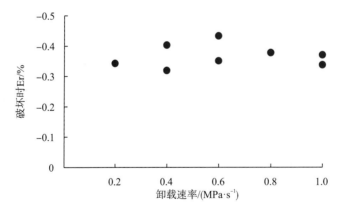

图 2-142　60MPa 时破坏时径向应变随卸载速率的变化

　　基于卸载实验,可得到相同卸载速率下不同围压的径向变形模量和破坏时径向应变的关系(2-143～图 2-147)。从图中可以看出,不同卸载速率条件下,卸载破坏时岩样的径向应变均随初始围压的增大而增大。

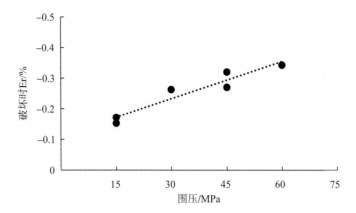

图 2-143　卸载速率为 0.2MPa/s 时径向应变随卸载速率的变化

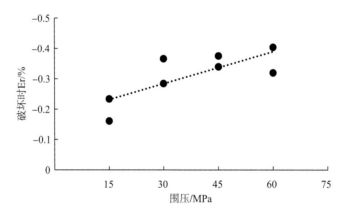

图 2-144　卸载速率为 0.4MPa/s 时径向应变随卸载速率的变化

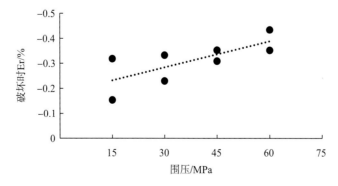

图 2-145　卸载速率为 0.6MPa/s 时径向应变随卸载速率的变化

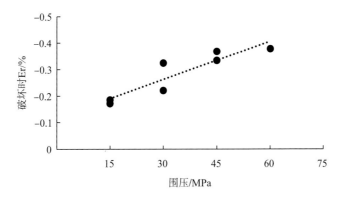

图 2-146　卸载速率为 0.8MPa/s 时径向应变随卸载速率的变化

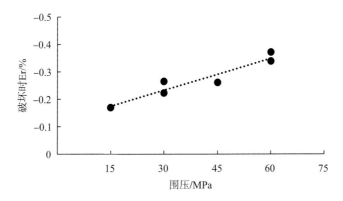

图 2-147　卸载速率为 1.0MPa/s 时径向应变随卸载速率的变化

　　总体而言，卸载方向平行于层理面，卸载速率对页岩破坏的影响表现为：在轴向应力水平相同时，随卸围压速率增大，页岩的碎裂程度呈现先加剧、后降低的特征，但与加载条件相比均呈现破裂加剧趋势。因此，在该类地层的钻井过程中，应合理优化钻速，避免因钻速使用不当而导致发生井周岩石结构破坏及进而诱发的井壁失稳问题。

2.5.3　卸载幅度对页岩破坏特征的影响

　　钻井过程中使用的钻井液密度不同，对井壁岩石的应力扰动和应力卸载不同：钻井液密度越低，井壁岩石的应力卸载幅度越大，钻井造成的井周地层应力扰动和卸载越大，气体钻井是一个极端情况，井壁岩石在井眼径向上的应力被完全卸除；反之，钻井液密度越高，井壁岩石的应力卸载幅度越小，钻井造成的井周地层应力卸载越小。钻井过程中井壁岩石的应力卸载幅度由钻井液密度决定。将此物理过程转换为岩石力学的实验来进行模拟，即实验中选取同一轴压卸载点，按照不同路径逐级卸载围压，每到一个卸载等级待岩样径向应变稳定后再继续卸载，加载速率和卸载速率均与常规三轴压缩实验的加载速率相同。实验设计如表 2-21 所示，其加载路径如图 2-148 所示。

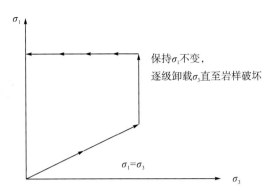

图 2-148   不同卸载幅度卸载实验加载路径

表 2-21   卸载幅度对页岩破坏特征的影响实验设计

围压卸载路径	卸载幅度 /MPa	加载速率 /(mm·min⁻¹)	轴压卸载点 /MPa	卸载速率 /(MPa·s⁻¹)
60-55-50-45-40	5	0.2	265	0.2
60-50-40-30	10	0.2	265	0.2
60-45-30-15	15	0.2	265	0.2
60-40-20-0	20	0.2	265	0.2

根据实验可以得到不同卸载速率下卸载的页岩的岩石力学参数如表 2-22 所示，其应力-应变曲线、径向应变随时间的变化曲线和岩样实验后照片如图 2-149～图 2-172 所示。

表 2-22   卸载幅度对页岩破坏特征的影响实验结果

岩心编号	卸载路径 /MPa	卸载幅度 /MPa	卸压点 /MPa	卸载速率 /(MPa·s⁻¹)	破坏时 σ_3 /MPa	破坏时 Er /%
X-50	60-55-50	5	263.2519	0.2	−19.95	−0.3739
X-56	60-55-50	5	267.9501	0.2	−35.02	−0.4079
X-62	60-50-40	10	267.1142	0.2	−30.69	−0.3295
X-70	60-50-40	10	265.7406	0.2	−39.98	−0.4156
X-63	60-45-30	15	266.2555	0.2	−22.69	−0.3745
X-69	60-45-30	15	265.7989	0.2	−30.69	−0.3295
X-64	60-40-20	20	264.8451	0.2	−40.09	−0.3824
X-74	60-40-20	20	248.3121	0.2	−27.92	−0.4414

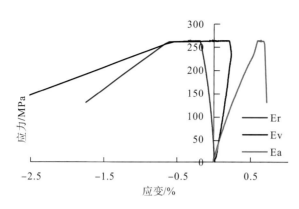

图 2-149　岩样 X-50 的应力-应变曲线　　　　　图 2-150　岩样 X-50 实验后的照片

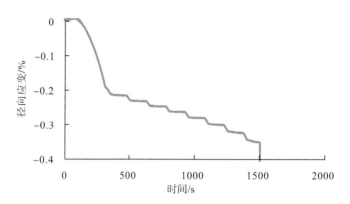

图 2-151　岩样 X-50 的围压-时间关系曲线

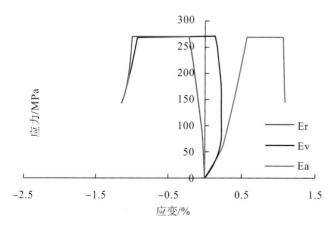

图 2-152　岩样 X-56 的应力-应变曲线　　　　　图 2-153　岩样 X-56 实验后的照片

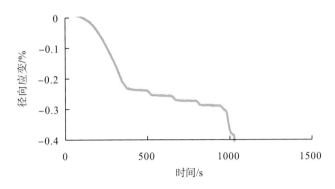

图 2-154　岩样 X-56 的径向应变-时间关系曲线

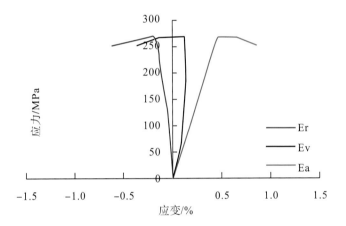

图 2-155　岩样 X-62 的应力-应变曲线

图 2-156　岩样 X-62 实验后的照片

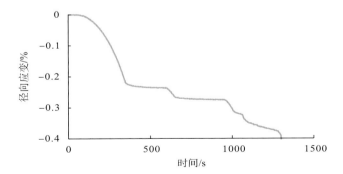

图 2-157　岩样 X-62 的径向应变-时间关系曲线

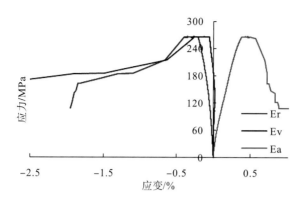

图 2-158　岩样 X-70 的应力-应变曲线　　　　图 2-159　岩样 X-70 实验后的照片

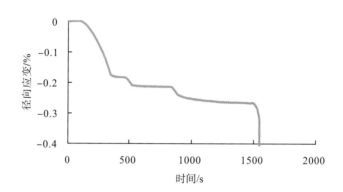

图 2-160　岩样 X-70 的径向应变-时间关系曲线

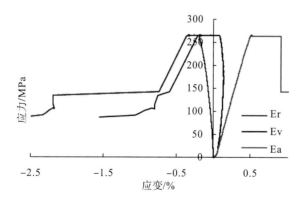

图 2-161　岩样 X-63 的应力-应变曲线　　　　图 2-162　岩样 X-63 实验后的照片

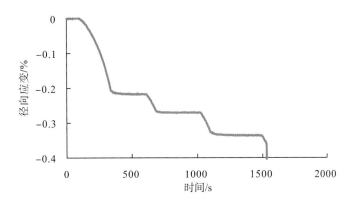

图 2-163　岩样 X-63 的径向应变-时间关系曲线

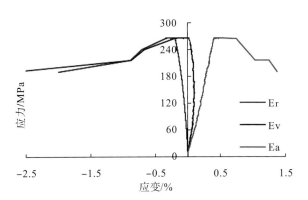

图 2-164　岩样 X-69 的应力-应变曲线

图 2-165　岩样 X-69 实验后的照片

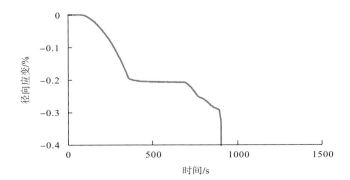

图 2-166　岩样 X-69 的径向应变-时间关系曲线

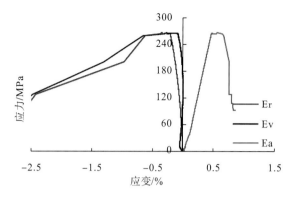

图 2-167 岩样 X-64 的应力-应变曲线   图 2-168 岩样 X-64 实验后的照片

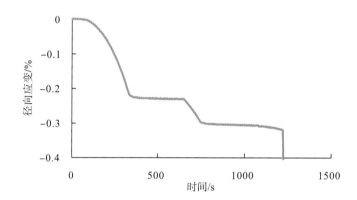

图 2-169 岩样 X-64 的径向应变-时间关系曲线

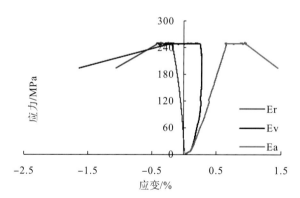

图 2-170 岩样 X-74 的应力-应变曲线   图 2-171 岩样 X-74 实验后的照片

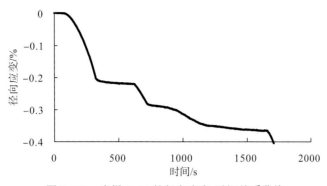

图 2-172　岩样 X-74 的径向应变-时间关系曲线

　　根据岩样的应力-应变曲线可以看出，不同幅度卸载实验中，岩样的应力-应变曲线趋势与同围压下卸载实验的应力-应变曲线趋势相同。由岩样破坏时径向应变随卸载幅度的变化(图 2-173)可知,岩样在不同幅度卸载实验中破坏时的径向应变随卸载幅度变化不大，其值与 60MPa 围压下连续卸载破坏时的径向应变相差较小，但整体呈现为随着卸载幅度的增大，岩样破坏时的径向应变先减小后增大。岩样破坏时的围压随卸载幅度的增大先减小后增大，总体比 60MPa 围压下岩样连续卸载破坏时的围压高，这说明当围压卸载到

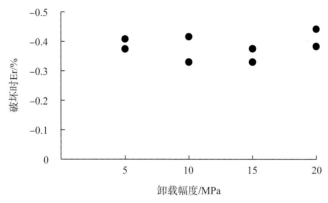

图 2-173　岩样破坏时径向应变随卸载幅度的变化

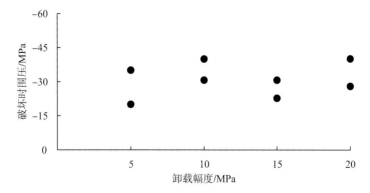

图 2-174　岩样破坏时围压随卸载幅度的变化

这个水平时，井壁岩石已经被破坏了，而初始围压 60MPa 连续卸载实验中岩样破坏时的围压之所以较低是因为卸载速率超过了岩样内部应力调整、重分布的速度。由岩样破坏时的照片可以看出，围压卸载程度越大，对岩样的破坏越大，岩样的破坏程度越剧烈。由此可以得出结论，钻井过程中钻井液密度越小，井壁岩石卸载幅度越大，其受到卸载作用的破坏程度就越高，井壁稳定性就越差。

综上可见，①岩样在卸载条件下破坏比加载更为剧烈，破坏模式更加复杂。与加载过程相比，卸载时岩样的抗压强度较低。岩样的强度等力学参数随卸载速率、围压、卸载幅度的变化而变化。②在围压对页岩卸载破坏影响实验中，岩样破坏时发生了剧烈的扩容，显示出了更强的脆性，岩样破坏模式变得更加复杂。低围压下岩样更易产生张性破坏；在高围压下，岩样的破坏表现为张性破裂与剪切破裂共存，只是岩样的破裂程度比加载条件下的破裂程度更高。对于钻井工程来说，在埋深和垂向应力一定时，侧向应力越低，钻井过程中井周越易形成张性破坏，在井周地层中产生更多的诱导裂缝。③不同卸载速率下，岩样径向变形模量有所不同，且岩样破坏时围压的卸载程度与卸载速率的关系并非为线性关系。随着卸载速率的增大，岩石受应力卸载而发生破坏的程度不是单调增大的。在实验范围内(卸载速率 0.2～1.0MPa/s)，可能存在一个卸载速率，岩样破坏最剧烈。卸载速率反映的是钻井过程中的钻进速度，因此可得出结论，在钻井过程中随着钻速的增大，岩石受应力卸载而发生破坏的程度不是单调递增关系。因此，在这类脆性地层的实际钻井过程中，钻速和保持井周地层稳定之间存在一个合理的匹配关系，优化钻速同时应考虑对井壁岩石变形破坏的影响。④随着卸载幅度的增大，岩样的破坏程度先减弱后增强，岩样形变稳定的时间也越来越长。围压卸载程度越大，对岩样的破坏越大，岩样的破坏程度越剧烈。

2.6 页岩层理面力学特征

2.6.1 层理面力学特性测试方法及原理

与常规泥岩地层相比，页岩地层中层理较为发育，为了更科学、系统地评价页岩的力学特性，必须针对页岩层理面开展力学评价。在一定的法向载荷作用下，岩石在剪切载荷作用下达到破坏前所能承受的最大剪应力称为岩石的抗剪切强度，是反映岩石力学性质的重要参数之一。同样，对结构面施加一定的法向应力 σ，然后逐级增大剪应力 τ，结构面破坏前所能承受的最大剪应力即为结构面的剪切强度。法向应力 σ、剪应力 τ 可由下式获取。

$$\tau = \frac{P}{A} \tag{2-21}$$

$$\sigma = \frac{F_c}{A} \tag{2-22}$$

式中：σ 为作用于剪切面上的法向应力，MPa；τ 为作用于剪切面上的剪应力，MPa；F_c 为作用于剪切面上的总法向荷载，N；P 为作用于剪切面上的总剪切荷载，N；A 为剪切面积，mm^2。

对结构面进行不同法向应力作用的直剪试验(图 2-175)，进而可由 Mohr-Coulomb 理论计算得到结构面的内聚力与内摩擦角。

选取合适岩样、层理面、剪切位置，保证剪载荷作用下试样沿层理面发生剪破坏是基于该方法进行层理面力学特性评价的关键。

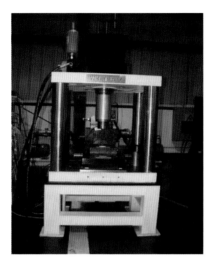

图 2-175　岩石直剪仪

2.6.2　层理面力学强度特性

为了研究页岩层理面力学强度特性，以四川盆地龙马溪组页岩露头岩样和鄂尔多斯盆地延长组长 7 段页岩为试验对象，开展页岩岩样的直剪试验。对 5 块龙马溪组页岩进行了不同法向应力下的结构面直剪测试，试验岩样采用直径 25mm 的小岩心柱。长宁地区龙马溪组页岩岩样的测试结果如图 2-176～图 2-180 所示，试验后的页岩岩样断面如图 2-181 所示，得到的页岩岩样层理面强度参数可见表 2-23。对 16 块延长组长 7 段页岩进行了不同法向应力下的结构面直剪测试，试验岩样采用 50mm×50mm×50mm 的立方体岩样。部分延长组长 7 段页岩岩样的测试结果如图 2-182～图 2-185 所示，试验后的页岩岩样断面如图 2-186 所示，得到的页岩岩样层理面强度参数可见表 2-24。

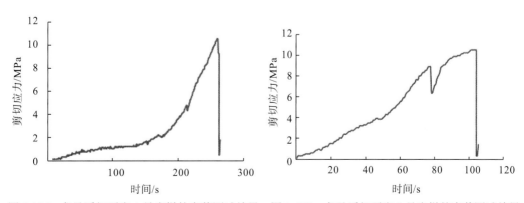

图 2-176　龙马溪组页岩 1 号岩样的直剪测试结果　图 2-177　龙马溪组页岩 2 号岩样的直剪测试结果

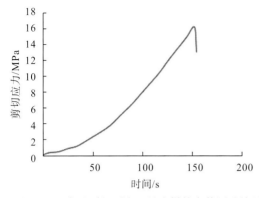

图 2-178　龙马溪组页岩 3 号岩样的直剪测试结果

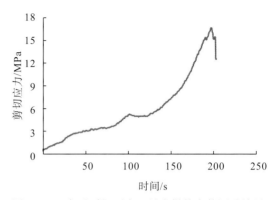

图 2-179　龙马溪组页岩 4 号岩样的直剪测试结果

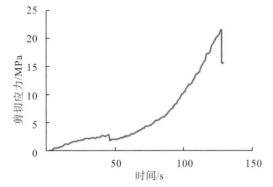

图 2-180　龙马溪组页岩 5 号岩样的直剪测试结果

图 2-181　龙马溪组页岩实验后岩样断面

表 2-23　龙马溪组页岩层理面直剪测试结果

岩心编号	直径/mm	正向应力/MPa	最大剪载荷/kN	抗剪强度/MPa	内摩擦角/(°)	内聚力/MPa
1	25.25	5	5.21	10.51		
2	25.36	5	5.31	10.42		
3	25.10	10	8.01	16.01	48.1	5.0
4	25.47	10	8.51	16.71		
5	25.40	15	10.85	21.51		

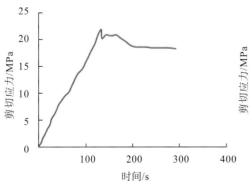

图 2-182　延长组长 7 段页岩 10 号
岩样的直剪测试结果

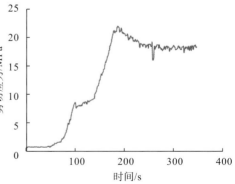

图 2-183　延长组长 7 段页岩 11 号
岩样的直剪测试结果

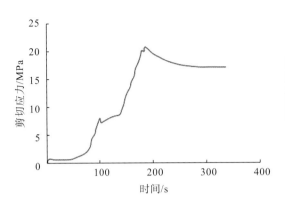

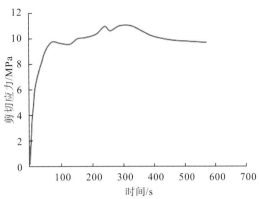

图 2-184　延长组长 7 段页岩 12 号　　　　　图 2-185　延长组长 7 段页岩 13 号
岩样的直剪测试结果　　　　　　　　　　　岩样的直剪测试结果

图 2-186　延长组长 7 段页岩实验后岩样断面

表 2-24　延长组长 7 段页岩层理面直剪测试结果

岩心编号	长度/mm	宽度/mm	高度/mm	轴向载荷/KN	正向应力/MPa	抗剪强度/MPa	内聚力/MPa	内摩擦角/(°)
1	49.03	48.69	19.56	12.5	5.24	11.54		
2	45.36	45.17	19.54	12.5	6.10	3.23		
3	48.50	45.44	23.57	12.5	5.67	5.19		
4	43.78	42.94	19.42	12.5	6.65	8.06		
5	48.51	48.27	21.9	12.5	5.34	5.90		
6	48.90	47.76	23.52	12.5	5.35	7.27	4.04	22.64
7	49.01	48.75	25.58	12.5	5.23	6.04		
8	48.36	46.44	20.22	25.0	11.13	7.50		
9	49.68	49.08	15.05	25.0	10.25	4.98		
10	49.24	47.77	23.85	25.0	10.63	8.99		
11	49.43	45.94	22.43	25.0	11.01	9.74		

岩心编号	长度/mm	宽度/mm	高度/mm	轴向载荷/KN	正向应力/MPa	抗剪强度/MPa	内聚力/MPa	内摩擦角/(°)
12	49.59	48.23	28.55	25.0	10.45	8.80		
13	47.07	46.71	18.97	25.0	11.37	5.04		
14	49.82	48.70	21.87	37.5	15.46	16.00		
15	49.52	47.55	22.22	37.5	15.93	10.23		
16	49.02	46.03	16.47	37.5	16.62	9.68		

从表2-23中可看出,长宁地区龙马溪组页岩的抗剪强度范围分布为10.51~21.51MPa,该范围要低于长宁地区龙马溪组页岩的平均单轴抗压强度 112.1MPa(88.4~138.7MPa);页岩层理面的内摩擦角约为 48.1°,内聚力约为 5.0MPa,与页岩块体相比,层理面的内聚力要小于长宁地区龙马溪组页岩块体的内聚力24.5MPa。同时,从表 2-24 中可看出,延长组长 7 段页岩的抗剪强度范围为 3.23~16.00MPa,该范围要低于延长组长 7 段页岩的平均单轴抗压强度 76.1MPa(50.4~89.7MPa);页岩层理面的内摩擦角约为 22.64°,内聚力约为 4.04MPa,与页岩块体相比,层理面的内聚力要小于延长组长 7 段页岩块体的内聚力 21.98MPa。以上说明了页岩层理面的力学强度特性要远远小于页岩块体的力学强度特性。因此,结合 2.4 节的结果可以认为,在无工作液影响的条件下,页岩气层的井壁稳定性主要取决于层理面的力学强度,还将受层理面发育密度、发育产状、与地应力的空间关系以及与井眼的交切关系等因素的影响、控制,故页岩地层井壁稳性评价、坍塌压力计算应充分考虑层理面的影响。

第 3 章　工作液对页岩结构和强度的影响

与页岩气层岩石接触的各种工作液在改变页岩结构及强度特性的同时，实际也就改变了页岩气层井壁的稳定性，因此，工作液与井壁地层岩石之间的相互作用及作用程度是影响井壁稳定性的重要因素。本章围绕页岩-工作液相互作用对页岩宏观结构和微观结构的影响，工作液对页岩岩样抗压、抗张、硬度等强度特性，以及工作液与页岩相互作用机理等开展系统的实验研究和理论分析，为页岩气层钻井液研发和井眼稳定性调控技术建立提供实验和理论基础。

3.1　工作液对页岩气层岩石宏观和微观结构的影响

为了研究页岩气层岩石水化过程中宏观(表观)结构变化，以长宁地区龙马溪组页岩露头岩样为研究对象，进行了 26 组浸泡实验，包括任意角度随机钻取的岩心样品分别浸泡于清水、水基工作液滤液和油基工作液滤液的对比实验，以及不同层理角度岩样浸泡于去离子水实验(层理面角度同图 2-15 所示，特指取心方向或岩心轴线与层理面的夹角，实验用岩样的层理面角度分别为 0°、30°、60° 及 90°)、层理角度为 90° 岩心浸泡于去离子水和浸泡于 10% KCl 溶液的对比实验。

任意角度随机岩样浸泡于清水、水基工作液滤液、油基工作液滤液的实验结果分别见图 3-1～图 3-3，不同层理面角度岩样浸泡实验结果如图 3-4 所示。从图 3-1～图 3-3 中可看出，该组岩样在不同流体中浸泡后的宏观结构没有发生明显的变化，即页岩岩样表面未见任何宏观裂缝形成，且没有表现出明显的软化或变形现象，这与传统水化膨胀性泥岩浸泡后的现象表现不一致。页岩气层岩石和传统水化膨胀性泥岩矿物组成中黏土矿物类型不同是导致这一差异的客观内在原因，页岩气层岩石的黏土矿物以伊利石为主，含少量伊/蒙混层矿物，不含蒙脱石，而传统水化膨胀性泥岩的黏土矿物主要为蒙脱石。

图 3-1　清水浸泡后的龙马溪组页岩岩样

图 3-2　水基工作液浸泡后的龙马溪组页岩岩样

图 3-3　油基工作液浸泡后的龙马溪组页岩岩样

图 3-4 所示的页岩样品在清水中浸泡后，也没有发生明显的软化或变形，但岩样遇水后发生了明显的宏观结构变化，即岩样表面产生了大量宏观可见的裂缝。结合实验观察记录，不同层理面角度的岩样浸泡于水中，岩样表面均有大量松散颗粒脱落，3 分钟后岩样表面形成多条与层理方向近似平行的裂纹；随着浸泡时间增加，沿着层理面，裂纹不断产生、扩展、延伸、增宽，很快形成平行层理面的裂缝，在这个过程中也同时伴随有与层理面呈一定角度的次生裂缝的形成、延展和汇合，并最终在岩样中形成复杂的裂缝网络。随着裂缝贯通，岩样沿着层理面破裂成碎块。对贯穿后的裂缝断面进行观察，可以发现裂缝断面粗糙不规则。通过该组页岩样品浸泡实验发现，该组页岩水化过程的宏观演化特点主要表现为水进入岩样内部后，弱化岩石颗粒之间以及弱结构面之间的黏结力，同时在岩石内部产生局部应力集中，促使次生裂纹形成和延展，形成复杂裂缝网络，最后造成岩石结构失去连续性而破裂。

选取与图 3-4 实验相同的页岩岩样分别浸泡于去离子水和 10% KCl 溶液中，实验结果见图 3-5。从图 3-5 可看出，与浸泡去离子水中的岩样水化过程相比，页岩岩样浸泡于 10%KCl 溶液中有少量松散颗粒脱落，岩样表面出现裂纹的时间延后，5 分钟后岩样表面出现的裂缝条数（岩样 2-1 表面裂缝有 3 条，岩样 2-2 表面裂缝有 5 条）明显少于浸泡去离子水中岩样（岩样 1-1 表面裂缝有 6 条，岩样 1-2 表面裂缝有 9 条）[图 3-5(a)]，随着浸泡时间增加，岩样最终都将沿着层理面破裂成碎块，但破裂程度与浸泡溶液的类型有关，对该组页岩样品，受 10%KCl 溶液浸泡后的破裂程度明显小于浸泡于去离子水中的岩样[图 3-5(b)]。

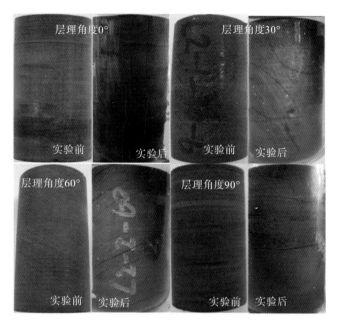

图 3-4　不同层理面角度岩样在清水中浸泡后的宏观结构变化

图 3-5　岩样在不同溶液中浸泡后的宏观结构变化

图 3-1~图 3-5 的页岩样品均取自龙马溪组地层，但受流体浸泡后，宏观结构表现出了完全不同的特点。第 1 章页岩矿物组成分析结果也说明龙马溪组页岩具有明显的二分性特征，二分性的分布特点导致了龙马溪组页岩上段和下段理化性能的差异。采用 X 射线衍射分析法，分别对上述不同表现页岩岩样进行全岩矿物组成测试分析发现，图 3-1~图 3-4 所采用岩样在组分上与图 3-5 所采用岩样有较大差异，具体为：工作液浸泡后宏观结构无变化的页岩的黏土矿物含量为 11.10%~17.79%（平均含量为 14.52%）、石英含量为 43.46%~62.66%（平均含量为 52.19%）、碳酸盐岩含量为 22.40%~39.59%（平均含量为 29.86%）、长石含量为 0~3.88%（平均含量 1.64%）；工作液浸泡后宏观结构变化显著的页岩的黏土矿物含量为 34.56%~63.60%（平均含量为 47.09%）、石英含量为 20.08%~35.90%（平均含量 27.60%）、碳酸盐岩含量为 8.76%~37.51%（平均含量为 18.57%）、长石

含量为 2.77%～9.37%(平均含量为 5.62%)。上述两组页岩样品,前者为龙马溪组页岩下段(L1),后者为龙马溪组页岩上段(L2),后者页岩黏土矿物含量比前者多,且后者页岩中微裂缝发育程度明显要强于前者。岩石组分、结构的差异是造成两组页岩样品,在工作液中呈现完全不同表现的重要原因,随着黏土矿物含量增加,页岩气层岩石在工作液中浸泡后的水化致裂现象越明显。

为进一步分析富含有机质页岩的水化特点,采集了四川盆地 3 个不同地点的龙马溪组页岩岩样进行浸泡水实验,实验中观察记录岩样浸泡前后的裂缝形成、分布状况,分析硬脆性页岩岩样水化现象。地点 1 页岩岩样在浸泡水后岩样仍保持完整,岩样表面未发现裂缝,其他 2 个地点页岩岩样浸泡后裂缝分布见图 3-6。

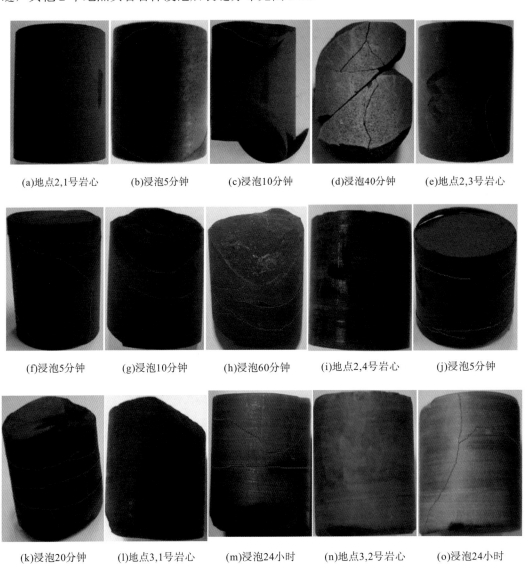

(a)地点2,1号岩心　　(b)浸泡5分钟　　(c)浸泡10分钟　　(d)浸泡40分钟　　(e)地点2,3号岩心

(f)浸泡5分钟　　(g)浸泡10分钟　　(h)浸泡60分钟　　(i)地点2,4号岩心　　(j)浸泡5分钟

(k)浸泡20分钟　　(l)地点3,1号岩心　　(m)浸泡24小时　　(n)地点3,2号岩心　　(o)浸泡24小时

图 3-6　不同地区岩样浸泡水后宏观结构的变化

从图 3-6 中可看出浸泡水后，岩样表面可见裂缝分布(图中红色线条表示岩样表面裂缝)，其中地点 2 岩样水化现象较明显、吸水水化程度较严重(1 号岩心取心方向与层理呈45°，2 号岩心取心方向与层理成 60°，3 号岩心取心方向与层理平行)。结合观察记录，地点 2 岩样仅浸泡几分钟便形成裂缝尤其在岩样端面边缘处易形成裂缝，随着浸泡时间增加，裂缝贯通后剥落成碎块。地点 2 的 3 个岩样表面均形成了多条与层理方向近似平行的主裂缝，且随着浸泡时间增加，1 号岩样的主裂缝贯穿后，岩样沿着层理面劈开成两半，劈裂缝两边伴生有多条裂缝，3 号岩样表面逐渐生成多条与层理面平行的裂缝，向着岩样端面扩展和延伸，裂缝逐渐增宽，裂缝贯通后剥落成碎块，4 号岩样表面逐渐生成多条平行或近似平行层理面裂缝，裂缝贯通后岩样沿层理面破裂成碎块。地点 3 岩样浸泡数小时后才出现少量裂缝，岩样虽出现裂缝，但仍保持完整性且未出现掉块现象，说明地点 3 岩样吸水水化作用不足以使裂缝继续扩展及使岩石破裂。

3 个取样点页岩的矿物组成和微观结构分别见图 3-7 和图 3-8。从图 3-7 中可看出，地点 1 岩样石英含量大，地点 2 岩样黏土矿物含量大。

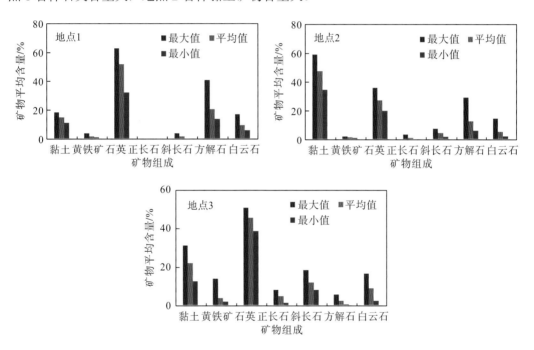

图 3-7　不同地点龙马溪组页岩的矿物组成

同时，从图 3-8(a)、(e) 和(i)中可看出，3 个地点岩样黏土矿物颗粒均呈片状，岩样中片状黏土颗粒沿层理方向趋于定向排列，宏观上表现为层理较发育，岩样中微裂纹较发育。从图 3-8(b)、(f) 和(j)中可看出，岩样黏土矿物中明显夹杂着非黏土矿物颗粒如石英、长石等，这些矿物分布不均匀，地点 1 岩样中溶蚀孔发育，地点 3 岩样中局部发育溶蚀孔和微裂纹，地点 2 岩样中黏土矿物颗粒和非黏土矿物颗粒无序堆积在一起，矿物颗粒之间胶结程度较差，矿物颗粒之间较松散，岩样中微裂纹发育。采用场发射扫描电镜对页岩浸泡水前、后的微观结构变化进行了观察分析。页岩岩样浸泡时间分别为 10 天、20 天和 30

天，与对应干燥原岩岩样进行对比分析，实验结果可见图 3-8。岩样浸泡水后微观结构照片（图 3-8(d)、(h)和(l)）与干燥岩样微观结构照片（图 3-8(c)、(g)和(k)）对比可看出，岩样中存在水化现象，片状黏土矿物轮廓边缘产生钝化现象，黏土矿物颗粒表面吸水发生水化，随着浸泡时间增加，颗粒逐渐体积膨胀，片状轮廓边缘存在加厚现象，但膨胀现象总体不明显。

(a)地点1，原岩放大2000倍　　　　　　　　(b)地点1，原岩放大1000倍

(c)地点1，原岩放大10000倍　　　　　　　(d)地点1，浸泡40天后放大10000倍

(e)地点2，原岩放大2000倍　　　　　　　　(f)地点2，原岩放大1000倍

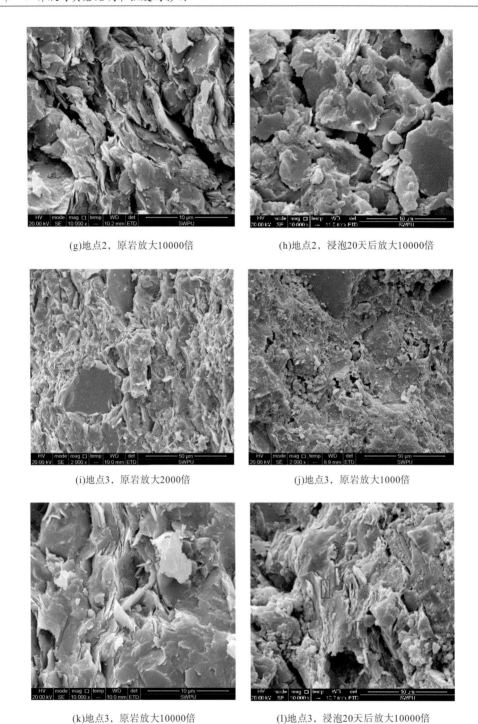

(g)地点2，原岩放大10000倍　　　　　　(h)地点2，浸泡20天后放大10000倍

(i)地点3，原岩放大2000倍　　　　　　　(j)地点3，原岩放大1000倍

(k)地点3，原岩放大10000倍　　　　　　(l)地点3，浸泡20天后放大10000倍

图 3-8　3 个地区龙马溪组页岩岩样的 SEM

　　结合图 3-6 中的页岩浸泡水实验结果，可知地点 1 页岩较致密，其水化程度相对较小，而地点 2 页岩的黏土矿物颗粒和非黏土矿物颗粒无序堆积在一起，胶结性差，颗粒间联结性差、较松散，微裂纹发育，岩样吸水削弱颗粒间胶结作用，水化程度较严重，易导致岩

样剥落或破裂。说明页岩组分、结构的差异对页岩水化程度有重要影响。

图 3-9、图 3-10 为典型的发生水化破裂后的页岩气层岩样。从图 3-9 岩样上可以观察到水化破坏过程中所表现出的结构损伤特点。从宏观角度，可以将岩石次生裂缝的发育过程归纳为裂缝起裂、延伸、交汇、分叉、扩展和贯通几个过程。岩石与水接触后首先在岩石表面形成小裂纹，开始起裂；随着水化过程的继续，这些小裂纹的尖端会沿着一定方向继续向前发育使裂缝长度延伸、面积扩大；裂纹向前延伸的过程中又会发生新的裂纹的起裂（即分叉）或与其他裂纹发生交汇从而形成裂缝网络；已经形成的裂纹逐渐扩展，宽度增加，发育成显裂缝。交汇或分叉的裂缝继续发展最终贯穿整个岩块，造成整个岩块的破坏。

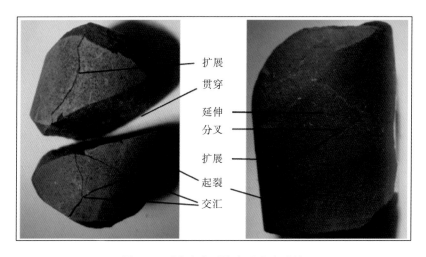

图 3-9　页岩水化后的宏观次生裂缝

有的页岩的水化破坏过程非常迅速，甚至在浸泡后的短短几分钟内就产生了明显裂缝网络，造成岩块的贯穿破坏。如图 3-9、图 3-10 所示，裂缝形成方向没有规律性，岩石并不是仅仅简单地沿着层理面断开，而大多是产生与层理面成一定角度的裂纹。这些现象都表明，水的作用并不仅仅简单地弱化了岩石颗粒之间、弱结构面之间的连接能力，而是在岩石内部产生了强大的内部驱动力，促使次生裂纹自发地形成和延展。

图 3-10　页岩水化后的宏观结构损伤

采用 BX41-P（奥林巴斯，日本）型偏振光显微镜（图 3-11）对页岩水化过程中微观结构变化进行观察。将岩样制成厚 4～5mm 的片状，放在载玻片上，缓慢向岩样周围滴加适量去离子水，并使岩样上表面保持干燥，在 BX41-P 型偏振光显微镜下观察岩样表面的微观结构变化。

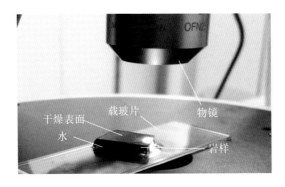

图 3-11　偏光显微镜测试示意图

通过显微镜可以发现，岩样浸泡一段时间后，在岩样上表面开始发育裂纹，裂纹呈无规则形态延伸。在裂纹形成后由于页岩的亲水性，在毛细管效应的作用下，水会沿裂缝浸润到岩石表面，在裂纹两边形成暗黑色的条状，而其他没有裂纹发育的岩石表面则始终保持干燥[图 3-12(c)]，表明页岩水化过程中形成的裂纹将成为水在岩石内部渗流的主要通道。随着水沿着裂纹向两边蔓延，已经形成的裂纹边界上又会继续产生新的裂纹，造成裂纹边缘岩石颗粒的剥落[图 3-12(a)和图 3-12(b)]和分叉[图 3-12(d)]，且新裂纹的产生又进一步促进水向岩石其他部分快速地蔓延。

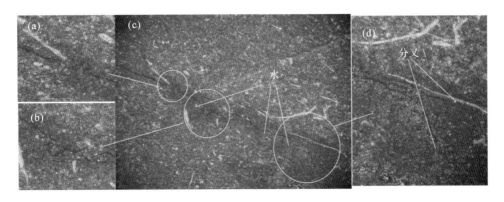

图 3-12　岩样水化过程中的微观结构变化(X500 倍)

从已经形成的裂纹的微观形态可以发现(图 3-13 和图 3-14)，水化过程中形成的裂纹具有显著的张性破坏特征：两条边界形态高度吻合，裂纹边缘能发现有松动的岩石颗粒，并且裂纹间仍有部分岩石颗粒相连。这些现象表明在水化过程中，裂纹尖端处形成了显著的应力集中，造成裂纹尖端处应力强度因子增大，导致裂纹扩展和延伸。

综合页岩气层岩石与水接触后的宏观和微观结构变化，可以清楚地看到与水化膨胀泥岩地层岩石相比，页岩气层岩石仍然具有很强的对水敏感性，所不同的是其以结构破坏为特征。

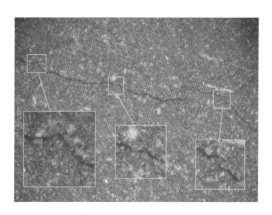

图 3-13   水化过程中形成裂纹的   图 3-14   水化过程中形成裂纹的

微观结构（X500 倍）   微观结构（X500 倍）

3.2   工作液对页岩水化应力应变的影响

利用根据固定体积法原理研制的泥页岩水化膨胀应力应变测试仪对页岩水化膨胀应变和水化膨胀应力进行评价。将垂直于层理面钻取的长 4cm 的圆柱体页岩 L2 岩心放入页岩膨胀仪中，加入去离子水使岩心被完全浸泡，分别测量页岩的高度变化和膨胀应力，结果如图 3-15 所示。从图 3-15 中看出，页岩在垂直层理面方向上的线性膨胀极小。页岩样品在膨胀过程中的尺寸变化在 0.001mm 尺度下很难被精确监测，膨胀应力相对明显。这主要是由于页岩颗粒间胶结非常致密，同时黏土矿物主要含量为体积膨胀性较小的伊利石和伊/蒙混层，不容易发生宏观上的变形，但较强的毛管压力及所含伊利石的水化行为等共同作用，使页岩产生了较为明显的膨胀应力，且膨胀相对迅速。

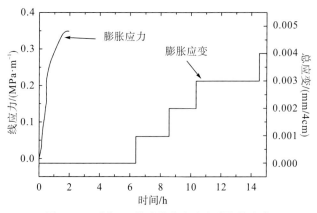

图 3-15   页岩 L2 的膨胀线应力和膨胀线应变

为了对不同流体作用后的页岩膨胀应力有更深入全面的认识，利用泥页岩水化膨胀应力测试仪进行了 6 组对比实验：L1 和 L2 页岩浸泡水膨胀应力、L1 和 L2 页岩浸泡

10%KCl 溶液膨胀应力、L1 和 L2 页岩先浸泡白油膨胀应力后浸泡水膨胀应力。实验结果见图 3-16。从图 3-16 中可看出，页岩岩样浸泡水、10%KCl 溶液中线水化应力随着时间增加先呈上升后趋于稳定，其中 L1 页岩线水化应力上升速度较慢及上升幅度较小，需要较长时间达到稳定；L2 页岩线水化应力上升速度快及上升幅度大，很快趋于稳定，且在与水接触最初 0.5h 内，线水化应力变化趋势存在明显阶梯上升现象。结合图 3-17（页岩膨胀应力实验前后岩心对比）分析，L2 页岩因毛细管效应作用自吸水发生水化，岩样产生微裂缝面，水沿裂缝面继续进入岩样内部，黏土颗粒吸水形成表面水化膜，随着吸水量增加，表面水化膜增厚，使裂缝宽度增加，同时黏土颗粒产生表面水化力，在裂缝面上产生拉应力，一方面使裂缝宽度增加，一方面使裂缝尖端应力集中造成裂缝扩展，从而使岩样体积产生宏观膨胀，造成水化应力增加。从图 3-16 中还可以看出与浸泡水膨胀应力测试相比，页岩先浸泡白油中，不产生膨胀应力，再浸泡水中测试膨胀应力，或页岩浸泡 10%KCl 溶液测试膨胀应力，页岩线水化应力上升速度减慢及上升幅度减小，其中 L1 页岩线水化应力下降幅度较大，而 L2 页岩线水化应力下降幅度较小，说明页岩先浸泡白油中或浸泡 10%KCl 溶液中，可在一定程度上减缓页岩自吸水作用，进而减小页岩水化作用，造成水化应力上升速度减慢及上升幅度减小。

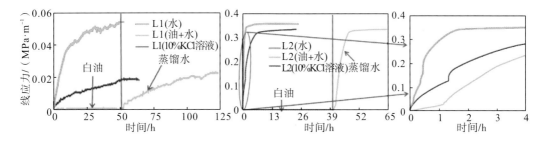

图 3-16　页岩膨胀应力实验结果

图 3-17　页岩膨胀应力实验前后岩心观察对比

3.3　工作液对页岩气层岩石抗压强度的影响

以四川盆地龙马溪组页岩下段露头岩样（L1）为研究对象，进行了 16 组浸泡前后的三轴压缩实验，浸泡流体包括清水、5%NaCl 溶液、5%KCl 溶液、现场水基钻井液和现场油基钻井液。对浸泡后无明显层理面裂开现象的岩样在常温，围压 15MPa、30MPa 条件下进行三轴压缩实验，研究不同流体对页岩的抗压强度、弹性模量和泊松比的影响。组 1、组 2 页岩样品受不同流体浸泡后三轴压缩试验结果见图 3-18～图 3-21，浸泡前后的三轴抗压强度、弹性模量和泊松比如图 3-22。

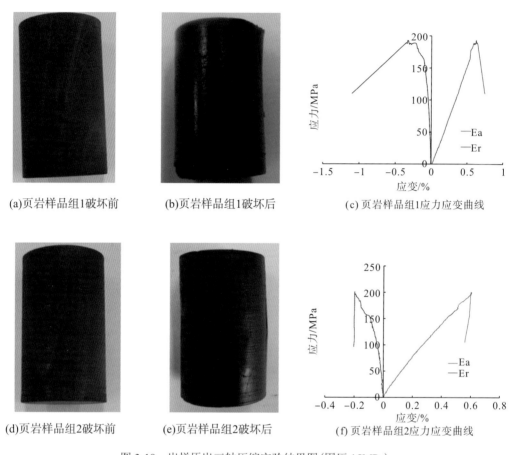

(a)页岩样品组1破坏前　　　　(b)页岩样品组1破坏后　　　　(c) 页岩样品组1应力应变曲线

(d)页岩样品组2破坏前　　　　(e)页岩样品组2破坏后　　　　(f) 页岩样品组2应力应变曲线

图 3-18　岩样原岩三轴压缩实验结果图(围压 15MPa)

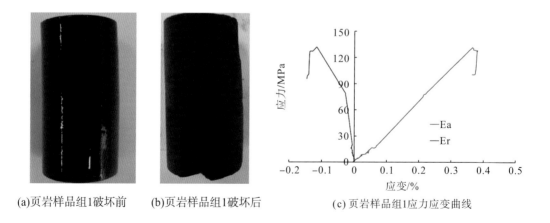

(a)页岩样品组1破坏前　　　　(b)页岩样品组1破坏后　　　　(c) 页岩样品组1应力应变曲线

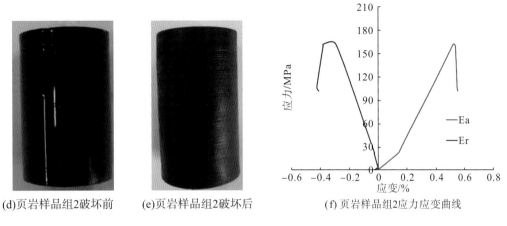

(d)页岩样品组2破坏前　(e)页岩样品组2破坏后　(f) 页岩样品组2应力应变曲线

图 3-19　清水浸泡后岩样三轴压缩实验结果图(围压 15MPa)

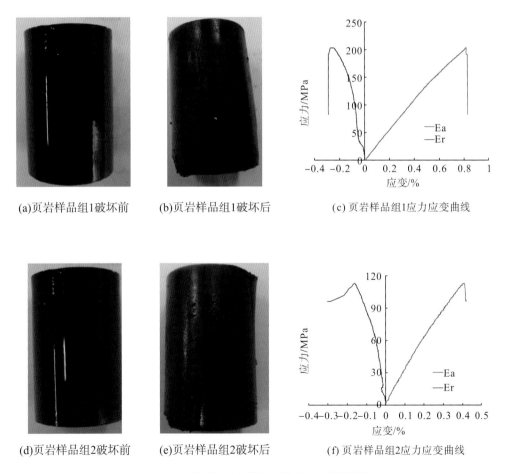

(a)页岩样品组1破坏前　(b)页岩样品组1破坏后　(c) 页岩样品组1应力应变曲线

(d)页岩样品组2破坏前　(e)页岩样品组2破坏后　(f) 页岩样品组2应力应变曲线

图 3-20　5%NaCl 溶液浸泡后岩样轴压缩实验结果图(围压 15MPa)

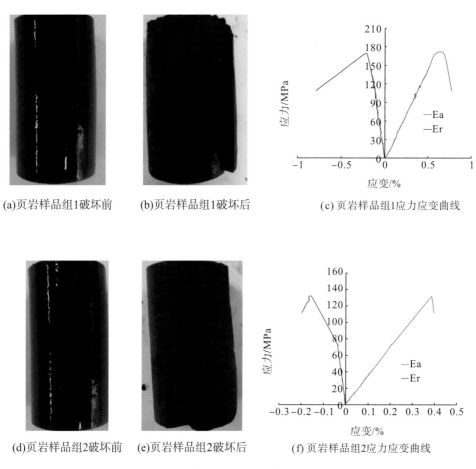

(a)页岩样品组1破坏前　(b)页岩样品组1破坏后　(c) 页岩样品组1应力应变曲线

(d)页岩样品组2破坏前　(e)页岩样品组2破坏后　(f) 页岩样品组2应力应变曲线

图 3-21　5%KCl 溶液浸泡后岩样轴压缩实验结果图(围压 15MPa)

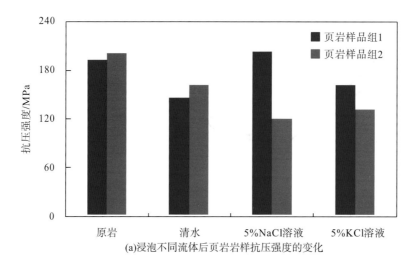

(a)浸泡不同流体后页岩岩样抗压强度的变化

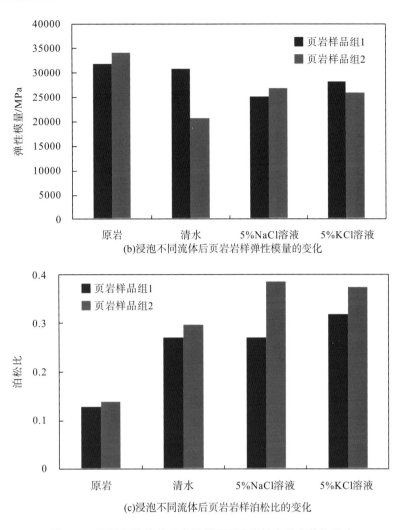

(b)浸泡不同流体后页岩岩样弹性模量的变化

(c)浸泡不同流体后页岩岩样泊松比的变化

图 3-22　不同浸泡流体对龙马溪组页岩岩样力学参数的影响

　　从图 3-22 中可看出，与原岩的力学特性相比，不同流体浸泡后岩石的三轴抗压强度、弹性模量均下降，泊松比均增加，说明流体作用后，页岩岩石的力学强度都将不同程度地降低。

　　水基工作液浸泡后岩样压缩破坏特征可见图 3-23。从图 3-23 中可看出，经水基工作液浸泡后，岩样受压破坏模式与原岩相似：三轴压缩条件下破坏模式以剪切破坏为主(单剪切或多剪切破坏)，但破坏程度大于原岩。不同工作液浸泡后岩石的弹性模量、泊松比与原岩对比分别见图 3-24～图 3-25。从图 3-24 中可看出，与原岩弹性模量相比，不同工作液浸泡后岩石弹性模量都减小，其中油基钻井液浸泡后，岩石弹性模量降低幅度最小，水基钻井液次之，而清水浸泡后，岩石的弹性模量下降幅度最大。从图 3-25 中可看出，与原岩的泊松比相比，不同工作液浸泡后岩石的泊松比都增大，其中油基钻井液浸泡后，岩石泊松比增加幅度最小，水基钻井液次之，而清水浸泡后，岩石的泊松比增加幅度最大。一般而言，弹性模量越小、泊松比越大，页岩脆性越弱、塑性相对增强。综合浸泡后的弹性模量及泊松比变化可见，不同工作液主要将削弱岩石的脆性，降低岩石的强度，这与页岩的水化作用有关。说明了在页岩气层的钻井中，无论是水基钻井液还是油基钻井液都将使岩石的强度降低，对井壁稳定性产生影响。

　　　　　(a)15MPa围压　　　　　　　　　　　　　　　　(b)30MPa围压

图 3-23　水基工作液浸泡后岩样压缩破坏后典型破坏特征

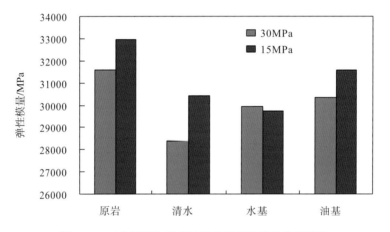

图 3-24　工作液浸泡后龙马溪组页岩岩样的弹性模量

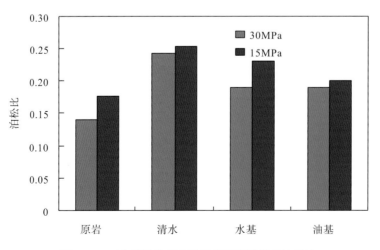

图 3-25　工作液浸泡后龙马溪组页岩岩样的泊松比

3.4 工作液对页岩气层岩石抗张强度的影响

以四川盆地龙马溪组页岩下段露头岩样(L1)为研究对象,进行了 28 组不同流体浸泡前后的巴西劈裂试验,浸泡流体包括水、水基钻井液和油基钻井液。

岩石抗张强度采用巴西试验测定,表示为

$$\sigma_t = \frac{2P}{\pi d \cdot t} \tag{3-1}$$

式中,σ_t 为岩石的抗张强度,MPa;P 为岩石破裂时的最大载荷,kN;d、t 分别为圆柱形试样的直径和厚度,mm。

图 3-26 为原岩和不同工作液浸泡后岩样照片。从图 3-26 中可看出,岩样破坏以拉伸破坏为主,破坏面可分单一拉伸破坏面、多拉伸破坏面和拉伸与剪切破坏面三类,其中单一拉伸破坏面最为多见,且破坏面较为平整,而其他类型的破坏面裂缝存在分叉变向等情况。

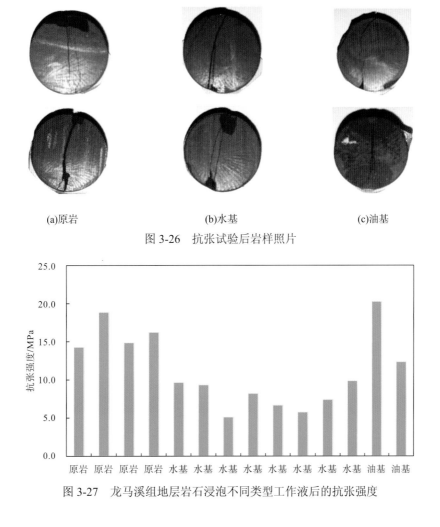

(a)原岩   (b)水基   (c)油基

图 3-26 抗张试验后岩样照片

图 3-27 龙马溪组地层岩石浸泡不同类型工作液后的抗张强度

　　受不同工作液浸泡后岩样的抗张强度变化可见图 3-27。从图 3-27 中可看出，不同工作液浸泡后页岩抗张强度总体上呈降低的趋势，其中水基钻井液对龙马溪组页岩岩石的抗张强度影响相对较为明显，使抗张强度较原岩下降约 1/3，而油基钻井液对该组页岩岩石抗张强度的影响程度相对较小。这主要是因为页岩浸泡水中，因毛细管效应作用或压力差作用使水沿层理面或微裂缝进入页岩内部，页岩黏土颗粒与水接触后会发生水化作用，产生水化应力，导致岩样中出现损伤，使页岩抗张强度降低，其中产生损伤越多，强度下降幅度越大。

3.5　工作液对页岩气层岩石硬度的影响

　　硬度是反映岩石抵抗工具侵入破坏能力的参数。硬度实验对岩样形状、尺寸要求比三轴抗压实验和直剪实验低，便于大量测试分析。因此，对前述受工作液浸泡后破裂成为块状的页岩岩样，以及取心过程中由于外力作用易破碎成块状的岩心，可采用硬度来评价工作液对其强度的影响。

　　岩石硬度测试的方法很多，本节采用压入方式测定岩石的硬度值，也称为压入硬度，表示为

$$H_y = P_{max} / S \qquad (3-2)$$

式中，H_y 为岩石的压入硬度，MPa；P_{max} 为压入作用下岩石产生局部脆性破碎时的载荷，N；S 为压头底面积，mm^2。

　　图 3-28 为硬度实验所用的实验装置(装置中压头底面积为 $4.83mm^2$)。将岩样放入硬度仪，将压头压入岩石并破碎岩石，用载荷除以压头表面积可得到岩样的硬度值。硬度实验岩样为 25mm×10mm 小圆柱体或厚度大于 20mm 的方块岩样。试样两端必须光滑、平行(平行度小于 0.01mm)且与中轴垂直(角度偏差不大于 0.05°)。

图 3-28　压入硬度实验装置

以四川盆地龙马溪组页岩下段露头岩样(L1)为研究对象，进行了 24 组浸泡前后的压入硬度实验。由岩样破坏前后照片(见图 3-29)可见，实验用页岩具有高脆性破坏特征。从硬度实验获得的载荷-位移曲线图(图 3-30)可见，在不同水溶液中浸泡不同时间后，岩样仍具有明显的脆性破坏特征，但受浸泡影响及随着浸泡时间的增加，岩样的承载能力将显著降低。

(a)压入硬度实验前岩样

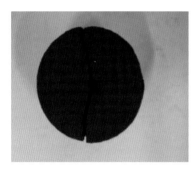

(b)压入硬度实验后岩样

图 3-29　压入硬度实验前后试样

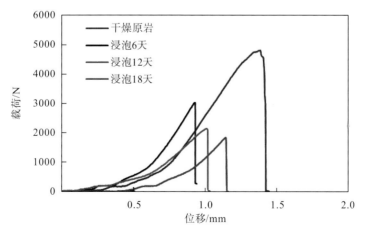

(a)浸泡清水后的岩样在硬度实验中得到载荷-位移曲线图

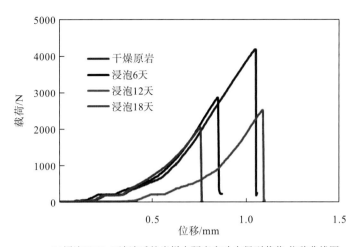

(b)浸泡5%NaCl溶液后的岩样在硬度实验中得到载荷-位移曲线图

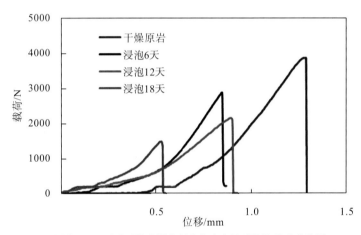

(c)浸泡5%KCl溶液后的岩样在硬度实验中得到载荷-位移曲线图

图 3-30　浸泡不同溶液后的岩样在硬度实验中得到载荷-位移曲线图

图 3-31 为不同流体浸泡后多组岩样的平均硬度值。从图 3-31 中可看出，页岩岩样在原始状态时都具有较高的硬度，不同类型水溶液浸泡后页岩岩样的硬度都出现了明显的降低，随着浸泡时间的增加，页岩岩样的硬度快速下降，5%NaCl 溶液和 5%KCl 溶液抑制页岩水化效果不明显。该实验结果与传统水化膨胀性泥岩地层有显著不同，这可能与页岩气层岩石破坏以水化破碎为特征，以及硬度实验用岩样尺度较小有关。

在此基础上，进一步研究不同浸泡条件下，工作液对页岩硬度的影响。以龙马溪组下段页岩露头岩样(L1)为研究对象，浸泡液体为水、白油，实验条件包括不同浸泡时间(常温常压)、不同浸泡温度(常压)及不同浸泡压力(常温)，其中后两个实验条件的浸泡时间为 3d，页岩压入硬度实验结果可见图 3-32。从图 3-32 中可以看出，页岩硬度随着浸泡时间增加、浸泡温度升高以及浸泡压力增大而呈下降趋势，其中页岩浸泡白油中压入硬度下降幅度小，而浸泡水中压入硬度下降幅度比较明显。页岩浸泡白油中，油进入岩样的孔隙范围有限，同时页岩黏土颗粒接与油触后不发生水化反应，但油可能溶解页岩中有机质部分，对页岩强度造成影响，导致页岩硬度降低，但下降幅度较小。页岩浸泡水中，硬度随着浸泡时间增加而先快速降低后缓慢降低；硬度随着浸泡温度升高而先缓慢降低，再快速降低，后平缓降低；硬度随着浸泡压力增大而先缓慢降低后快速降低。页岩浸泡水中，因毛细管效应作用或压力差作用使水沿层理面或微裂缝进入页岩内部，页岩黏土颗粒与水接触后会发生水化作用，产生水化应力，导致岩样中出现损伤，使页岩硬度降低，其中产生损伤越多，硬度下降幅度越大。

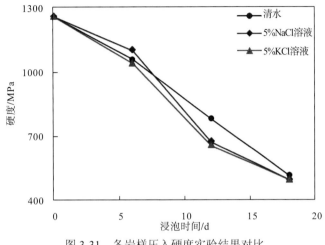

图 3-31　各岩样压入硬度实验结果对比

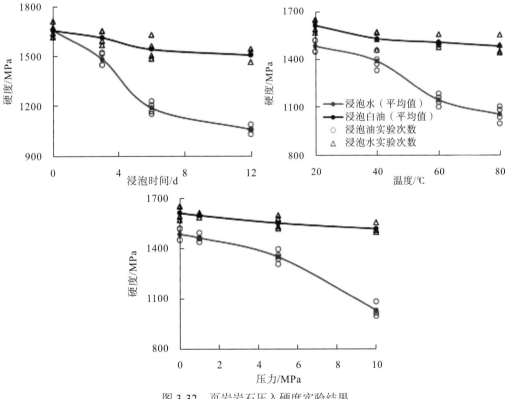

图 3-32　页岩岩石压入硬度实验结果

图 3-33 所示为 8 种不同钻井液体系浸泡后龙马溪组页岩岩样的硬度统计分布。从图 3-33 中可看出,不同钻井液体系对页岩样品硬度的影响不同,其中 6#体系对岩石强度的保持能力最强,7#对岩石强度的影响最大,其次 1#。因此,根据岩石硬度变化也可以较好地评价工作液对岩石强度的影响。

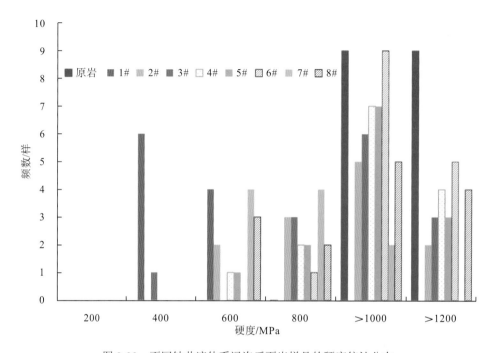

图 3-33   不同钻井液体系浸泡后页岩样品的硬度统计分布

传统的钻井液评价指标和评价方法(滚动回收率、线性膨胀、粒度分析、抑制黏土造浆能力等)为防塌钻井液的设计和优化提供了方向,也推动了防塌钻井液技术的发展。但其存在以下严重不足:①这些指标与井壁稳定性表征参数坍塌压力-破裂压力无直接关联。对具有某种线膨胀率、滚动回收率性能的钻井液对地层岩石强度及承载能力的影响缺少量化表征。②现有的防塌钻井液技术研究获得钻井液体系后,对所获体系入井后需用多大的钻井液密度才能支撑井壁?③钻井过程中,井壁地层自身的稳定性在这种钻井液的影响下是否会发生改变?变化可能有多大?

相对传统钻井液评价指标和评价方法的局限性,我们的研究则表明:在传统钻井液性能评价技术基础上,引入岩石抗压强度、硬度等力学指标,根据钻井液对岩石强度的保持能力,进一步优化优选钻井液中各种处理剂,并同时获得与不同体系作用后的岩石的强度,可预期不同钻井液入井后对地层坍塌压力的影响,并确定合理钻井液密度。传统的钻井液评价指标、标准和评价方法已不能适应复杂地层安全钻井对钻井液性能设计和评价的要求,必须加以改进。

3.6 工作液-页岩气层岩石相互作用机理研究

3.6.1 伊利石水化行为特征及水化机理

根据页岩气层岩石矿物组分的分析结果，伊利石是页岩中黏土矿物的主要构成。因此，伊利石的水化行为将是黏土矿物对页岩水化产生影响的主要因素。另外，伊/蒙混层是伊利石层与蒙脱石层沿 C 轴方向叠置而形成的一种混层黏土矿物。已有的研究表明，伊/蒙混层中的蒙脱石晶层在遇水后，水分子会进入晶层之间，引起晶层间距显著膨胀，使晶层间距扩大。这种现象一方面导致相邻的两片晶层的连接能力急剧下降，膨胀后的晶层容易在外力作用下发生分离，一定程度上降低岩石的胶结强度。另一方面，由于伊利石晶层和蒙脱石晶层的膨胀特性不同，蒙脱石晶层的快速膨胀将加剧颗粒间的应力不均，使岩石更容易发生破坏。而页岩所含有的绿泥石由于其特殊的 2∶1∶1 型晶层结构，交换型阳离子和电荷密度都较小，一般认为其不具有膨胀性。

因此，伊利石和伊/蒙混层中蒙脱石晶层的水化将是两个需要重点讨论和研究的问题。本研究中主要采用对比分析的方法，使用黏土膨胀仪测试对比伊利石和蒙脱石的体积膨胀和应力膨胀过程，分析伊利石的水化行为特点；通过热重分析法研究两种矿物的吸附结合水状态，进而结合伊利石的晶体结构特点分析伊利石水化特点的内在机理。

目前市场上的蒙脱石粉、伊利石粉一般含有石英等杂质，为了确保实验结论的准确性，研究中采用抽提法对所购蒙脱石粉和伊利石粉进一步提纯。

分别将所购伊利石粉、蒙脱石粉按 1∶10(质量比)与水混合，高速搅拌 30min，并加入适量 H_2O_2；静置 1h 后取上部浑浊悬浮体，用高速离心机分离，收集下层固相；在 150℃条件下烘干至恒重、碾磨、过 200 目筛，最终得到提纯后的伊利石和蒙脱石样品。

将所制得的 4g 黏土样品放入圆柱形试样筒内，在 1.5MPa 压力下将黏土粉压紧，压力保持 10 min，测量压制后的样品长度，将试样筒固定于 NP-3 型黏土膨胀仪(石油科研仪器有限公司，南通)上(图 3-34)，加入测试溶液，使用应力传感器采用恒体积法测量样品的膨胀应力。相同条件下换用位移传感器记录样品的膨胀高度。根据测试结果计算样品的自由线性膨胀率 S_R[式(3-3)]和抑制率 I_R[式(3-4)]。

$$S_R = \frac{\Delta H}{H_o} \times 100\% \tag{3-3}$$

式中，ΔH 为试样最大的膨胀长度；H_o 为试样初始样品长度。

$$I_R = \frac{\Delta X_h - \Delta X_x}{\Delta X_h - \Delta X_o} \times 100\% \tag{3-4}$$

式中，ΔX_x 为试样在无机盐溶液的最大膨胀高度或最大膨胀应力；ΔX_h 为试样在去离子水最大膨胀高度或最大膨胀应力；ΔX_o 为试样在煤油中的最大膨胀高度或最大膨胀应力。

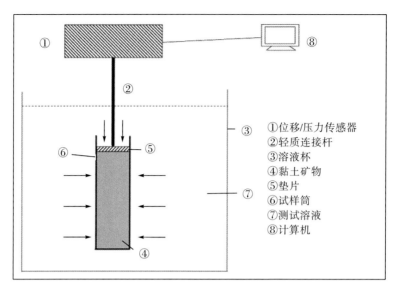

图 3-34　黏土膨胀仪结构示意图

①位移/压力传感器
②轻质连接杆
③溶液杯
④黏土矿物
⑤垫片
⑥试样筒
⑦测试溶液
⑧计算机

3.6.1.1　伊利石体积膨胀特征

将制备好的伊利石和蒙脱石样品，分别浸泡在去离子水、1 mol/L 的 $CaCl_2$、KCl 和 NaCl 溶液中，连续测量试样的高度变化，待高度不变后记录最大值，结果如表 3-1 所示。有效实验同组分别重复两次，对每组结果取平均值并计算该组试样的线性膨胀率和抑制率。

表 3-1　不同溶液中伊利石和蒙脱石的膨胀高度

序号	黏土矿物	溶液	膨胀高度/mm		
			第一次	第二次	平均值
1		H_2O	2.064	2.236	2.150
2	伊利石	KCl	1.271	1.303	1.287
3		NaCl	1.326	1.260	1.293
4		$CaCl_2$	1.720	1.548	1.634
5		H_2O	4.449	4.258	4.354
6	蒙脱石	KCl	3.612	3.956	3.439
7		NaCl	3.818	3.956	3.533
8		$CaCl_2$	3.956	4.128	3.674

图 3-35 为伊利石和蒙脱石在去离子水中的线性膨胀曲线，图 3-36 为伊利石、蒙脱石在不同溶液中的线性膨胀率。

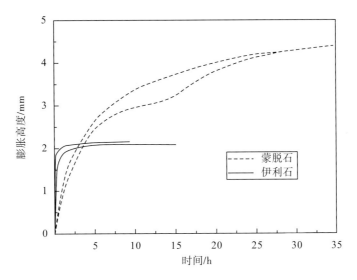

图 3-35　伊利石和蒙脱石在去离子水中的线性膨胀曲线

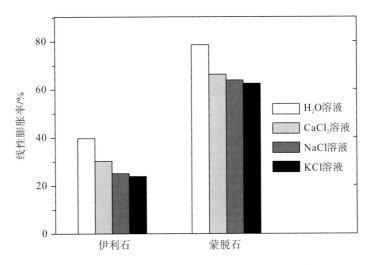

图 3-36　伊利石和蒙脱石不同溶液中的线性膨胀率

从图 3-35 中可以发现伊利石总的膨胀量虽然远远低于蒙脱石，但是伊利石的体积膨胀速率却非常快，在很短的时间就达到平衡状态。相反，蒙脱石虽然总的膨胀量远远大于伊利石，但是蒙脱石的体积膨胀速度却比伊利石缓慢得多。

由图 3-36 可知，伊利石在所测试的四种溶液中的线性膨胀率均远小于蒙脱石。三种无机盐对这两种黏土矿物的体积膨胀都有一定的抑制作用，且抑制作用的规律一致，K^+ 的抑制作用最好，其次是 Na^+，Ca^{2+} 最差。

表 3-2 为三种无机盐对伊利石和蒙脱石的体积膨胀的抑制率。抑制率是用来衡量某种抑制剂抑制黏土矿物水化膨胀能力的指标，抑制率的大小体现为黏土在抑制剂作用下水化膨胀的降低程度，抑制率越大，抑制效果越好。从结果中可以发现，相同浓度、相同种类的无机盐作用下，伊利石体积膨胀的减小程度明显大于蒙脱石，表明无机盐对伊利石体积膨胀的抑制作用比对蒙脱石更为明显。

表 3-2　无机盐对伊利石和蒙脱石的体积膨胀抑制率

序号	无机盐	抑制率/%	
		伊利石	蒙脱石
1	$CaCl_2$	24.00	15.62
2	NaCl	39.86	18.85
3	KCl	40.14	21.01

注：无机盐溶液浓度为 1mol/L。

3.6.1.2　伊利石膨胀应力特征

将压制得到的伊利石和蒙脱石试样分别浸泡在去离子水和 1mol/L 的 $CaCl_2$、KCl、NaCl溶液中，连续测量试样在水化过程中膨胀应力的变化，待膨胀应力值稳定后停止，并记录膨胀应力的最大值。有效实验同组分别重复两次，并对每组结果取平均值，结果如表 3-3所示。图 3-37、图 3-38 为伊利石和蒙脱石在去离子水和无机盐溶液中的应力膨胀曲线。

表 3-3　伊利石和蒙脱石在不同溶液中的膨胀应力

序号	黏土矿物	溶液	应力值/kN		
			第一次	第二次	平均值
1		H_2O	4.60	4.55	4.58
2	伊利石	KCl	3.60	3.41	3.51
3		NaCl	3.84	3.70	3.77
4		$CaCl_2$	4.02	3.80	3.91
5		H_2O	4.92	4.80	4.86
6	蒙脱石	KCl	3.97	3.51	3.74
7		NaCl	4.25	4.45	4.35
8		$CaCl_2$	4.81	4.55	4.68

由表 3-3 和图 3-37 中可以发现，与体积膨胀结果不同，伊利石与蒙脱石最大的膨胀应力值非常接近，分别为 1.14kN/g 和 1.21kN/g。但是伊利石的膨胀速度极快，水化膨胀初期(应力值从 0kN 增加到 0.5kN)伊利石和蒙脱石的膨胀速度分别为 0.021kN/s 和 0.01kN/s，表明水化膨胀初期伊利石的水化应力的上升速度远远大于蒙脱石，并且膨胀过程中伊利石的水化应力的增大速度变化相对较小，在 10min 内就可以完成膨胀。而相同条件下蒙脱石的膨胀速度却随着时间的增加逐渐放缓。虽然蒙脱石最终的应力值稍高于伊利石，但最终达到平衡所需时间接近 1h，远远大于伊利石膨胀应力达到平衡所需要的时间。伊利石水化应力的增大速度远远大于蒙脱石，表明伊利石与水分子间的物理化学作用比蒙脱石更为剧烈，伊利石颗粒表面的水合能力和物理化学活性远远高于蒙脱石。

图 3-38 为伊利石和蒙脱石在 1mol/L 的无机盐溶液中的膨胀应力曲线。由图可以发现伊利石和蒙脱石的膨胀应力在无机盐溶液中也有相似的规律，伊利石的膨胀应力增大速度极快，蒙脱石在各溶液中的膨胀速率则相对缓慢得多。同时也可以发现在无机盐的作用下，伊利石的膨胀应力下降更加明显。

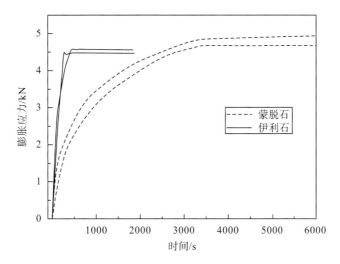

图 3-37　伊利石和蒙脱石在去离子水中的膨胀应力曲线

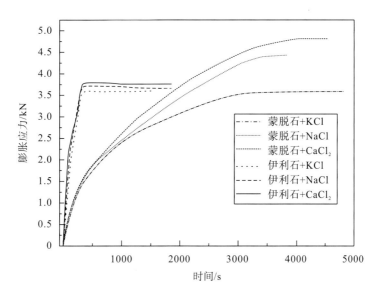

图 3-38　伊利石和蒙脱石在无机盐溶液中的应力膨胀曲线

　　图 3-39 为伊利石和蒙脱石在不同溶液中的平均膨胀应力。从图 3-39 可以发现三种无机盐对伊利石和蒙脱石的膨胀应力都有一定的抑制作用，其抑制规律与无机盐对体积膨胀的抑制规律基本一致。相同浓度下，抑制能力按 KCl、NaCl、CaCl₂ 的顺序依次减弱。

　　表 3-4 为 CaCl₂、NaCl 和 KCl 溶液对伊利石和蒙脱石膨胀应力的抑制率。从表 3-4 中同样可以发现相同浓度下三种无机盐尤其是 CaCl₂ 对伊利石膨胀应力的抑制作用比对蒙脱石膨胀应力的抑制作用更为明显，这说明伊利石黏土颗粒表面对无机盐的作用表现得更为敏感。

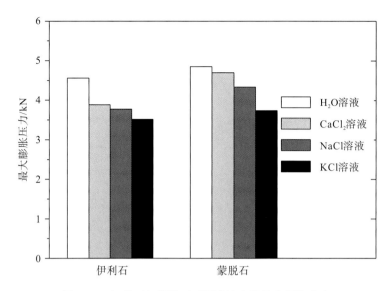

图 3-39　伊利石和蒙脱石不同溶液中的最大膨胀应力

表 3-4　无机盐对伊利石和蒙脱石应力膨胀抑制率

序号	无机盐	抑制率/%	
		伊利石	蒙脱石
1	CaCl$_2$	14.62	3.72
2	NaCl	17.62	10.83
3	KCl	23.24	22.98

注：无机盐溶液浓度为 1mol/L。

3.6.1.3　伊利石表面的吸附结合水状态

水分子是极性分子，受黏土表面微电场的影响，周围的水分子会发生一定程度的转向，并以静电吸附或与黏土表面的氧或羟基形成氢键的方式富集在黏土表面，形成具有部分定向结构的吸附结合水层，引起黏土颗粒体积增大，质量增加。吸附结合水的状态受黏土表面水合能力的影响，黏土表面的水合能力不同，其吸附结合水的存在状态也存在差异。通过分析黏土矿物吸附结合水的状态，就可以定性地分析黏土矿物表面与水相互作用的特点。

目前针对矿物颗粒吸附结合水的研究方法主要有等温吸附法、红外光谱法、热重分析法和容量瓶法等，其中热重分析法由于其精确可靠的特点，已经被成功应用于各类矿物表面吸附结合水的定性或半定量研究中。其基本原理为：黏土表面水分子的存在状态不同，黏土表面对其的吸附能力的大小也会不同，水分子脱附（即蒸发）时所需的能量也有所差异，宏观则表现为吸附结合水蒸发的速度和所需的温度的不同。通过在升温过程中精确记录黏土表面吸附结合水的蒸发过程，就可以定性判断出黏土表面结合水的存在状态。

分别将干燥的伊利石、蒙脱石置于 20℃、相对湿度 65%的环境中进行等温吸附，7 d后，采用 STA449F3 型热重分析仪(Netzsch，德国)，在氮气保护环境下以 10℃/min 的升温速率测定各样品的热失重曲线，结果如图 3-40、图 3-41 所示，其中图 3-40 为伊利石的热失重曲线和蒸发速率，图 3-41 为蒙脱石的热失重曲线和蒸发速率。

如图 3-40 所示，对伊利石的热失重曲线连续求导得到伊利石在不同温度下的失重变化速率，即蒸发速率。从图 3-40 中的蒸发速率曲线上可以发现，伊利石结合水的蒸发存在两个蒸发阶段，出现了两个蒸发相对集中的温度，表明伊利石表面存在两种状态的结合水。蒸发所需温度较高且蒸发速率较慢的是接近黏土表面的结合水，伊利石表面对其吸附能力强，吸附势能大，属于强结合水。蒸发所需温度较低且蒸发速度较快的是存在于强结合水层外层的结合水，其吸附能力较弱，吸附势能低，属于弱结合水。将蒸发最集中的两个温度分别视为强、弱结合水所对应的特征温度。从图 3-40 中可以发现伊利石所结合的弱结合水的特征温度为 65℃，强结合水的特征温度为 142℃。

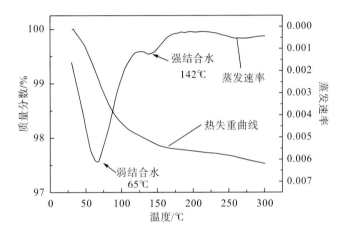

图 3-40　伊利石热失重曲线和失重变化率

从图 3-41 可以得到在相同条件下蒙脱石也存在两种状态的吸附结合水，弱、强结合水的特征温度分别为 82℃ 和 131℃。同时也可以发现蒙脱石的吸附结合水总量比伊利石大得多，这主要是因为水分子可以进入蒙脱石晶层内部，使晶层间距扩大，水化面积比伊利石大得多，吸附的水分子也相应更多。这也是蒙脱石体积膨胀比伊利石大得多的根本原因。

热重分析实验表明：蒙脱石和伊利石表面存在两种状态的结合水，伊利石对靠近晶层表面的强结合水的吸附能力明显强于蒙脱石(前者 142℃，后者 131℃)，这进一步证实了干燥的伊利石表面较蒙脱石具有更强的水合能力和物理化学活性。伊利石表面对水分子具有更强的吸附能力，使水分子在伊利石表面形成较好的定向排列结构，水分子自由度降低，蒸发所需的能量也相应升高。另一方面，由于在伊利石在颗粒表面吸附了大量定向排列较好的水分子，极大地削弱了外层弱结合水层的电场强度，导致伊利石对弱结合水层水分子的控制能力减弱，弱结合水层中水分子自由度较高，蒸发所需能量也相对较小(伊利石弱结合水特征温度 65℃，蒙脱石弱结合水特征温度 82℃)。

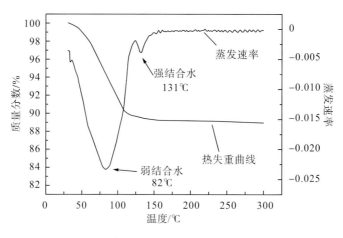

图 3-41　蒙脱石热失重曲线和失重变化率

3.6.1.4　伊利石水化特征的内在机理分析

通过对黏土水化宏观行为特征的研究发现，伊利石体积膨胀和应力膨胀的速度非常快，膨胀应力值也较大，表明伊利石表面与水之间具有剧烈而迅速的物理化学作用。热重分析实验表明，伊利石的强结合水即直接吸附在黏土表面的水分子层的脱附温度比蒙脱石高，表明伊利石表面对水的束缚能力更强，进一步证实了伊利石表面具有极强的水合能力和物理化学活性。

伊利石与蒙脱石具有较为相似的晶层结构，它们的晶层结构同为 2∶1 型，均由两个硅氧四面体层中间夹一个铝氧八面体层构成一片晶层结构。伊利石和蒙脱石都会发生同晶置换现象，将部分晶包中心的高价阳离子置换成低价阳离子，导致晶体正电荷缺失，使整个晶层整体上带负电荷，这是黏土发生水化作用最根本的原因。但由于两种矿物的同晶置换现象存在诸多不同，导致两种矿物晶层表面的微电场强度存在明显差异。

首先，两种黏土矿物晶格置换现象发生的位置不同(图 3-42)，伊利石的晶格置换主要发生在晶层外部的硅氧四面体中，Si^{4+} 被 Al^{3+} 所取代；蒙脱石的晶格置换则主要是晶层中部铝氧八面体中的 Al^{3+} 被 Mg^{2+} 或 Ca^{2+} 取代。这导致两种矿物的晶层负电荷中心的位置不同，伊利石的负电荷中心比蒙脱石更接近于晶层表面，相同条件下由于距离较短，单个伊利石的负电荷中心在晶层表面产生的电场强度要比单个蒙脱石负电荷中心在晶层表面产生的电场强度更强。

其次，两种矿物晶层表面的电荷密度也不相同。根据文献提供的两种矿物的阳离子交换容量(CEC)和比表面积，对伊利石和蒙脱石的电荷密度进行估算结果如表 3-5 所示。从结果可以发现，虽然蒙脱石的阳离子交换容量(黏土晶层表现出来的负电荷总数)数倍于伊利石，但是由于蒙脱石水化过程中具有内表面，比表面积明显大于其他黏土矿物，导致单位面积上的蒙脱石的电荷密度略小于伊利石。根据文献提供的黏土矿物晶层表面的电荷密度，蒙脱石、伊利石的电荷密度分别为 0.179C/m² 和 0.184C/m²，该数据同样显示蒙脱石晶层表面的电荷密度小于伊利石，虽然具体数值与表 3-5 中的计算结果不同，但具有一致的结论。

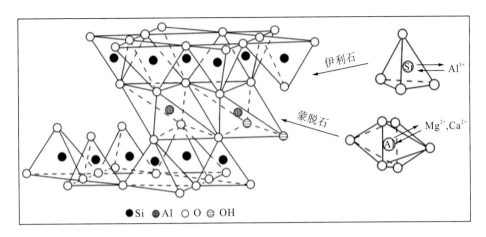

图 3-42　蒙脱石和伊利石 2∶1 型晶层结构及晶格置换示意图

表 3-5　伊利石和蒙脱石的 CEC、比表面积和电荷密度

序号	黏土矿物	CEC/(毫克当量/100g)	比表面积/(m²/g)	电荷密度/(毫克当量/m²)
1	伊利石	10	50	2.0E-03
2	蒙脱石	100	570	1.8E-03

注：CEC 和比表面积数据为文献数据。

　　一方面，伊利石的负电荷中心更接近晶层表面；另一方面，伊利石的表面电荷密度高于蒙脱石。在两种因素共同影响下，伊利石表面的微电场强度将明显大于蒙脱石，使得靠近伊利石表面的极性水分子在偶极矩的作用下更容易发生转向形成定向排列结构，与黏土表面发生更强的静电吸引作用和氢键作用。这是伊利石晶层表面表现出对水分子较强的束缚能力，具有较强物理化学活性的根本原因。同时，黏土表面的微电场不仅取决于黏土矿物晶层本身，也同样受到外部溶液性质如电解质浓度、阳离子化合价等因素的影响。

　　从热力学观点来看，水分子在黏土表面上的吸附与脱附(蒸发)互为逆过程。黏土表面对水分子的束缚能力越强，脱附所需的能量越高，相反地干燥的黏土在水化过程中其表面的水化能(水化过程所释放的能量)也相应越高，表现为对水分子的吸附能力强，吸附势能大，吸附速度快。当干燥的伊利石与水接触后，由于较高的水化能，伊利石会快速地吸附水分子形成水化膜，发生体积膨胀。但当体积膨胀在外力作用下受到限制，对水化膜的形成产生阻碍时，就会在颗粒间产生相应的膨胀力来对抗这种外力，黏土表面水化能越高，水化膜形成的内在趋势越强，产生的膨胀力也就越大。

3.6.2　蒙脱石晶层间距膨胀规律及影响因素

　　伊/蒙混层黏土矿物是蒙脱石和伊利石两个端元矿物之间的过渡矿物，由蒙脱石晶层和伊利石晶层沿 C 轴方向有序或无序重叠组成的特殊类型的层状硅酸盐矿物。通过前述研究，发现所研究的页岩含有的伊/蒙混层的主要构成为伊利石晶层，同时也含有 10%左右的蒙脱石晶层。因此，在水化过程中伊/蒙混层会主要表现出与伊利石相近的水化膨胀特征，膨胀体积介于二者之间，膨胀应力较大。但同时伊/蒙混层在部分层面也会体现出蒙脱石的膨胀特性，水分子会进入两个相邻的晶层之间，造生晶层间距的膨胀。晶层间距的膨胀，一方面极大地弱化了两个相邻晶层间的连接，在外力的作用下，最终可能使伊/蒙混层沿着膨胀后的晶层出现类似蒙脱石的晶层分离现象，使伊/蒙混层晶体从内部发生破坏，这种过程一定程度上弱化了岩石的内聚力；另一方面，蒙脱石晶层间距的快速膨胀也将加剧颗粒间的应力不均，容易使岩石发生破坏。因此，正确地认识伊/蒙混层中蒙脱石层晶层间距在水溶液中的膨胀规律及其主要的影响因素，将为进一步研究硬脆性页岩的水化机理和控制方法打下基础。因此，进一步以 Na-蒙脱石(Na-MMT)为研究对象，结合钻井液体系组分构成特点，主要采用 X 射线衍射仪对不同高分子聚合物溶液、无机盐溶液等中 Na-MMT 晶层间距的膨胀规律进行了研究，在此基础上采用离子色谱仪，继续对膨胀过程中 Na-MMT 与外部溶液之间的离子交换进行定量研究，并进一步分析蒙脱石晶层间距膨胀大小的影响因素。

3.6.2.1　高分子聚合物对 Na-MMT 晶层间距的影响

在 30°C 条件下将 2g 在 100°C 下烘干至恒重的 Na-MMT 分别浸泡于 50mL 的 3 种不同带电类型的聚合溶液、KCl 溶液、聚合物与 KCl 的复配溶液以及去离子水中，充分混合，静置 1h 后离心分离，取下层固相，使用 X 射线衍射仪(Panalytical，荷兰，图 3-43)测定此时 Na-MMT 的晶层间距(d_{001})。3 种聚合物分别为阳离子改性聚丙烯酰胺(CPAM)、聚丙烯酰胺(PAM)和阴离子部分水解聚丙烯酰胺(HPAM)(聊城聚丙烯酰胺厂，山东，分子量均为 300 万左右)。各溶液浸泡后的 Na-MMT 晶层间距如表 3-6 所示。

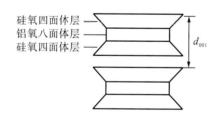

图 3-43　Na-MMT 的晶层间距(d_{001})示意图及 X 射线衍射仪

由表 3-6 可以发现，3 种不同带电类型的聚合物抑制 Na-MMT 晶层间距膨胀的效果均不明显，并且 3 种聚合物的浓度对试验结果影响也不大。但是 3 种聚合物与 KCl 的复配溶液和 KCl 溶液的抑制效果较好，且结果基本相同。

将上述浸泡后的 Na-MMT 在 100°C 烘干后，再次测量各样品的晶层间距，发现在聚合物溶液浸泡后的 Na-MMT 的晶层间距与在水中浸泡后的样本的晶间距一致(约为 11.6Å)，聚合物/KCl 复配溶液的试验结果与 KCl 溶液的测试结果一致，约为 11.9Å。由文献可知，若聚合物与蒙脱石发生插层反应进入并固定于蒙脱石的晶层之间，烘干后的蒙脱石的晶层间距应大于 18Å。由测试结果可以发现，所测试的聚合物由于分子链过大，都没有进入晶层内部空间，仅仅吸附在黏土颗粒外表面，同时又不能有效地阻止水分子进入晶层，导致聚合物分子对 Na-MMT 晶层间距的膨胀没有明显的抑制效果。但是无机盐 KCl 对 Na-MMT 晶层间距的抑制效果显著。

表 3-6　聚合物溶液对晶层间距的影响

序号	溶液类型及浓度	晶层间距(d_{001})/Å	
		膨胀后	烘干后
1	—	—	12.23
2	H_2O	19.24	11.61
3	KCl（0.5mol/L）	15.65	11.90
4	CPAM（0.5%）	19.18	11.64
5	CPAM（1%）	19.22	11.62
6	CPAM（3%）	19.32	11.70
7	CPAM（1%）+KCl（1mol/L）	15.69	11.91
8	PAM（0.5%）	19.33	11.65
9	PAM（1%）	19.21	11.62
10	PAM（3%）	19.34	11.65
11	PAM（1%）+KCl（1mol/L）	15.70	11.90
12	HPAM（0.5%）	19.22	11.61
13	HPAM（1%）	19.31	11.63
14	HPAM（3%）	19.24	11.65
15	HPAM（1%）+KCl（1mol/L）	15.72	11.95

注：CPAM、PAM 和 HPAM 的浓度为质量分数。

3.6.2.2　无机阳离子对 Na-MMT 晶层间距的影响

在 30℃条件下将 Na-MMT 分别浸泡于不同浓度的 NaCl、KCl 和 CaCl$_2$ 溶液中，1h 后，测定各溶液中 Na-MMT 膨胀后的晶层间距。实验结果如图 3-44 所示。由图 3-44 可以发现，KCl、NaCl、CaCl$_2$ 溶液中浸泡后的 Na-MMT 的晶层间距均小于去离子水中浸泡的蒙脱石的晶层间距，表明 3 种离子均能抑制 Na-MMT 晶层间距的膨胀，但是不同离子的抑制效果不同。相同浓度下 K$^+$ 的抑制效果最好，Na$^+$ 稍差，Ca^{2+} 效果较弱。对同一种阳离子而言，离子浓度越高，晶层间距的膨胀量越小。

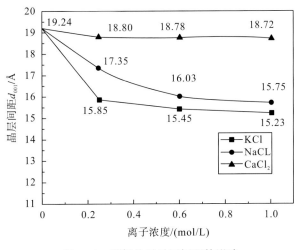

图 3-44　无机盐对晶层间距的影响

将在三种阳离子浓度为 0.6 mol/L 的无机盐溶液中浸泡后的蒙脱石在 100 ℃下烘干，它们的 X 射线衍射图谱如图 3-45 所示。由图 3-45 可以发现，在各溶液中浸泡过的蒙脱石样本烘干后的 X 射线衍射峰均发生了不同程度的偏移，其他位置并未出现新的衍射峰。表明 Na-MMT 浸泡之后只有蒙脱石晶层间距发生了变化。将图 3-45 的结果用布拉格公式转化为晶层间距，结果如表 3-7 所示。

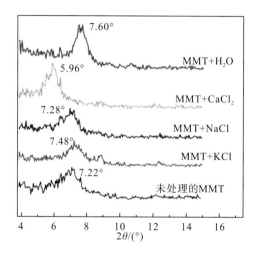

图 3-45　不同溶液浸泡后烘干的蒙脱石 X 射线衍射图谱

表 3-7　不同溶液浸泡后烘干的蒙脱石晶层间距

序号	晶层间距/Å				
	未处理的 Na-MMT	H_2O	KCl	NaCl	$CaCl_2$
1	12.23	11.61	11.84	12.18	14.80

由表 3-7 可知，在去离子水中浸泡后并烘干的蒙脱石晶层间距(11.60Å)较浸泡前的蒙脱石小(12.23Å)。这可能是由于在膨胀过程中，水进入黏土晶层间吸附于内表面，原本存在于晶层间的 Na^+大量扩散入去离子水中，从而使晶层内部的离子含量大大降低。在 100℃下干燥后，由于晶层间 Na^+数量减少，从而导致晶层间距较浸泡前稍小。$CaCl_2$ 溶液处理后的蒙脱晶层间距明显增大，这可能是由于大量原子半径较大的 Ca^{2+}进入晶层内部，占据了较大空间，导致烘干后的蒙脱石晶层间距变大。NaCl 溶液处理后的结果与处理前相差较小。KCl 溶液处理后比处理前的钠蒙脱石晶层间距稍小，这与钾蒙脱石的分子模拟结果相近。

3.6.2.3　浸泡时间对 Na-MMT 晶层间距的影响

30℃ 条件下将 Na-MMT 分别浸泡于去离子水、CPAM (1%)溶液和 KCl (0.5 mol/L)溶液中，分别测定 Na-MMT 在三种溶液中浸泡不同时间后的晶层间距，结果如图 3-46 所示。根据实验结果发现在各时间点，CPAM 和去离子水中浸泡的 Na-MMT 晶层间距大小基本一致，为 19.3 Å 左右，KCl 溶液中 Na-MMT 的晶层间距在 15.6Å 左右。Na-MMT 晶层间距在三种溶液中的膨胀都极其迅速，晶层间距的膨胀在 10min 时就基本达到平衡。此后一段时间内，随着时间的增加，晶层间距有所增加，但增加幅度相对较小。

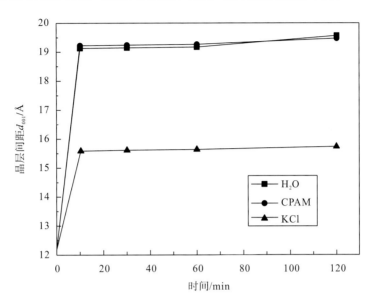

图 3-46　浸泡温度对晶层间距的影响

3.6.2.4　温度对 Na-MMT 晶层间距的影响

将 Na-MMT 浸泡于不同温度的去离子水、CPAM（1%）溶液和 KCl 溶液（0.5mol/L）中，1h 后测定各溶液中蒙脱石的晶层间距，结果如图 3-47 所示。由图 3-47 可知，在相同温度条件下 Na-MMT 在去离子水与 CPAM 溶液中的晶层间距基本相同，明显大于 KCl 溶液的测试结果，并且温度对晶层间距的膨胀影响较小，随着温度的升高，三种溶液中 Na-MMT 晶层间距的膨胀量均有所上升，但升高幅度较小。

以上实验结果表明，大分子聚合物对 Na-MMT 晶层间距的膨胀没有明显的抑制作用，而溶液中的无机盐是影响 Na-MMT 晶层间距主要因素；同时，实验结果也表明温度对晶层间距膨胀的影响较小；晶层间距在水化初期膨胀非常迅速，在膨胀 10 min 时就基本达到稳定，此后如果没有外力扰动，晶层间距在很长一段时间内不会继续发生明显的膨胀。

3.6.2.5　离子交换作用对 Na-MMT 晶层间距的影响

通过 Na-MMT 晶层间距膨胀规律的研究发现，聚合物由于较大的分子体积，不能进入黏土的晶层之间，使其不能对 Na-MMT 晶层间距的膨胀起到明显的抑制作用。但是在无机盐溶液中，Na-MMT 晶层间距的膨胀得到了不同程度的抑制，同时在无机盐溶液中浸泡后并烘干的蒙脱石样品的晶层间距较未处理的干燥 Na-MMT 发生了明显的变化，表明在浸泡后蒙脱石内部的阳离子发生了改变，晶层内部与溶液之间发生了离子交换作用。因此，继续采用离子色谱仪对晶层间距膨胀过程中 Na-MMT 与外部溶液间的离子交换情况进行定量分析，研究不同无机盐溶液中离子交换的特点，为进一步分析无机阳离子对蒙脱石晶层间距膨胀的影响机制以及晶层间距膨胀的影响因素打下基础,同时也为稳定页岩钻井液化学调控技术研究奠定了基础。

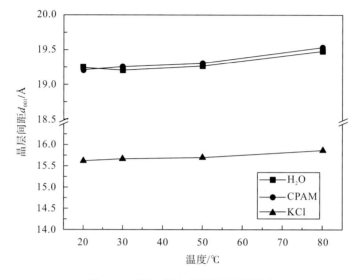

图 3-47   浸泡时间对晶层间距的影响

在 30°C 条件下,将 0.5g 在 100 °C 下烘干至恒重的 Na-MMT 分别浸入 50mL 的 KCl、NaCl、CaCl$_2$ 溶液中,静置 1h 后离心分离,采用 METROIIM IC 761 型离子色谱仪(METROHM,瑞士)测定上层清液的阳离子组分及浓度,计算溶液中各组分的变化量,结果如表 3-8 所示。

表 3-8   Na+-MMT 在不同溶液中的离子交换量

序号	溶液类型及离子浓度/(mol·L^{-1})	交换量*/mmol			交换总电荷数(ΔT)/mmol
		Na$^+$	K$^+$	Ca^{2+}	
1	K$^+$(0.5)	0.47	-1.30	0.00	-0.83
2	K$^+$(0.05)	0.30	-0.40	0.00	-0.1
3	Na$^+$(0.5)	0.04	0.00	0.00	-0.04
4	Na$^+$(0.05)	0.19	0.00	0.00	-0.19
5	Ca^{2+}(0.5)	0.43	0.00	-0.50	-0.57
6	Ca^{2+}(0.05)	0.27	0.00	-0.26	-0.25
7	K$^+$(0.5)-Na$^+$(0.5)	0.11	-0.37	0.00	-0.26
8	Na$^+$(0.5)-Ca^{2+}(0.5)	0.08	0.00	-0.18	-0.28
9	K$^+$(0.5)-Ca^{2+}(0.5)	0.29	-0.32	-0.09	-0.21

注: *交换量以溶液中各离子的初始浓度为标准;正数表示溶液中该离子数量增加;负数表示溶液中该离子数量减少。

由实验结果可知,Na-MMT 与无机盐溶液确实发生了离子交换作用,在 K$^+$、Na$^+$、Ca^{2+} 三种溶液中原本 Na-MMT 吸附的 Na$^+$ 被交换或扩散到溶液中。交换量随溶液中的无机盐种类和浓度不同而变化。在相同浓度下,Na-MMT 在 KCl 溶液和 CaCl$_2$ 溶液中的 Na$^+$

交换量大致相当，但吸附量 K^+ 远大于 Ca^{2+}，这一方面是由于晶层对水合 K^+ 的吸引力比对水合 Ca^{2+} 强，水合 K^+ 更容易进入层间；另一方面 Ca^{2+} 所带电荷比 K^+ 高，相同数量的 Ca^{2+} 进入晶层间后对晶层所带的负电荷的中和作用比 K^+ 更强，晶层内部电场强度降低明显，这也阻碍了后续 Ca^{2+} 进入层间。并且当溶液中 K^+ 或 Ca^{2+} 浓度增大后交换出的 Na^+ 数量和被吸附的 K^+ 和 Ca^{2+} 也相应增加。在 NaCl 溶液中，随着 Na^+ 浓度的增加，Na-MMT 扩散出的 Na^+ 却随之减少，这主要是由于当溶液中 Na^+ 浓度升高时降低了晶层内部与外部的 Na^+ 浓度差，从而减小了 Na^+ 向外扩散的浓度梯度，使进入溶液中的 Na^+ 减少。对比各溶液中黏土吸附的阳离子的总电荷数与交换出的 Na^+ 的总电荷数量，可以发现随着溶液中阳离子浓度的升高，单位蒙脱石所吸附的各类阳离子的总电荷数也相应增加。

将 Na-MMT 浸泡于浓度比为 $1:1$ 的 KCl-CaCl$_2$、KCl-NaCl、NaCl-CaCl$_2$ 三种混合溶液中，结果发现 Na^+-K^+ 和 Na^+-Ca^+ 混合溶液中的蒙脱石交换出的 Na^+ 较相同浓度的 NaCl 溶液的多，说明蒙脱石晶层对 K^+、Ca^{2+} 的吸附能力较 Na^+ 强。在相同浓度的 K^+、Ca^{2+} 同时存在时，K^+ 吸附量较 Ca^{2+} 大得多。结果表明当多种离子同时存在时，离子存在优先吸附的现象，K^+ 更容易被吸附到蒙脱石中。

蒙脱石晶层间距的大小实质上是相邻两晶层间排斥力和吸引力共同作用的结果，排斥力主要来自相邻两片带负电晶层的静电斥力和晶层内外渗透压引起的膨胀力，吸引力主要来自晶层间水化阳离子对晶层的静电吸引。

通过对水化前后离子交换量的测定发现，Na-MMT 在晶层间距的膨胀过程中发生了与溶液离子之间的交换作用。通过表 3-8 中的数据分析得出，离子交换的结果使电解质溶液中的蒙脱石晶层层间的阳离子总电荷量较去离子水中的蒙脱石晶层层间的阳离子总电荷量更高。由于静电吸引作用的存在，层间的阳离子同时吸引相邻的两片晶层，使得晶层间距保持一定的稳定。由于不同阳离子的水合离子半径和所带电荷不同，水合离子在层间所占的空间体积和对晶层的吸引能力不同，导致在不同无机盐溶液中蒙脱石晶层间距的不同。K^+ 水合半径小(约 3.31Å)，在晶层间所占空间较小且与带负电的蒙脱石晶层的静电作用距离短，吸引力大，导致层间距离较小。Na^+ 水合半径较 K^+ 大(约 3.68Å)，与晶层的作用距离大，导致引力较小，晶层间距较大。Ca^{2+} 虽与晶层的静电作用较 Na^+ 大，但是由于其水化半径较大(约 4.12Å)，在晶层间占据了较大空间而使的晶层间距较大。同时如表 3-8 所示，就单一离子而言，随着溶液中离子浓度升高，黏土层间总的阳离子电荷数随之升高，对相邻两晶层的静电吸引力也相应增强，从而使晶层间距缩小。

综合以上分析，Na-MMT 在电解质溶液中晶层间距的大小主要是由溶液中水合阳离子的水合半径，水合阳离子与晶层的静电吸引力和阳离子浓度共同影响的结果。

3.6.3　页岩自吸效应及对页岩水化的影响

实验用页岩样品采自长宁地区龙马溪组页岩露头，将圆柱体页岩岩心在 40 ℃下烘干至恒重后用铁丝网包裹悬置于烧杯中，在烧杯内加入测试溶液，使液面刚好接触岩样下表面，一段时间后取出岩样，擦干下表面所沾液体后称重，计算页岩的自吸率(自吸液体质量与干燥岩石的质量比)，如图 3-48 所示。

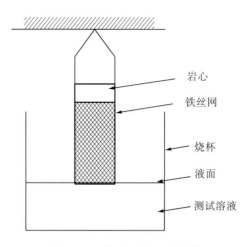

图 3-48　页岩自吸实验示意图

　　将垂直层理钻取的尺寸相近的四块岩心进行自吸实验，页岩岩样自吸实验主要包括
L2 页岩岩样浸泡水中自吸实验和 L2 页岩岩样浸泡白油中自吸实验。

　　页岩自吸率随时间的变化见图 3-49。从图 3-49 中可看出 L2 页岩自吸吸水率和自吸
吸油率随时间增加而先上升后趋于稳定；L2 页岩自吸吸水率增长很快，很快达到饱和状
态。从图 3-50 中可知 L2 页岩中微孔隙和微裂缝较发育，毛细管效应作用大，造成页岩
自吸的动力大。同时，岩样浸泡水后，其宏观结构发生显著的变化，其表面易形成多条
裂缝(图 3-51)，增加了岩样与水接触面积，导致岩样吸水速度增加，且吸水率增长很快，
很快达到饱和状态。此外需要注意的是 L2 页岩岩样浸泡在白油中，其宏观结构并没有发
生显著的变化。

　　通过页岩的自吸实验发现，页岩表面具有亲水性，并且由于孔洞和微裂缝的尺寸极小，
使得水在孔隙中的毛细管力较大，自吸现象显著。完整的岩石与水接触后，水便会沿着岩
石表面的微小孔洞、微裂缝向岩石内部蔓延，岩石原始的微孔缝是水与黏土矿物首先发生
作用的区域。

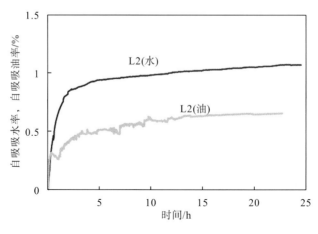

图 3-49　页岩自吸实验结果

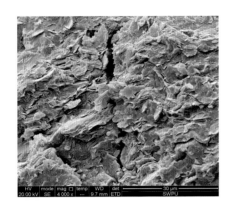

图 3-50　页岩 L2 微观结构(SEM)(×1000)　　图 3-51　页岩自吸水后宏观结构的变化

通过页岩微观结构的研究表明,页岩内部发育着大量粒间孔、粒间缝;层状发育的黏土矿物颗粒之间也同样发育有大量微裂缝(图 3-52)。

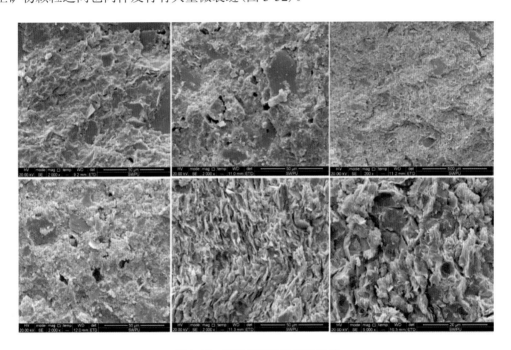

图 3-52　页岩发育的孔隙和裂缝

这些粒间微孔缝和黏土矿物片状颗粒间的微裂缝是页岩最初的微观损伤基元。一方面,当水被吸入微裂缝中与裂缝壁上和裂缝尖端的伊利石和伊/蒙混层发生水化作用,由于伊利石晶层具有极强的表面水化特性,伊利石、伊/蒙混层水化快速产生的膨胀应力将直接作用在裂纹骨架或叠加在孔隙压力上,造成裂缝尖端的张性应力集中,使微裂纹尖端具有延伸的趋势。当裂缝尖端的应力超过裂缝的极限强度时,微裂缝便会发生扩张、延展并与周围原本不相连的微小孔缝相互连通,造成岩石局部微观结构的损伤。另一方面,互相接触的不同类型的矿物颗粒由于水化膨胀特性不同,在水化过程中的膨胀程度、膨胀速度均不相同,造成岩石内部局部区域的应力不均,在某些胶结较差或结构比较脆弱的地方,也容易发生微裂缝的生成、扩展和连通,这些作用都使得原本孤立的微孔缝逐渐扩大、连通,最终萌生出微裂纹。微裂缝和微裂纹的生成和延伸产生了新的裂纹面,水会不断地沿着新的裂纹面蔓延至裂纹尖端,并使新暴露的伊利石、伊/蒙混层发生水化作用,产生水化应力,在新的裂纹尖端产生应力集中,使微裂纹、微裂缝具有持续延伸和扩展的内在动力,继续沟通原有的微孔缝或其他的次生裂纹。水的蔓延引起黏土矿物的膨胀,造成次生裂纹的形成和扩展,次生裂纹的形成和扩展又进一步导致水更大范围蔓延,如此相互促进,最终导致岩块宏观次生裂缝网络的形成。

由于硬脆性页岩显著的自吸效应,水得以快速进入岩石微孔缝内。水对硬脆性页岩裂纹扩展的作用,一方面使伊利石、伊/蒙混层发生水化作用,产生膨胀应力,为硬脆性页岩裂缝自发地形成与扩展提供内在动力;另一方面,强极性的水分子会削弱原来矿物颗粒间的氢键连接,并可能对胶结物产生溶解、侵蚀作用,从而使矿物间的内聚力弱化,降低裂纹尖端的临界强度因子,使裂纹更容易发生延展。而伊利石晶层水化作用快速产生的膨胀应力是裂纹自发形成与扩展的根本原因。

由于伊/蒙混层含有大量的伊利石晶层,伊/蒙混层的存在会在水化过程中提供膨胀应力,但同时由于其具有部分蒙脱石的晶层结构,与水接触后在部分层面会发生快速的晶层间距的膨胀,晶层间距增大,晶层间的连接能力迅速减弱,甚至发生与蒙脱石类似的晶层分散现象,使伊/蒙混层晶体容易沿膨胀后的晶层发生破坏,这种现象大大弱化了岩石的内聚力,使裂纹更容易发生延展,岩石更加破碎。

综上所述,影响页岩水化的关键因素主要包括:页岩的自吸效应、伊利石的水化应力和伊/蒙混层中蒙脱石层晶层间距的膨胀。

3.6.4 页岩水化过程中物理化学作用和力学作用

根据前文的分析可知,龙马溪组页岩层理明显、微裂纹发育,为水进入岩样内部提供流动通道及为水化作用提供空间。页岩与水相互作用后,其内部发生物理化学变化,使原有黏土矿物组成或结构发生改变,同时引起的力的作用将影响其内部裂纹扩展和延伸,反过来会促进岩石与水之间的物理化学变化(刘向君等,2016b)。页岩水化是物理化学作用和力学作用相互耦合结果。

3.6.4.1 物理化学作用

页岩与水接触时,因毛细管效应自吸作用,水沿着层理面或微裂纹进入岩石内部,黏土颗粒与水发生一系列物理化学反应。同时黏土颗粒表面水化引起黏土颗粒体积膨胀,使颗粒间相互作用和胶结作用减弱,使颗粒间黏结力降低。随着吸水量增大,颗粒间黏结力下降幅度增大,宏观上表现为岩石内聚力和内摩擦角下降,使岩石强度和 I 型断裂韧性(简称断裂韧性)下降,严重时可导致岩石破坏。因此,物理化学作用将使岩石强度降低或使岩石断裂韧性和抵抗裂纹扩展能力下降,使岩石内部裂纹更易起裂或扩展。

大量的研究表明岩石含水量对硬脆性页岩岩石力学参数影响较大,表现为岩石内聚力

和内摩擦角随含水量增加而下降，其与含水量经验关系式(陈治喜等，1997)为

$$C = C_0 - K_a\left(w - w_0\right), \quad \varphi = \varphi_0 \exp\left(K_b w + K_c\right) \tag{3-5}$$

式中，C_0、C 分别为岩石含水量为 w_0、w 时的岩石内聚力，MPa；φ_0、φ 分别为岩石含水量为 w_0、w 时岩石的内摩擦角；w_0 为初始含水量，%；K_a、K_b、K_c 为拟合系数。

已知岩石含水量，据式(3-5)计算岩石内聚力和内摩擦角，可计算岩石抗压强度，继而可得岩石抗拉强度与含水量之间关系曲线见图 3-53。从图 3-53 中可看出，随着岩石含水量增加，岩石抗拉强度呈下降趋势。陈治喜等(1997)研究了泥页岩断裂韧性，并建立了断裂韧性与岩石力学参数的关系，泥页岩断裂韧性与抗拉强度存在如下关系：

$$K_{\mathrm{I}c} = 0.01087 S_t^3 - 0.1374 S_t^2 + 0.5925 S_t - 0.2783 \tag{3-6}$$

式中，$K_{\mathrm{I}c}$ 为岩石 I 型断裂韧性，MPa·m$^{1/2}$；S_t 为岩石抗拉强度，MPa。

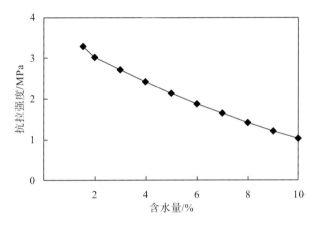

图 3-53　含水量与岩石抗拉强度的关系

已知岩石抗拉强度，计算岩石断裂韧性与抗拉强度关系见图 3-54。从图 3-54 中看出岩石断裂韧性随抗拉强度降低而降低。结合图 3-53 和图 3-54 分析，随着岩石含水量增加，岩石抗拉强度降低，导致岩石断裂韧性下降。因此，硬脆性页岩吸水水化引起的物理化学反应，将导致岩石断裂韧性下降，随着水化程度加重，岩石断裂韧性下降趋势更明显。

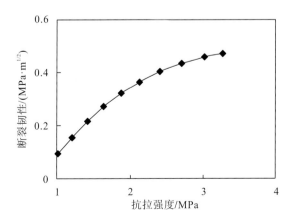

图 3-54　抗拉强度与断裂韧性的关系

3.6.4.2　力学作用

页岩中黏土颗粒表面吸附水分子，颗粒表面水化膜增厚将使裂纹增宽，黏土颗粒表面水化产生水化应力，作用于裂纹表面，对裂纹有拉应力作用，使裂纹尖端应力集中，增加了Ⅰ型裂纹应力强度因子(简称应力强度因子)，当应力强度因子大于断裂韧性时，裂纹将扩展。在水化过程中，力学效应主要是水化应力对裂纹起到拉应力作用，造成裂纹尖端应力更集中，应力强度因子增加。因此，为了研究力学效应作用，进行应力强度因子求解。将圆柱体岩样简化为有限体板模型岩样，以宽度为 $2w$、高度为 $2h$、厚度为 $2t$ 板为研究对象，裂纹为长轴 $2a$、短轴 $2b$ 椭圆，裂纹可在板内部或表面即为内部裂纹或表面裂纹(椭圆长轴在板表面，且位于板高的中心)。假设岩样裂纹面受到均匀水化应力作用，有限板内部裂纹和表面裂纹应力强度因子表达式：

板内部椭圆裂纹：

$$K_\mathrm{I} = P\sqrt{\pi b}\big/E(k)\Big[M_1 + M_2\left(b/t\right)^2 + M_3\left(b/t\right)^4\Big]gf_\theta f_w \tag{3-7}$$

板表面半椭圆裂纹：

$$K_\mathrm{I}' = MP\sqrt{\pi b}\big/E(k) \tag{3-8}$$

$$E(k) = \Big[1 + 1.464\left(b/a\right)^{1.65}\Big]^{0.5} \tag{3-9}$$

式中，K_I、K_I' 为内部、表面应力强度因子，MPa·m$^{1/2}$；P 为水化应力，MPa；M、M_1、M_2、M_3、g、f_θ、f_w 为参数，具体可查《应力强度因子手册》。

在板几何特征不变情况下，分别研究裂纹长度和水化应力对应力强度因子影响，见图 3-55 和图 3-56。从图 3-55 和图 3-56 中可看出，随着裂纹长度增加或水化应力增大，表面和内部裂纹尖端应力集中程度增加，裂纹易扩展，但表面裂纹应力强度因子大于内部裂纹应力强度因子，说明表面裂纹比内部裂纹更易扩展；随着裂纹长度增加，表面裂纹长轴处应力强度因子下降，而表面裂纹短轴处应力强度因子增加，说明裂纹长度越长，表面裂纹向板内扩展，裂纹长度越短，表面裂纹沿板面更易扩展；随着水化应力增加，表面裂纹短轴处应力强度因子上升幅度快于长轴处应力强度因子，说明随着水化应力增加，表面裂纹更易向板内扩展。研究表明在其他条件不变的情况下，岩样自吸水化作用越严重，表面裂纹比内部裂纹更易扩展，表面裂纹是向岩样内扩展还是沿岩样表面扩展是综合作用结果。

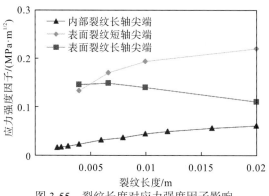

图 3-55　裂纹长度对应力强度因子影响

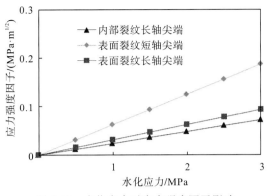

图 3-56　水化应力对应力强度因子影响

3.7　自吸作用、水化作用对页岩地层内部裂纹扩展的影响

根据前文分析可知页岩表面既亲油又亲水，因毛细管效应产生自吸作用，水进入页岩内部发生水化作用，使颗粒间黏结力降低，宏观上表现为岩石内聚力和内摩擦角降低，导致岩石强度或岩石 I 型断裂韧性(简称断裂韧性)下降，同时水化作用产生水化应力引起裂纹尖端处应力集中，使应力强度因子增加，当应力强度因子大于断裂韧性时，裂纹扩展或延伸，当多条微裂纹汇合贯通后形成宏观裂纹，宏观裂纹进一步发展形成裂缝，裂缝贯通后将导致岩石破坏。基于断裂力学理论，以页岩地层中椭圆裂纹为研究对象，考虑毛细管效应和水化作用影响，建立页岩裂纹扩展模型，分析毛细管力和水化应力对地层裂纹扩展影响(Liang et al., 2015a)。

3.7.1　裂纹扩展模型

页岩地层中裂纹受到地应力、孔隙压力、毛细管效应和水化作用，地应力、孔隙压力、毛细管力和水化应力在裂纹表面都将产生应力作用，裂纹面应力分布如图 3-56 所示。假设页岩地层中存在一个长轴为 $2a$ 椭圆裂纹，对其进行应力场分析，采用叠加原理求解其尖端应力强度因子，可分为四个部分求解，即

$$K_{\mathrm{I}} = K_{\mathrm{I}}' + K_{\mathrm{I}}'' + K_{\mathrm{I}}''' + K_{\mathrm{I}}''''　\tag{3-10}$$

其中，K_{I}' 为地应力作用下应力强度因子[图 3-57(b)]，K_{I}'' 为毛细管效应下应力强度因子[图 3-57(c)]，K_{I}''' 为水化作用下应力强度因子[图 3-57(d)]，K_{I}'''' 为裂纹中孔隙压力作用下的应力强度因子[图 3-57(e)]。毛细管效应和水化作用是外来流体进入页岩地层产生的，毛细管力和水化应力使裂纹面正应力增加，应力强度因子增加，使裂纹更易扩展。

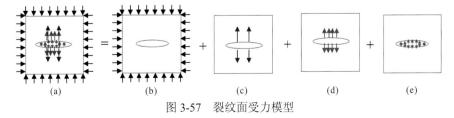

图 3-57　裂纹面受力模型

水基、油基钻井液与页岩接触后，因毛细管效应作用使钻井液进入页岩地层，裂纹中心距裂纹中钻井液前缘距离为 c，钻井液在裂纹尖端产生的毛细管力沿着液面切线方向指向凹液面，毛细管力为 P_c，毛细管力作用于裂纹面力为 $P_c\cos\theta$，钻井液界面张力为 γ，裂纹面与裂纹中轴线夹角为 β，润湿角为 θ，裂纹中心宽度为 $2w$，等效半径为 R。由图 3-58 可知，毛细管力为

$$P_c = \frac{2\gamma\cos(\theta-\beta)}{w} \tag{3-11}$$

考虑毛细管效应时，可得 I 型裂纹应力强度因子为

$$K_I'' = \frac{4\gamma\cos(\theta-\beta)\cos(\theta)\sqrt{a}}{w\sqrt{\pi(a^2-c^2)}} \tag{3-12}$$

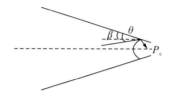

图 3-58 裂纹在毛细管力作用下分析示意图

页岩地层黏土矿物与水相互作用，黏土矿物水化的体积膨胀量较小，但水化作用产生应力大小不可忽视，假设页岩地层黏土矿物均匀分布，水化应力均匀作用裂纹表面，裂纹中钻井液的液柱长 $2c$，水化应力关于裂纹中心对称分布，水化应力作用长度为 $2b$，作用于裂纹面上水化应力为 P（图 3-59），可得 I 型裂纹应力强度因子为

$$K_I''' = 2P\sqrt{\frac{a}{\pi}}\arcsin\left(\frac{b}{a}\right) \tag{3-13}$$

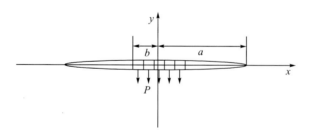

图 3-59 裂纹在水化作用下分析示意图

在页岩地层中，裂纹面上的正应力主要受到地应力、孔隙压力、毛细管力和水化应力作用组成，因此，I 型裂纹应力强度因子为

$$K_I = K_I' + K_I'''' + 2P\sqrt{\frac{a}{\pi}}\arcsin\left(\frac{b}{a}\right) + \frac{4\gamma\cos(\theta-\beta)\cos(\theta)\sqrt{a}}{w\sqrt{\pi(a^2-c^2)}} \tag{3-14}$$

通过润湿角测试实验可以发现润湿角和浸泡时间之间存在一个良好的指数关系,拟合的公式形式如下:

$$\theta = a_1 + c_1 \times \exp(b_1 \times t_1) \tag{3-15}$$

式中,θ 为润湿角,(°);t_1 为浸泡时间,h;a_1、b_1、c_1 为拟合的系数。对页岩样品拟合的系数为 a_1=9.1957,b_1=−0.4175,c_1=26.1858,拟合的相关系数为 0.958(Liang et al.,2015a)。

通过水化膨胀应力实验可以发现线应力和浸泡时间之间存在一个良好的指数关系,拟合的公式形式如下:

$$P/h = a_2 + c_2 \times \exp(b_2 \times t_2) \tag{3-16}$$

式中,P/h 为线应力,MPa/m;P 为水化应力,MPa;h 为页岩样品的长度,m;t_2 为浸泡时间,h;a_2, b_2, c_2 为拟合的系数。对页岩样品拟合的系数为 a_2=0.3683,b_2=−1.668,c_2=−0.4024,拟合的相关系数为 0.986(Liang et al.,2015a)。

考虑到润湿角和水化应力与浸泡时间的关系,则 I 型裂纹应力强度因子为

$$K_1 = K_1' + K_1'''' + 2h\left[a_2 + c_2 \times \exp(b_2 \times t_2)\right]\sqrt{\frac{a}{\pi}}\arcsin\left(\frac{b}{a}\right)$$
$$+ \frac{4\gamma\cos\left[a_1 + c_1 \times \exp(b_1 \times t_1) - \beta\right]\cos\left[a_1 + c_1 \times \exp(b_1 \times t_1)\right]\sqrt{a}}{w\sqrt{\pi(a^2 - c^2)}} \tag{3-17}$$

当裂纹尖端应力强度因子 K_1 大于断裂韧性 K_{1c} 后,裂纹将发生扩展。为便于分析毛细管效应和水化作用对应力强度因子影响,引入应力强度因子增量 ΔK_1,即

$$\Delta K_1 = K_1'' + K_1''' \tag{3-18}$$

应力强度因子增量 ΔK_1 越大,裂纹尖端处应力越集中,裂纹越易扩展,说明毛细管效应或水化作用对裂纹扩展影响越大。利用应力强度因子的增量分析水化作用(水化应力、水化应力作用长度、时间)、毛细管效应(钻井液界面张力、润湿角、液柱半长、时间)对裂纹扩展的影响。

3.7.2　水化作用对页岩地层内部裂纹扩展的影响

水化作用对应力强度因子增量的影响见图 3-60,从图中可知,应力强度因子增量随水化应力或水化应力作用长度(b/a)增大而呈上升趋势,应力强度因子增量上升幅度越大,裂纹尖端应力集中程度越明显,裂纹更易扩展。同时,从图 3-59(c)(浸泡时间对应力强度因子增量的影响)中可以看出应力强度因子增量随着浸泡时间的增加而先增加后趋于稳定,这可能是与水化应力随浸泡时间增加的变化规律有关。

上述研究结果表明,水化作用对应力强度因子影响较大,造成应力强度因子增加,将使裂纹的抗张能力减弱,易造成裂纹扩展,出现张性裂缝,严重将导致井壁失稳。因此,对页岩地层安全钻井在强化地层封堵的基础上,选用钻井液体系还必须充分考虑减小钻井液滤失量,加强黏土矿物水化抑制性,减少水化作用影响,有效抑制裂纹扩展。

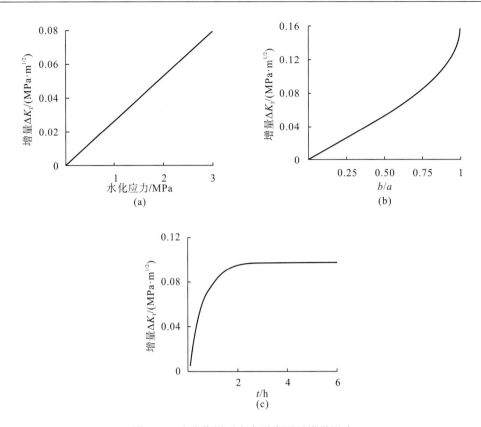

图 3-60　水化作用对应力强度因子增量影响

3.7.3　毛细管效应对页岩地层内部裂纹扩展的影响

毛细管效应(润湿性)对应力强度因子增量的影响见图 3-61。从图 3-61(a)中可知，应力强度因子增量随界面张力增大而线性上升，随润湿角增加而呈下降趋势[图 3-61(b)]。润湿角越大，应力强度因子增量越小，裂纹尖端应力集中程度减弱，裂纹不易扩展。当润湿角为 90°时，页岩表面润湿性表现为中性，应力强度因子最小，此时毛细管效应对裂纹扩展不产生影响。从图 3-61(c)(液柱半长(c/a)对应力强度因子的影响)中还可以看出随液柱半长(c/a)增大而是先上升后趋于平缓再上升变化，总体呈上升趋势，液柱越靠近裂纹尖端，应力强度因子增量上升幅度越大，裂纹尖端应力集中程度越明显，裂纹更易扩展。从图 3-61(d)(裂纹宽度对应力强度因子的影响)中可知，毛管效应对应力强度因子影响存在一个裂纹宽度界限值，裂纹宽度小于该值时，毛细管效应对应力强度因子影响显著，随着裂纹宽度增加，应力强度因子急剧减小，毛细管效应的影响逐渐减弱，裂纹宽度超过该值后，毛管效应对应力强度因子影响较小，其对裂纹扩展影响程度较低。从图 3-61(d)中可知，裂纹宽度界限值为 0.6mm。此外，从图 3-61(e)(浸泡时间对应力强度因子增量的影响)可以看出应力强度因子增量随着浸泡时间的增加而先增加后趋于稳定，这可能是与润湿角随浸泡时间增加的变化规律有关。

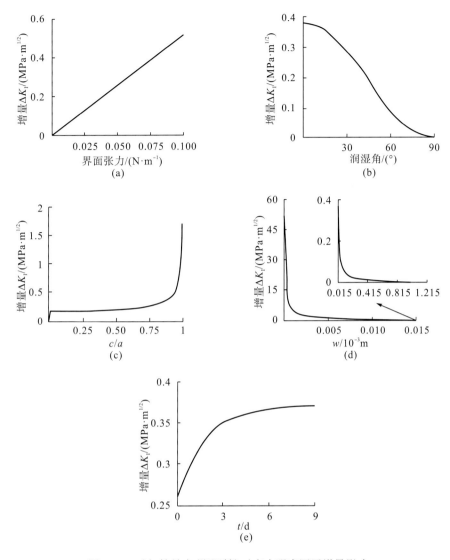

图 3-61　毛细管效应(润湿性)对应力强度因子增量影响

　　页岩气层岩石表面润湿性表现为强油湿,同时也表现为水湿,页岩地层层理和微裂纹发育,产生的毛细管力将有利于钻井液自吸作用,毛细管效应使应力强度因子增大,造成井壁裂纹易扩展,严重将导致井壁失稳。以上研究结果说明了毛细管效应(润湿性)对页岩井壁裂纹扩展有重要影响,钻井液体系应在减小钻井液界面张力和增大钻井液与页岩表面接触角等方面优化,从而有效抑制裂纹扩展。

　　页岩地层钻井中,水基、油基钻井液在钻井压差和毛细管效应作用下进入页岩地层,水基钻井液将在页岩地层中产生水化作用。采用水基钻井液时,毛细管力和水化应力将对页岩地层裂纹扩展产生影响,而采用油基钻井液时,毛细管力将对页岩地层裂纹扩展产生影响,油基钻井液与页岩表面接触角小,但界面张力也小,产生的毛细管力较小。在同样条件下,油基钻井液对裂纹扩展影响较小,而水基钻井液对裂纹扩展影响较大。因此页岩地层钻井中,采用油基钻井液在一定程度上有利于抑制裂纹扩展,使井壁相对更加稳定,但无论水基还是油基,封堵、阻止其进入地层是首要和关键。因此,由于页岩气层特殊的组分、结构和理化特征,对页岩气层钻井,强化井壁封堵、改变润湿性,最大限度阻断井壁地层和井内工作液之间的自吸和压力渗透侵入途径是关键。

3.8 水化作用程度、强度的表征与评价

前述基于页岩硬度、强度等力学性质评价页岩水化影响的方法,只能获得原岩和水化实验终点页岩的状态,但不能表征水化过程中页岩强度的动态变化,而且采用不同岩样获取原岩强度和水化实验后页岩强度,始终面临着页岩结构强非均质性所带来的实验结果不可对比性和不确定性,因此,必须探索页岩水化的无损检测方法。

声波在岩石介质中传播时携带了许多与岩石物理力学性质相关的信息。声波测试具有简单快捷、能进行大范围测试以及对被测介质无损伤等特点。由前述研究成果可知,页岩水化将导致其内部微裂纹的萌生、扩展,从而引起其内部微观结构发生变化。因此,声波在原岩及水化后页岩中传播时,其传播路径、能量、相位和频谱等属性都将可能发生变化。鉴于此,本研究团队开展了页岩水化过程中声学特征的动态监测研究。

3.8.1 页岩水化对声波时差的影响

以龙马溪组页岩的下段为研究对象,在页岩岩心样品浸泡之前测量其声波时差,然后将页岩岩心样品浸泡于清水中,浸泡时间为 10 天,之后测量其声波时差,测量结果可见图 3-62。同时,还研究了页岩岩石的声波时差与浸泡时间的关系,其结果可见图 3-63。

从图 3-62 和图 3-63 中可看出,浸泡清水后岩石声波时差普遍增大,表明水化后岩石微结构发生变化,超声波穿透岩心需要更长的时间。页岩水化呈现出明显的时间性,表现为水化反应时间的增大,岩样结构损伤逐渐加剧,声波波速逐渐降低、时差增大;在浸泡初期声波时差增大速率最大,随时间推移声波时差增大速率降低,即水化作用速率随时间推移而降低。因此,声波时差能够用以评价页岩水化作用程度及速度。

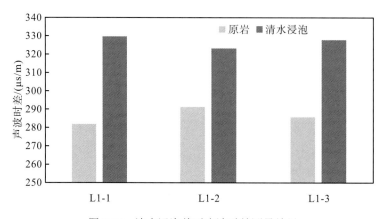

图 3-62 清水浸泡前后声波时差测量结果

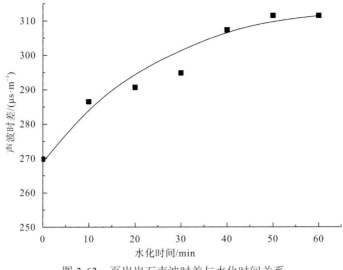

图 3-63　页岩岩石声波时差与水化时间关系

3.8.2　页岩水化对声波衰减特性的影响

水化作用导致的页岩内部结构劣化将导致透过其的声波能量衰减加剧，选用信号对比法测定岩样的声波衰减系数，其计算方法如下：

$$\alpha=(\ln A_0-\ln A)/L \tag{3-19}$$

式中，α 为岩样的声波衰减系数，dB/m；A_0 为探头对接的声波幅度，V；A 为岩样的声波幅度，V；L 为被测岩样的长度，m。

比较水化前后岩样的声波衰减系数即可得到水化后超声波的衰减系数变化：

$$\Delta\alpha=\alpha_2-\alpha_1 \tag{3-20}$$

式中，α_2 为水化后岩样的声波衰减系数，dB/m；α_1 为原岩的声波衰减系数，dB/m。

清水浸泡 10 天后，试样的声波衰减如图 3-64 所示。水化过程中衰减系数随时间的关系如图 3-65 所示。

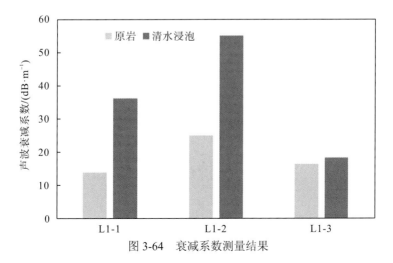

图 3-64　衰减系数测量结果

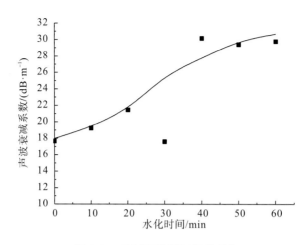

图 3-65　衰减系数随时间的变化

与声波时差相似，随水化作用时间增大，岩样结构损伤逐渐加剧，声波衰减系数逐渐增大。因此，衰减系数也可用于页岩的水化作用的表征。

3.8.3　页岩水化对声波频谱特性的影响

岩石的声波频谱分析一直是岩心声波实验的研究动向，频谱作为岩石声波测量过程中的重要参数，包含关于地质和岩石内部结构的大量信息。频谱分析是通过傅里叶变换的方法把波动信号按频率顺序展开使其成为频率的函数，在频率域中对信号进行研究和处理，解决时间域中忽略的问题。分析声波在页岩水化过程中频域信号的变化特征，对探索页岩水化特征有重要的指导意义。由 Ultra Scope 软件采集的超声波波形是时域信号，需要对其进行处理以得到频域信号。任何形状的信号都可以视作无限个不同频率的正弦交变信号的叠加，在数学上用傅里叶序列来表述。假设有一周期信号 $x(t)$，其周期为 T，那么它的傅里叶序列为

$$x(t) = \frac{a_0}{T} + \frac{2}{T} \sum_{n=1}^{\infty} (a_n \cos 2\pi f_n t + b_n \sin 2\pi f_n t) \tag{3-21}$$

式中，a_0、a_n、b_n 为傅里叶系数；f_n 为各次谐波的频率。

超声波信号一般可认为是有限时间的瞬态信号，而对于某一瞬时态信号 $x(t)$，可设定其周期 T 趋于无穷大，这时序列可以写作：

$$x(t) = \int_{-\infty}^{\infty} X(f) e^{j2\pi ft} df \tag{3-22}$$

这里傅里叶系数变为连续的频率函数：

$$X(f) = \int_{-\infty}^{\infty} x(t) e^{-j2\pi ft} dt \tag{3-23}$$

式(3-23)即为著名的傅里叶变换，其中 f 为频率，$X(f)$ 为某一复函数。

基于傅里叶变换原理，编制 MATLAB 程序，对采集的声波时域信号处理得到频域信号，从而可以在频率域中进行信号分析。部分岩样水化前后波形图及变换后的频域信号可

见图 3-66～图 3-71。

图 3-66　岩心 1 水化前后原始波形图

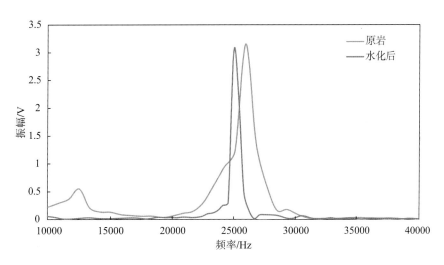

图 3-67　岩心 1 水化前后原始波形时域信号

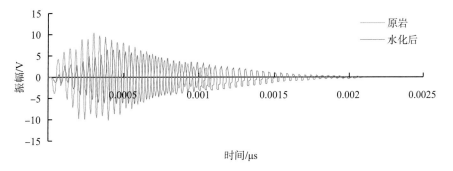

图 3-68　岩心 2 水化前后原始波形图

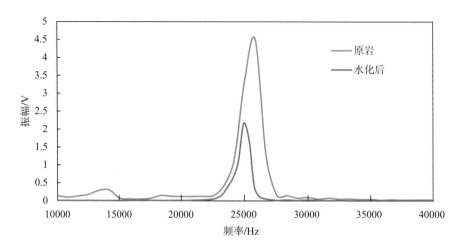

图 3-69　岩心 2 水化前后原始波形时域信号

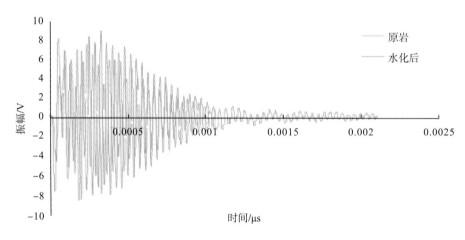

图 3-70　岩心 3 水化前后原始波形图

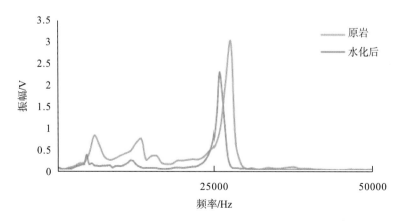

图 3-71　岩心 3 水化前后原始波形时域信号

通过对岩样频域信号分析表明(图 3-66～图 3-71)，信号能量集中在频率为 25kHz 附近。水化后主频会向降低的方向发生偏移，表明岩石内部结构劣化显著。

综上所述，声波的时差、衰减系数、频谱特征等属性对页岩水化的响应显著，可用于页岩水化动态，尤其像龙马溪下段(L1)这类水化后表现结构无明显变化的页岩样品水化动态的表征与评价，这为页岩地层水化程度的测井评价技术方法的建立提供了实验支撑。

第4章 页岩气层井壁稳定性化学调控技术

"开发成本"是制约页岩气开发的重要因素之一，水基钻井液是实现低成本、环境友好开发的重要途径。从前面章节已经了解到，页岩自身微裂纹发育，钻井对井周的卸荷作用将诱发页岩内部微裂纹的萌生、扩展，二者作用叠加，导致页岩微裂纹发育程度进一步加剧；在此基础上，钻井液特别是其中的水相若沿微裂纹侵入地层，将与页岩发生相互作用，加剧微裂纹的扩展和页岩结构完整性的丧失与破坏。因此，强化页岩钻井液的封堵与抑制性能，最大限度降低钻井液的侵入、最大程度弱化钻井液-页岩相互作用的力学失稳效应，是保证页岩地层钻井过程中井壁稳定的关键。为此，满足此功能要求的化学剂是关键。

在对页岩气层岩石矿物组分、理化性能、力学性质及该类地层水-岩相互作用机制和影响因素充分认识的基础上，为了更好地阻止水相侵入和抑制水-岩反应，选用水溶性聚丙烯酰胺类聚合物，按以下思路设计并研发了一系列具有封堵和水化抑制功能的化学稳定剂(本章统称水化抑制剂)。

(1)在聚合物分子链上引入阳离子基团。阳离子基团的引入使聚合物分子链带有大量正电荷，一方面使聚合物分子可以通过静电作用吸附在带负电的伊利石的颗粒表面，同时也可以平衡部分伊利石表面的负电荷，降低伊利石的水化趋势。

(2)在分子链上引入强水化基团。聚合物分子链上的强水化基团在溶解时可以在其周围吸附大量溶剂化的水分子，当聚合物链吸附在黏土表面上后，强水化基团将在黏土表面形成活性较低溶剂化层，一定程度上阻止自由水分子与伊利石接触，使聚合物分子达到较好包被作用。

(3)在聚合物分子侧链上引入环状基团或长链基团。前面的研究已经表明，长链聚合物对蒙脱石晶层间距膨胀的抑制作用并不明显，对晶层间距膨胀的抑制主要靠 K^+、Na^+ 等金属阳离子来实现。因此，为了同时抑制伊/蒙混层中蒙脱石层晶层间距的膨胀，要求聚合物必须与 KCl 进行复配，但是聚电解质普遍存在电解质效应，KCl 的加入会屏蔽聚合物分子链上的离子基团，减弱分子链间的静电斥力，使柔性的聚合物分子链发生卷曲，给聚合物的抑制作用产生负面影响。因而要求所合成的聚合物具有较好的抗盐能力。目前大量的研究已经证实，通过在聚合物分子侧链上引入长链基团或环状基团来提高分子链的刚性，可以提高聚合物分子的抗盐能力。并且，将大量含有长链或环状基团的单体进行共聚，会增加各聚合的阻力，使所合成的聚合物分子量不易太高，较低分子量的聚合物与大分子量聚合物相比，在硬脆性页岩的微小孔缝里具有更好的流动性，同时又可以在一定程度上增加液相黏度，减弱硬脆性页岩的自吸效应。

下面简要介绍，根据以上思路，采用丙烯酰胺(AM)为主要单体，与含有长链水化基团的烯丙醇聚氧乙烯醚(APEG)和含有环状阳离子基团的氯化 1-甲基-1-烯丙基咪唑(MAC)进行共聚得到的水溶性阳离子型三元共聚物 poly(AM/MAC/APEG)以及在该聚合物分子结构基础上引入强水化基团磺酸基，将 AM、APEG、MAC 和 AMPS（2-丙烯酰胺-2-甲基丙磺酸）共聚合成得到的水溶性两性离子四元共聚物 poly（AM/MAC/APEG/AMPS）。分别对两种聚合物的抑制性能进行评价，同时探讨分子结构对抑制剂抑制性能的影响，为该类化学剂的开发提供借鉴。

4.1　聚合物水化抑制剂的合成方法

4.1.1　阳离子单体氯化 1-甲基-1 烯丙基咪唑（MAC）的合成

取 200mL 圆底烧瓶，称取一定量的 1-甲基咪唑和氯丙烯，60℃条件下回流 24h 后减压分离过量的氯丙烯，制得红棕色氯化 1-甲基-1-烯丙基咪唑（MAC）液体。其合成路线如图 4-1 所示。

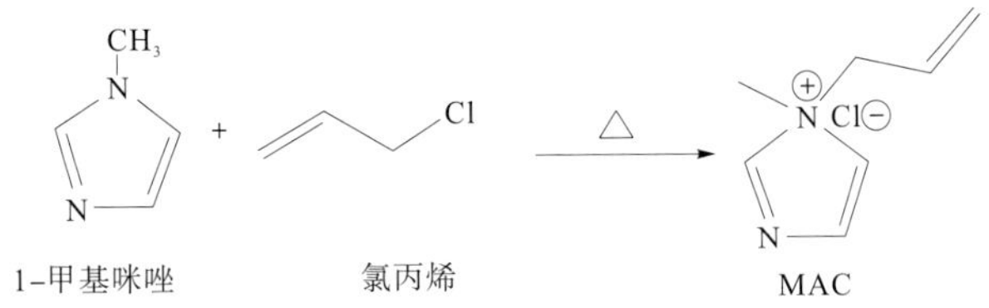

图 4-1　1-甲基-1-烯丙基咪唑（MAC）的合成路线

^{1}H NMR: δ=3.82（s,3H，—NCH$_3$），4.79（d, J=12Hz, 2H，—NCH$_2$CH=CH$_2$），5.33~5.42（m, 2H, CH$_2$=CH—），6.00~6.06（m,1H,CH$_2$—CH—），6.95（s,1H，—NCH=CHN），7.06（s,1H，—NCH=CHN=CH—），7.38（s,1H，—NCH=N—）

4.1.2　聚合物水化抑制剂的合成

称取一定量的合成单体于 500mL 圆底烧瓶中，调节 pH 至一定值，在氮气保护下缓慢升温至特定温度。5min 后，加入一定量的亚硫酸氢钠和过硫酸铵（摩尔比为 1∶1），继续通入氮气，在 30~70℃下反应 4~7h。将所得粗产物用无水乙醇（2×50mL）和丙酮（2×50mL）洗涤、烘干、粉碎得到目标聚合物。其中 poly（AM/APEG/MAC）的合成路线如图 4-2 所示，poly（AM/APEG/MAC/AMPS）的合成路线如图 4-3 所示。

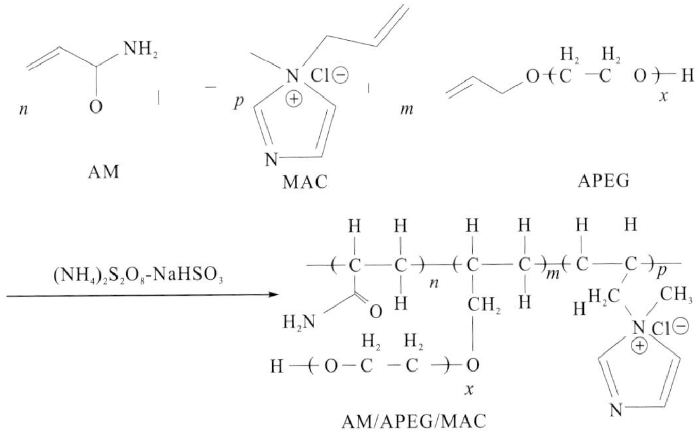

图 4-2　poly（AM/APEG/MAC）的合成路线

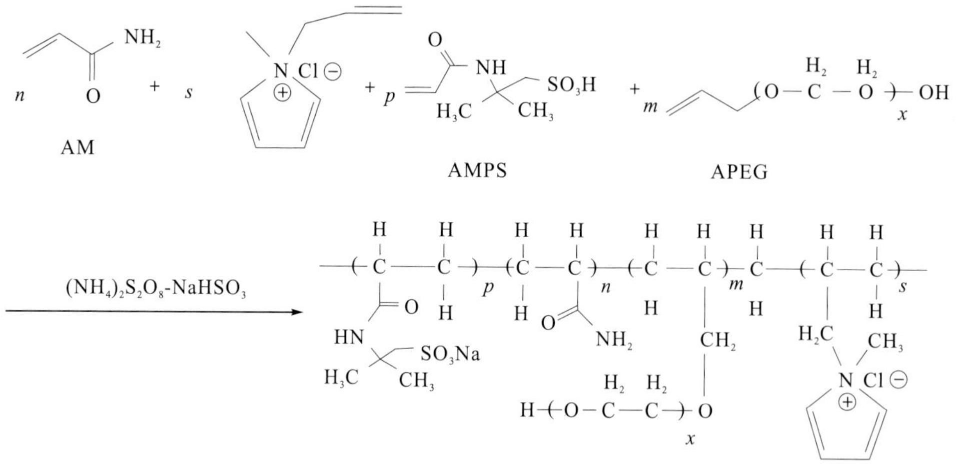

图 4-3　poly(AM/APEG/MAC/AMPS)的合成路线

4.2　聚合物水化抑制剂合成条件

聚合物的合成条件对聚合产物的性能有较大的影响。采用单因素法探讨聚合反应过程中单体配比、引发剂浓度、反应温度以及反应体系 pH 等因素对聚合产物防膨率的影响。以防膨率作为评价聚合物抑制性能的指标，对合成聚合物水化抑制剂的反应条件进行优选。

4.2.1　防膨率的测定方法

参照中华人民共和国石油天然气行业标准 SY/T 5971—94《注水用黏土稳定剂评价方法》测定防膨率的方法，将 2g 经 100℃烘焙至恒重的膨润土加入带刻度的试管中，随后加入 10mL 测试溶液，混合均匀，静置 2h 后，在 2000r/min 转速下离心 15min，分离固相，测量膨润土膨胀后的体积。按式(4-1)计算防膨率 A_r(图 4-4)。

$$A_r = \frac{V_w - V_p}{V_w - V_o} \qquad (4-1)$$

式中，V_p 为膨润土在聚合物溶液中膨胀后的体积，mL；V_w 为膨润土在水中膨胀后的体积，mL；V_o 为膨润土在煤油中膨胀后的体积，mL。

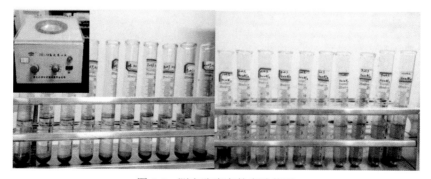

图 4-4　测定防膨率的实验装置

4.2.2　poly（AM/APEG/MAC）合成条件

在单体浓度 20%（质量分数），温度 45℃，pH 为 7，引发剂加量质量分数为 0.4%的条件下考察单体配比对聚合物抑制性能的影响，实验结果如表 4-1 所示。

表 4-1　单体比例对 poly（AM/APEG/MAC）抑制性能的影响

序号	MAC/%	APEG/%	AM/%	防膨率/%
1	1	5	93	24.74
2	2	5	90	28.55
3	3	5	88	22.84
4	5	5	85	17.13
5	2	1	94	45.68
6	2	2	93	47.58
7	2	3	92	34.26

注：反应条件：pH=7；引发剂[NaHSO$_3$—(NH$_4$)$_2$S$_2$O$_8$]：0.4%（质量分数）；温度：45℃；单体总浓度：20%（质量分数）；反应时间：8 h；聚合物浓度：1%（质量分数）。

由表 4-1 可以看出，MAC 加量对 poly（AM/APEG/MAC）防膨率的影响不是很大，随着 MAC 的加量的增加，聚合物防膨率先增大后减小，在 MAC 加量为 2%时聚合物防膨率达到最大。因此，MAC 的最佳加量为 2%。相比于 MAC，APEG 单体的加量则对聚合物的防膨率有较大的影响，当 APEG 的质量分数为 2%时，防膨率最高。因此，最优的单体配比为 w(AM)：w(APEG)：w(MAC)=96：2：2。

在所确定的最佳单体配比条件下，继续研究反应温度、pH、引发量加量和单体浓度对聚合反应的影响，结果如表 4-2 所示。

表 4-2　pH、引发剂、温度、单体浓度对 poly（AM/APEG/MAC）抑制性能的影响

序号	温度/℃	pH	引发剂/%	单体浓度/%	防膨率/%
1	35	7	0.4	20	22.84
2	45	7	0.4	20	47.58
3	55	7	0.4	20	17.13
4	65	7	0.4	20	19.03
5	45	1	0.4	20	62.81
6	45	3	0.4	20	57.1
7	45	5	0.4	20	59.00
9	45	9	0.4	20	26.65
10	45	11	0.4	20	19.03
11	45	1	0.2	20	60.91
13	45	1	0.6	20	64.71
14	45	1	0.8	20	49.49
15	45	1	1	20	59.45
16	45	1	0.6	10	42.32

序号	温度/℃	pH	引发剂/%	单体浓度/%	防膨率/%
17	45	1	0.6	30	57.91
18	45	1	0.6	40	52.27

注：单体配比：$w(APEG):w(MAC):w(AM)=2:2:96$（质量分数）；聚合物浓度：1%（质量分数）。

由表 4-2 可知，随着温度的升高，聚合物溶液的防膨率增大，但是当温度高于一定值的时候，溶液的防膨率随之减小，当温度为 45℃时聚合物的防膨率达到最大；随着 pH 不断增加，聚合物溶液的防膨率随之减小，在 pH=1 时为最大值；当引发剂加量由 0.4% 增加到 0.6%时，聚合物防膨率达到最大值，并且单体浓度为 20%时溶液防膨率达到最大，浓度过高或者过低聚合物溶液的防膨率均比较差。

综上所述，合成 poly(AM/APEG/MAC)的最佳反应条件为：单体配比为 $w(AM):w(APEG):w(MAC)=96:2:2$；反应温度 45℃；反应体系 pH=1；引发剂加量 0.6%；单体总浓度为 20%。

4.2.3   poly(AM/APEG/MAC/AMPS)合成条件

首先在单体浓度 20%，温度 40℃，体系 pH=1，引发剂加量 0.3%条件下，考察单体配比对聚合物防膨率的影响。结果如表 4-3 所示。

由表 4-3 可以看出，APEG 的加量对聚合物溶液防膨率有较大影响，当 APEG 的质量百分比为 2%时，共聚物防膨率最高。随着新引入功能单体 AMPS 加量的增加，聚合物的防膨率先增大后减小，当其加量为 5%时 poly(AM/APEG/MAC/AMPS)共聚物溶液防膨率达到最大；与 poly(AM/APEG/MAC)共聚物相同，MAC 的加量对 poly(AM/APEG/MAC/AMPS)共聚物防膨率的影响不大，其最佳加量为 3%。因此共聚物 poly(AM/APEG/MAC/AMPS)最佳单体配比为 $w(AM):w(AMPS):w(MAC):w(APEG)=90:5:3:2$。

表 4-3   单体配比对 poly(AM/APEG/MAC/AMPS)防膨率的影响

序号	AM/%	APEG/%	AMPS/%	MAC/%	防膨率/%
1	96	1	2	1	50.41
2	95	2	2	1	56.42
3	94	3	2	1	49.42
4	93	2	4	1	60.55
5	92	2	5	1	64.05
6	90	2	7	1	56.81
7	91	2	5	2	65.58
8	90	2	5	3	70.43
9	89	2	5	4	62.14

注：反应条件：pH=1，引发剂$(NaHSO_3—(NH_4)_2S_2O_8)$质量分数为 0.3%，温度 40℃；单体质量分数：20%，反应时间 8 h；聚合物质量分数 1.5%。

在所确定的最佳单体配比下继续考察 pH、单体总浓度、引发剂加量、温度对产物防膨率的影响。结果如表 4-4 所示。

表 4-4　反应 pH、单体浓度、引发剂、温度对 poly（AM/APEG/MAC/AMPS）防膨率的影响

序号	pH	温度/℃	单体质量/%	引发剂/‰	防膨率/%
1	1	40	20	3	71.11
2	4	40	20	3	73.95
3	5	40	20	3	65.25
4	7	40	20	3	55.25
5	9	40	20	3	—
6	4	30	20	3	65.89
7	4	50	20	3	70.04
8	4	40	10	3	55.21
9	4	40	30	3	67.81
10	4	40	20	2	75.06
11	4	40	20	1	73.91

注：反应条件：w(AM)：w(AMPS)：w(MAC)：w(APEG)=90：5：3：2；聚合物质量分数 1.5%；—不发生反应。

由表 4-4 可知，在强酸性条件合成的共聚物 poly（AM/APEG/MAC/AMPS）的防膨率较低，而在碱性条件下聚合困难。当 pH=4 时聚合物的防膨率达到最大；随着聚合温度不断上升，聚合产物的防膨率也随之升高，在 40℃时达到最高值；单体总浓度为 20%时，聚合物的防膨率最大。当引发剂加量为从 3%降至 2%时，聚合物的防膨率达到最大值。

综上所述合成 poly（AM/APEG/MAC/AMPS）共聚物最佳的反应条件为：单体配比为 w(AM)：w(AMPS)：w(MAC)：w(APEG)=90：5：3：2；反应体系 pH =4；反应温度 40 ℃；单体总浓度为 20%；引发剂加量 0.2%。

4.3　聚合物水化抑制剂结构的表征

通过红外光谱扫描和 ^{1}H NMR 扫描两种方法对所合成聚合产物的分子结构进行表征，确定所合成聚合物的分子结构。

4.3.1　聚合物水化抑制剂分子结构的红外表征

采用 KBr 压片法，在 4000～500 cm^{-1} 内利用 WQF-520 型傅里叶红外光谱仪（瑞利分析仪器公司，中国）对共聚物进行红外结构表征，扫描 12 次。

红外光谱扫描结果如图 4-5 所示，其中图 4-5（a）为 poly（AM/APEG/MAC）的红外图谱，图 4-5（b）为 poly（AM/APEG/MAC/AMPS）的红外光谱图。

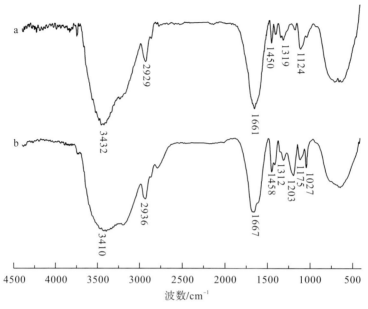

图 4-5　poly（AM/APEG/MAC）和 poly（AM/APEG/MAC/AMPS）的红外光谱图

　　poly（AM/APEG/MAC）红外光谱图中 3443cm^{-1} 处为—NH$_2$ 特征吸收峰，2929cm^{-1} 为亚甲基伸缩振动峰，1661cm^{-1} 为 C=O 伸缩振动峰。1450cm^{-1} 为 C—N 伸缩振动吸收峰，1319cm^{-1} 为咪唑环骨架振动峰，1124cm^{-1} 为聚醚结构中 C—O—C 的伸缩振动吸收峰。结果表明合成产物与目标产物 poly（AM/APEG/MAC）的红外光谱一致。

　　poly（AM/APEG/MAC/AMPS）红外光谱中 3410cm^{-1} 处为—NH$_2$ 基团 N—H 伸缩振动吸收峰，2936cm^{-1} 为亚甲基伸缩振动峰，1667cm^{-1} 为 C=O 伸缩振动峰。1458cm^{-1} 为 C—N 伸缩振动吸收峰，1312cm^{-1} 为咪唑环骨架振动峰，1203cm^{-1} 和 1027cm^{-1} 为磺酸基团的特征吸收峰，1175cm^{-1} 为聚醚结构中 C—O—C 的伸缩振动吸收峰。红外光谱的分析结果表明，实验合成的产物与目标产物 poly（AM/APEG/MAC/AMPS）的红外光谱一致。

4.3.2　聚合物水化抑制剂分子结构的核磁表征

　　采用 AVANCE 400 MHz 超导核磁共振波谱仪（Bruker 公司，德国）对所合成的聚合物进行 ^{1}H NMR 扫描。聚合物氢谱扫描 256 次。结果如图 4-6 和图 4-7 所示，其中图 4-6 为 poly（AM/APEG/MAC）的 ^{1}H NMR 图谱，图 4-7 为 poly（AM/APEG/MAC/AMPS）的 ^{1}H NMR 图谱。

　　如图 4-6 所示，1.53～1.63ppm[①]为聚合物分子主链上—CH$_2$—的质子吸收峰以及 APEG 和 MAC 结构单元中—CH—的质子吸收峰；2.21ppm 为聚合物分子主链上丙烯酰胺结构单元中—CH—的质子吸收峰；3.57ppm 为聚合物分子侧链上 APEG 结构单元中—CH$_2$—的质子吸收峰；3.49～3.53ppm 为大分子侧链上 MAC 结构单元中—CH$_2$—和—CH$_3$ 的质子吸收峰，由于所合成聚合物是用乙醇和丙酮提纯的，故其吸收峰被乙醇的溶剂峰所包裹；6.87～

---

① 1ppm=10^{-6}。

6.90ppm 归属于聚合物侧链咪唑环上—CH—的质子吸收峰。综合以上吸收峰的分析可知所合成产物为目标产物 poly（AM/APEG/MAC）。

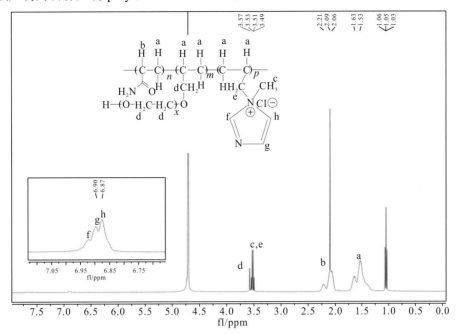

图 4-6　poly（AM/APEG/MAC）的 ^{1}H NMR 谱图

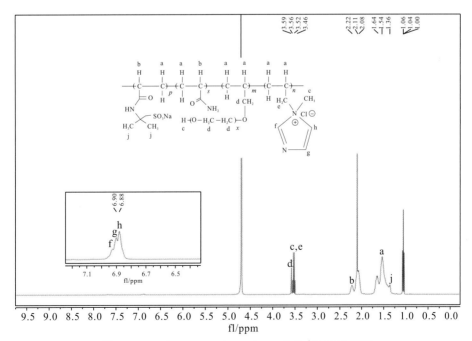

图 4-7　poly（AM/APEG/MAC/AMPS）的 ^{1}H NMR 谱图

图 4-7 为 poly（AM/APEG/MAC/AMPS）的核磁氢谱吸收峰，其分子主链上的质子吸收峰与 poly（AM/APEG/MAC）主链上的质子吸收峰位移基本相似，其中 AMPS 结构单元中—

CHCH$_2$C=O—中—CH—的质子吸收峰化学位移为 2.22ppm，—CH$_2$—的质子吸收峰化学位移为 1.54ppm；相较于 poly（AM/APEG/MAC）的核磁谱图，poly（AM/APEG/MAC/AMPS）核磁谱图中新出现的吸收峰 j（1.36ppm）归属于 AMPS 结构单元中—CH$_3$ 的质子吸收峰；放大区域中 6.88～6.90 ppm 为咪唑环上—CH—的质子吸收峰。综合以上吸收峰分析可知所合成产物与目标产物一致。

4.4　聚合物水化抑制剂特性黏数及分子量确定

4.4.1　聚合物特性黏数及分子量的确定方法

用 1.0 mol/L 的氯化钠溶液将聚合物配置成 1000 mg/L 的溶液，30℃条件下利用乌氏黏度计采用逐步稀释法分别测定稀释至不同浓度的聚合物溶液流经乌氏黏度计毛细管的时间，每组聚合物溶液测三次（误差不超过 0.2s），取平均值为其流出时间。分别计算每组溶液的相对黏度 η_r［式(4-2)］、增比黏度 η_{sp}［式(4-3)］，再将 η_{sp}/c-c 和 $\ln\eta_r/c$-c 按直线关系进行拟合并外推至 c=0 得到聚合物的特性黏数 $[\eta]$［式(4-4)］，再由 Mark-Houwink 经验公式［式(4-5)］计算聚合物的黏均分子量，其中：

$$\eta_r = \frac{t}{t_0} \tag{4-2}$$

式中，t 为聚合物溶液平均流出时间；t_0 为 1 mol/L 的 NaCl 溶液平均流出时间；η_r 为聚合物的相对黏度。

$$\eta_{sp} = \frac{t}{t_0} - 1 = \eta_r - 1 \tag{4-3}$$

式中，η_{sp} 为聚合物的增比黏度。

$$[\eta] = \lim_{c \to 0} \frac{\eta_{sp}}{c} \tag{4-4}$$

式中，$[\eta]$ 为聚合物的特性黏数；c 为聚合物溶液的浓度。

$$[\eta] = KM^a \tag{4-5}$$

式中，M 为聚合物分子量；K 为常数值，30℃下丙烯酰胺类共聚物 K 值为 6.31×10^{-3} mL/g；a 为常数值，30℃下丙烯酰胺类共聚物 a 值为 0.8。

4.4.2　poly（AM/APEG/MAC）特性黏数及分子量测定

poly（AM/APEG/MAC）溶液的流出时间如表 4-5 所示。

表 4-5　poly（AM/APEG/MAC）溶液的流出时间

溶剂加量/mL	相对浓度 C	溶液流出时间 t/s			
		t_1	t_2	t_3	T
0	1	142.11	142.05	142.17	142.11
5	0.75	131.27	131.34	131.35	131.32

续表

溶剂加量/mL	相对浓度 C	溶液流出时间 t/s			
		t_1	t_2	t_3	T
5	0.6	124.74	124.76	124.83	124.77
10	0.42	118.40	118.37	118.35	118.37
10	0.33	114.63	115.01	115.05	114.89
1mol/L 的 NaCl 溶液		101.44	101.6	101.58	101.54

注：条件：T=30℃；乌氏黏度计毛细管直径 d=0.55 cm；聚合物溶液浓度为 0.001g/mL。

根据聚合物流出时间计算聚合物溶液相应的相对黏度、增比黏度，结果如表 4-6 所示。

表 4-6　poly（AM/APEG/MAC）的相对黏度和增比黏度

浓度/(g/mL)	t 溶液/s	η_r	η_{sp}	η_{sp}/c	$\ln\eta_r/c$
0.001	142.11	1.399547	0.399547	399.547	336.1486
0.00075	131.32	1.293283	0.293283	391.0446	342.9124
0.00060	124.77	1.228842	0.228842	381.4042	343.4544
0.000429	118.37	1.165780	0.165780	386.8211	357.9119
0.000333	114.89	1.131475	0.131475	394.4653	370.6041

将 η_{sp}/c-c 和 $\ln\eta_r/c$-c 按直线关系进行拟合并外推至 c=0（图 4-8），得到的结果分别为 382.7 和 379.4，取其平均值为 381.05，即该聚合物的特性黏数 $[\eta]$ 为 381.05mL/g。根据 Mark-Houwink 经验公式：计算得 M=9.4×10^5，因此所合成的聚合物 poly（AM/APEG/MAC）的黏均分子量为 9.4×10^5。

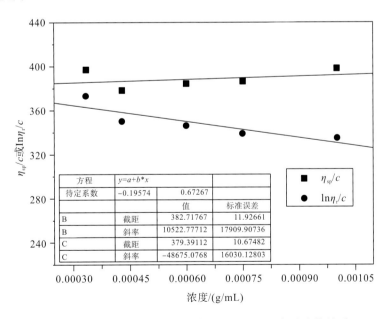

图 4-8　poly（AM/APEG/MAC）的 η_{sp}/c 和 $\ln\eta_r/c$ 与浓度的关系

4.4.3　poly(AM/APEG/MAC/AMPS)特性黏数及分子量测定

poly(AM/APEG/MAC/AMPS)溶液的流出时间可见表 4-7。

表 4-7　poly(AM/APEG/MAC/AMPS)溶液的流出时间

溶剂加量/mL	相对浓度 C	溶液流出时间 t/s			
		t_1	t_2	t_3	t
0	1.000	124.61	124.75	124.57	125.04
5	0.667	117.57	117.5	117.55	116.24
5	0.500	112.94	113.06	113.13	113.74
10	0.333	108.22	108.17	108.05	108.74
10	0.250	106.19	106.15	106.11	106.44
1mol/L 的 NaCl 溶液		101.44	102.5	101.58	101.54

注：流出时间：T=30℃；乌氏黏度计毛细管直径 d=0.55 cm；聚合物溶液浓度为 0.001g/ml。

根据聚合物流出时间计算聚合物溶液相应的相对黏度、增比黏度，见表 4-8。

表 4-8　poly(AM/APEG/MAC/AMPS)的相对黏度和增比黏度

浓度/(g/mL)	t 溶液/s	η_r	η_{sp}	η_{sp}/c	$\ln\eta_r/c$
0.001	124.64	1.227497	0.227497	227.4966	204.9768
0.00067	117.54	1.157573	0.157573	235.1841	218.3969
0.0005	113.04	1.113256	0.113256	226.5117	214.5779
0.0003	108.15	1.065097	0.065097	216.9917	210.2211
0.00025	106.15	1.045401	0.045401	181.6033	177.6015

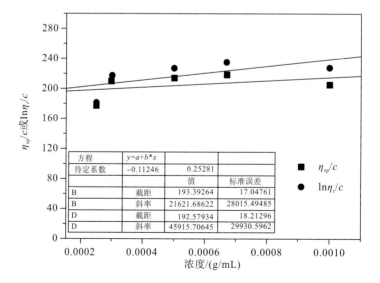

图 4-9　poly(AM/APEG/MAC/AMPS)的 η_{sp}/c 和 $\ln\eta_r/c$ 与浓度的关系

将 η_{sp}/c-c 和 $\ln\eta_r/c$-c 按直线关系进行拟合并外推至 $c=0$（图 4-9），得到的结果分别为 193.4 和 192.5，取其平均值为 192.95，即该聚合物的特性黏数$[\eta]$为 192.95 mL/g。根据 Mark-Houwink 经验公式：计算得到 $M=4.0\times10^5$，因此所合成聚合物 poly（AM/APEG/MAC/AMPS）的黏均分子量为 4.0×10^5。

4.5　聚合物水化抑制剂抑制性能

4.5.1　浓度对聚合物抑制性能的影响

聚合物浓度与抑制能力的关系能够一定程度上反映聚合物抑制作用的特点。在相同条件下测定不同浓度的 poly（AM/APEG/MAC）和 poly（AM/APEG/MAC/AMPS）的防膨率，结果如图 4-10 所示。

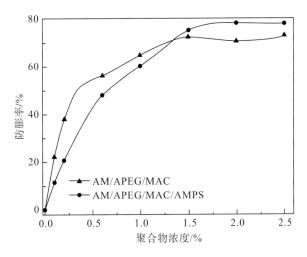

图 4-10　聚合物浓度对防膨率的影响

从图 4-10 可以发现，当聚合物浓度小于 1.0%时聚合物防膨率随着两种聚合物浓度的增加不断升高，且 poly（AM/APEG/MAC/AMPS）的防膨率小于 poly（AM/APEG/MAC），但是当聚合物浓度超过 1.5%后 poly（AM/APEG/MAC/AMPS）的防膨率大于 poly（AM/APEG/MAC），当聚合物溶液浓度为 2%时，两种聚合物均基本达到极限防膨率，poly（AM/APEG/MAC/AMPS）的防膨率为 79%，明显优于 poly（AM/APEG/MAC）的防膨率（72%）。这可能是由于 poly（AM/APEG/MAC）的分子量比 poly（AM/APEG/MAC/AMPS）大，在浓度较低时，poly（AM/APEG/MAC）相比 poly（AM/APEG/MAC/AMPS）具有更强的吸附和包被能力。但随着浓度的增加，poly（AM/APEG/MAC/AMPS）的吸附和包被作用也不断增强，而由于强水化基团磺酸基的引入，poly（AM/APEG/MAC/AMPS）具有更多强水化基团，使得其形成溶剂化膜的能力更强，在高浓度条件下包被作用更为显著，抑制效果更好。

4.5.2 聚合物水化抑制剂的抗温性能

随着地层埋深的加深,地层温度也会不断地升高。高温下,聚合物容易发生水解、降解等作用,使聚合物分子性能降低。这就要求聚合物需要具有较好的抗温能力。通过研究 poly(AM/APEG/MAC) 和 poly(AM/APEG/MAC/AMPS) 在不同温度下的防膨率,可以一定程度上反映所合成的两种聚合物的抗温能力。

将 poly(AM/APEG/MAC/AMPS) 和 poly(AM/APEG/MAC) 配成 2.0% 的水溶液,在不同温度条件下测定聚合物的防膨率,结果如图 4-11 所示。

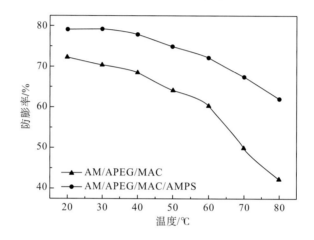

图 4-11　温度对聚合物水化抑制剂防膨率的影响

从图 4-11 可以发现,温度在 20~80℃时,两种聚合物的抑制能力都随温度的升高而逐渐下降。但 poly(AM/APEG/MAC/AMPS) 的下降幅度要明显低于 poly(AM/APEG/MAC)。当温度达到 80℃时,poly(AM/APEG/MAC/AMPS) 的防膨率下仅降了 22%。相同温度下,poly(AM/APEG/MAC) 的防膨率降幅较为明显。结果表明 poly(AM/APEG/MAC/AMPS) 的抗温能力明显优于 poly(AM/APEG/MAC)。

4.5.3 聚合物水化抑制剂的抗盐性能

前文的研究已经发现,长链聚合物分子无法直接有效地抑制黏土的晶层间距的膨胀,所以必须与无机盐如 KCl 进行复配。聚合物存在聚电解质效应,在无机盐离子的作用下长链聚合物分子容易发生卷曲,使得聚合物的抑制能力大大降低。因而聚合物的抗盐性能是聚合物水化抑制剂性能评价中的重要指标。

将 poly(AM/APEG/MAC) 和 poly(AM/APEG/MAC/AMPS) 配制成 2% 的溶液与不同浓度的 KCl 复配后测定各溶液的防膨率,结果如图 4-12 所示。从图中可以发现,在两种聚合物溶液中加入少量 KCl,聚合物溶液的防膨率都明显升高,当 KCl 浓度小于 0.5% 时,两种聚合物的防膨率都呈上升趋势,远大于单独的聚合物溶液。但是当 KCl 浓度超过 0.5% 后,防膨率开始下降。这是因为 KCl 的加入一方面可以平衡伊利石的负电荷,对复配体系抑制能力产生积极作用。但另一方面，由于电解质效应，KCl 会屏蔽聚合物分子上的离子基团，降低聚合物分子链上同性离子基团之间的排斥力，使得柔性聚合物分子卷曲成团，一定程度上又减弱了聚合物水化抑制剂的抑制作用，给复配体系产生负面作用。一定范围内，KCl 的浓度越高，聚合物电解质效应也越严重。复配体系的抑制性能实际上是这两种作用共同影响的结果。

相比而言，poly（AM/APEG/MAC/AMPS）的抗盐能力较 poly（AM/APEG/MAC）更强。当 KCl 浓度在超过 0.7% 时，防膨率才开始明显下降，且下降幅度明显小于 poly（AM/APEG/MAC）。这可能是由于在 poly（AM/APEG/MAC/AMPS）中引入的强水化基团磺酸基，其水化后形成了较厚的水分子膜，进一步增强了聚合物分子的刚性。同时，由于 poly（AM/APEG/MAC/AMPS）分子链上同时存在正负两种电荷，在水溶液中分子链上的某些正负离子基团会相互吸引，使分子链原本就存在一定程度的卷曲，当无机盐被加到 poly（AM/APEG/MAC/AMPS）溶液中，一方面会屏蔽分子链上的离子基团，使分子链发生卷曲，另一方面又会阻断那些原本就相互吸引的离子基团，间的连接，使分子链舒展，从而一定程度上减弱聚合物分子的电解质效应。宏观上就表现为抗盐能力更强。

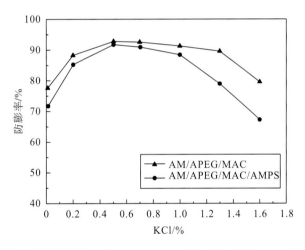

图 4-12　KCl 浓度对聚合物水化抑制剂防膨率的影响

4.5.4　聚合物水化抑制剂对伊利石水化的抑制性能

伊利石快速增加的膨胀应力是页岩水化次生裂纹形成和扩展的最主要原因，因而所合成的水化抑制剂对伊利石水化膨胀应力的抑制能力是评价其抑制性能的关键指标。

分别将 poly（AM/APEG/MAC）和 poly（AM/APEG/MAC/AMPS）配制成不同浓度的溶液，测定伊利石在各溶液中的膨胀应力，结果如图 4-13 和图 4-14 所示。图 4-13 为伊利石在聚合物溶液及去离子水中的膨胀应力曲线。可以发现，所合成的两种聚合物对伊利石的膨胀应力都有比较明显的抑制作用，都可以有效减小伊利石的膨胀应力和膨胀速度。在 0.5% 的 poly（AM/APEG/MAC/AMPS）和 poly（AM/APEG/MAC）的作用下伊利石的膨胀应力分别下降了 52% 和 49%。

图 4-14 为两种聚合物的浓度对伊利石膨胀应力的影响，由图可以发现，聚合物浓度

与伊利石膨胀应力的关系与前述聚合物浓度与防膨率的关系相似。与在浓度较小时，poly（AM/APEG/MAC）对伊利石膨胀应力的抑制效果较好，但随着浓度的增加，poly（AM/APEG/MAC/AMPS）抑制伊利石膨胀应力的能力也随之增加，抑制伊利石膨胀应力的效果逐渐超过 poly（AM/APEG/MAC）。

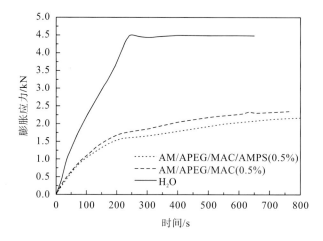

图 4-13　伊利石在不同溶液中的膨胀应力

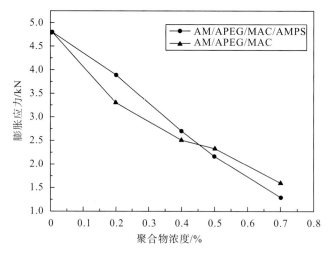

图 4-14　聚合物浓度对伊利石膨胀应力的影响

　　分别用浓度为 0.5%的 poly（AM/APEG/MAC/AMPS）和 poly（AM/APEG/MAC）溶液与不同浓度的 KCl 溶液复配，测定复配溶液中伊利石的膨胀应力，从而研究 KCl 溶液对所合成的聚合物抑制伊利石膨胀能力的影响。结果如图 4-15 所示。从结果可以发现，测试所得结果与前述所得结果有相似的规律，在聚合物溶液中加入少量 KCl 溶液，两种聚合物中伊利石的膨胀应力减小，但随着 KCl 溶液浓度超过一定值，复配体系中伊利石的膨胀应力值反而快速升高。但总体上看，poly（AM/APEG/MAC）与 KCl 溶液的复配能力明显弱于 poly（AM/APEG/MAC/AMPS）。0.5%的 poly（AM/APEG/MAC）和 poly（AM/APEG/

MAC/AMPS)与 0.4%的 KCl 溶液复配时抑制效果均达到最好,此时伊利石的膨胀应力分别下降了 59%和 63%。

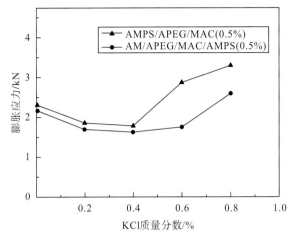

图 4-15　KCl/聚合物复配溶液对伊利石膨胀应力的影响

4.5.5　聚合物水化抑制剂对页岩的水化控制性能

页岩的水化作用造成岩石微观结构的改变,导致岩石的力学性能下降。为了研究合成的聚合物水化抑制剂对页岩水化作用的抑制能力,选择压入硬度作为评价页岩水化程度的评价指标。

按垂直层理方向钻取页岩岩心,将所制岩心完全浸泡在测试溶液中,在 80℃条件下放置 24h 后取出岩心,在压入硬度测试仪上进行硬度测试(图 4-16)。其中压入硬度按式(4-6)计算。

$$I_h = \frac{F_m}{A} \times 1000 \tag{4-6}$$

式中,I_h 为压入硬度;F_m 为所测岩心破坏前硬度仪记录的最大加载载荷;A 为压头与岩心端面的接触面积。

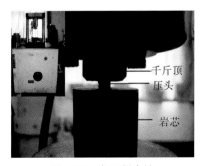

图 4-16　岩石硬度计

将所钻取的页岩岩心浸泡在去离子水、不同浓度的聚合物水化抑制剂溶液,以及聚合物与 KCl 的复配溶液中。24h 后测定不同溶液中岩心的压入硬度。结果如图 4-17～图 4-19、

表 4-9 所示。

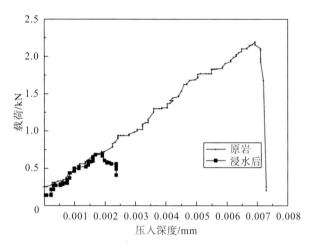

图 4-17　原岩和去离子水浸泡后的岩心的压入硬度曲线

图 4-17 为原岩、水浸泡后岩心的压入硬度曲线，由结果可以直观发现：测试岩样在水浸泡后，所能承受的最大载荷大大降低。

图 4-18 为去离子水、两种聚合物溶液浸泡后的岩样对比图。图中 #1、#2、#3 岩样分别浸泡在去离子水，3%的 poly（AM/APEG/MAC）溶液和 poly（AM/APEG/MAC/AMPS）溶液中。图 4-19 为三块岩心的压入硬度曲线。

图 4-18　水与聚合物溶液浸泡前后的岩心对比

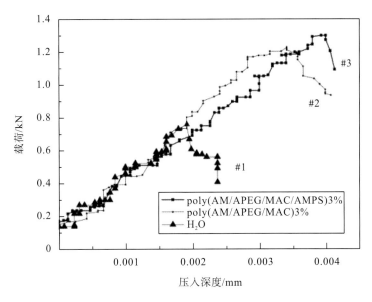

图 4-19　聚合物溶液浸泡后的压入硬度曲线

　　从图 4-18 中可以发现，在去离子水中浸泡后的 1 号岩样形成了明显的裂缝，出现了掉块现象。结合图 4-18 中的压入硬度曲线可以发现，水浸泡后的 1 号岩心破坏前所能承受的载荷很小。在载荷作用下，岩石内部水化形成的裂纹很快就开始扩展，导致岩样在较小载荷下就发生了破坏，并且测试后的岩样也表现得相对破碎。相反，在两种聚合物溶液中浸泡后的 2 号、3 号岩样则保持完好，没有出现明显裂纹发育的情况，压入硬度测试后，2号、3 号岩样也较水浸泡后的 1 号岩样更完好。并且从图 4-19 中的压入硬度曲线可以发现，在两种聚合物溶液中浸泡的岩心所能承受的最大载荷与去离子水中的岩心相比得到了明显的提升。相同浓度下 poly（AM/APEG/MAC/AMPS）测试结果好于 poly（AM/APEG/MAC）。

　　表 4-9 为水、不同浓度的聚合物以及聚合物与 KCl 的复配溶液浸泡后的压入硬度。由表 4-9 可知，在去离子水中浸泡后，由于页岩的水化作用，岩心的压入硬度下降明显，压入硬度保留率仅为 35.7%。在两种聚合溶液中浸泡后的岩心压入硬度有所提高，浓度越高，效果越好。同时，两种聚合物与 0.5%的 KCl 溶液复配后测试岩样的压入硬度进一步提高，poly（AM/APEG/MAC）和 poly（AM/APEG/MAC/AMPS）与 KCl 的复配溶液浸泡后的岩样最终的压入硬度保留率分别为 58%和 69%。

表 4-9　聚合物水化抑制剂浸泡后岩心压入硬度测试结果

序号	测试溶液	最大载荷/kN	压入硬度/MPa
1	原岩	2.146	482.47
2	去离子水	0.766	172.63
3	AM/APEG/MAC（1%）	0.896	201.4
4	AM/APEG/MAC（2%）	1.149	258.36
5	AM/APEG/MAC（3%）	1.219	264.12
6	AM/APEG/MAC（3%）+KCl（0.5%）	1.316	286.80

续表

序号	测试溶液	最大载荷/kN	压入硬度/MPa
7	AM/APEG/MAC/AMPS（1%）	1.247	280.23
8	AM/APEG/MAC/AMPS（2%）	1.281	287.87
9	AM/APEG/MAC/AMPS（3%）	1.296	291.27
10	AM/APEG/MAC/AMPS（3%）+KCl(0.5%)	1.479	332.34

poly（AM/APEG/MAC/AMPS）比 poly（AM/APEG/MAC）对页岩水化的抑制效果好，一方面是由于两种聚合物在抑制伊利石水化能力有所差距。但另一个重要的原因在于 poly（AM/APEG/MAC）的分子量较 poly（AM/APEG/MAC/AMPS）大得多，能够有效进入岩石内部的分子较少，使得在当 poly（AM/APEG/MAC）浓度较低时页岩的压入硬度较低。但随着聚合物浓度的升高，小分子的聚合物数量也相应增加，同时聚合物浓度的增加也提高了外部溶液的黏度，一定程度上减弱了硬脆性页岩的自吸效应，所以表现出压入硬度随着聚合物浓度逐渐升高的现象。

选用化学抑制的方法控制硬脆性页岩的水化作用，通过水溶液自由基聚合合成了两种硬脆性页岩水化抑制剂 poly（AM/APEG/MAC）和 poly（AM/APEG/MAC/AMPS）。优化了两种聚物的合成条件，确定了所合成聚合物水化抑制剂的分子量，分别对两种聚合物的抑制能力进行了评价。结果表明：

（1）poly（AM/APEG/MAC）和 poly（AM/APEG/MAC/AMPS）的特性黏数分别为 381.05mL/g 和 192.95 mL/g，对应的黏均分子量为 9.6×10^5 和 4.0×10^5。

（2）所合成的两种聚合物 poly（AM/APEG/MAC/AMPS）和 poly（AM/APEG/MAC）对膨润土、伊利石都有较好的抑制作用。由于强水化的磺酸盐基团的引入，使 poly（AM/APEG/MAC/AMPS）能够形成较厚的溶剂化膜，包被作用更强，抑制能力更好。同时也使聚合物分子不易卷曲、降解，提升了聚合物水化抑制剂抗温抗盐的能力。

（3）所合成的两种聚合物对硬脆性页岩的水化都有一定的控制作用，poly（AM/APEG/MAC/AMPS）和 poly（AM/APEG/MAC）与 KCl 的复配溶液能分别将硬脆性页岩在水中的压入硬度保留率由 35.7%提高至 69%和 58%。但是由于 poly（AM/APEG/MAC）的分子量较大，在硬脆性页岩孔隙内渗流能力弱，使其作用效果比 poly（AM/APEG/MAC/AMPS）差。

第5章 页岩地层水平井井壁稳定性评价

钻井过程中，页岩地层井壁坍塌常见，严重制约了页岩气的安全、低成本有效开发。页岩地层井壁失稳是力学-化学等多因素综合作用的结果，但最终量化地反映在井周地层的坍塌压力和破裂压力变化上，因此，开展井壁稳定性评价方法研究非常重要。本章综合化学和力学耦合作用，优选页岩强度准则，系统分析并阐述了井壁稳定性评价方法。

5.1 页岩气层岩石强度准则

页岩气层岩石性脆，钻井过程中井周地层常被自身发育的层理、节理、裂隙等结构面切割，形成复杂的不连续层状介质。层理面、节理、裂隙的力学强度一般低于岩石基本强度，当井周地层失稳时，失稳岩体将沿结构面或由结构面与岩桥组合形成的面滑动。因此，层理、裂缝等结构面发育的硬脆性页岩地层中进行井壁失稳分析，须综合考虑岩石自身和结构面力学特性，而目前在石油工程与岩石力学领域被广泛应用的莫尔-库仑（Mohr-Coulomb）强度准则、德鲁克-普拉格（Drucker-Prager）强度准则都难以很好地描述、判定这类岩体的破坏失稳。

5.1.1 弱面强度理论

Jaeger（1960）基于莫尔-库仑强度理论，提出了岩石单弱面理论，认为压力状态下软弱结构面发育岩石的破坏形式表现为两种：沿着结构面的剪切滑移破坏和沿其他方向岩石基体的破坏（图5-1）。

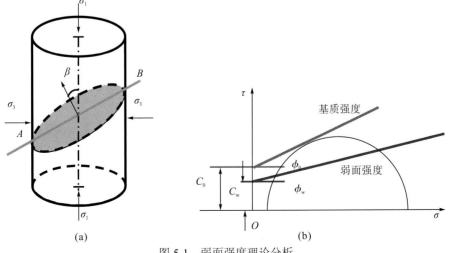

图 5-1 弱面强度理论分析

5.1.1.1 岩石基体破坏判定

依据莫尔-库仑准则,岩石发生剪切破坏时,剪切面上的剪力必须克服内聚力 c 和作用于剪切面上的内摩擦力。

$$\tau \geq c + \sigma_n \operatorname{tg}\varphi \tag{5-1}$$

式中, τ 、 σ_n 分别为剪切面上的剪应力与正应力; c 、 φ 分别为岩石的黏聚力与内摩擦角。

由

$$\begin{cases} \tau = \dfrac{\sigma_1 - \sigma_3}{2}\cos\beta \\ \sigma_n = \dfrac{\sigma_1 + \sigma_3}{2} - \dfrac{\sigma_1 - \sigma_3}{2}\sin\beta \end{cases} \tag{5-2}$$

其中,对于井周围柱坐标系 $\sigma_1 = \max(\sigma_r, \sigma_\theta, \sigma_z), \sigma_3 = \min(\sigma_r, \sigma_\theta, \sigma_z)$,则由式(5-1)和式(5-2)可求出任意井眼所对应的地层坍塌压力大小。

5.1.1.2 软弱结构面剪切滑移破坏判定

对于结构面(层理、微裂缝等)发育的硬脆性页岩地层,依据摩尔应力圆理论,结构面的正应力 σ_{fn} 与剪应力 τ_{fn} 大小可由式(5-3)确定。

$$\begin{cases} \sigma_{fn} = \dfrac{1}{2}(\sigma_1 + \sigma_3) + \dfrac{1}{2}(\sigma_1 - \sigma_3)\cos 2\beta \\ \tau_{fn} = \dfrac{1}{2}(\sigma_1 - \sigma_3)\sin 2\beta \end{cases} \tag{5-3}$$

式中, σ_1 、 σ_3 分别为最大主应力、最小主应力,依 σ_θ 、 σ_r 与 σ_z 的相对大小确定; β 为结构面(法线方向)与最大主应力方向夹角。

不同应力状态下,依据空间几何关系, β 可由式(5-4)和式(5-5)求得。

当 $\sigma_z > \sigma_\theta \geq \sigma_r$ 或 $\sigma_z > \sigma_r \geq \sigma_\theta$ 时, $\beta = \arccos\left(\dfrac{n_z \cdot N_f}{|N_f| \cdot |n_z|}\right)$ $\tag{5-4}$

当 $\sigma_\theta > \sigma_z \geq \sigma_r$ 或 $\sigma_\theta > \sigma_r \geq \sigma_z$ 时, $\beta = \arccos\left(\dfrac{n_\theta \cdot N_f}{|N_f| \cdot |n_\theta|}\right)$ $\tag{5-5}$

式中, N_f 为结构面法向的方向矢量; n_θ 、 n_r 、 n_z 分别为主应力 σ_θ 、 σ_r 、 σ_z 的方向矢量,在以最大主应力方向为坐标 x 轴建立的直角坐标系中,可分别由式(5-6)、式(5-7)确定。

$$N_f = -i\sin\gamma\sin\alpha - j\sin\gamma\cos\alpha + k\cos\gamma \tag{5-6}$$

$$\begin{cases} n_\theta = -i\sin\theta + j\cos\theta \\ n_r = i\cos\theta + j\sin\theta \\ n_z = k \end{cases} \tag{5-7}$$

式中, α 、 γ 分别为结构面的走向(由原地水平最大主应力方向逆时针旋至结构面走向方向的方位角)及倾角。

结构面对岩体强度的影响与结构面的产状密切相关,由摩尔-库仑理论可得,当结构面(法线方向)与井壁最大主应力方向的夹角 β 满足 $\beta < \beta_1$ 或 $\beta > \beta_2$ 时,岩体强度取决于基体岩块强度,而与结构面的存在无关。其中 β_1、β_2 可通过式(5-8)确定,式中 φ_f、c_f 分别为结构面的内摩擦角与内聚力。

$$\begin{cases} \beta_1 = \dfrac{\varphi_f}{2} + \dfrac{1}{2}\arcsin\left[\dfrac{(\sigma_1 + \sigma_3 + 2c_f \cot\phi_f)\sin\varphi_f}{\sigma_1 - \sigma_3}\right] \\ \beta_2 = \dfrac{\pi}{2} + \dfrac{\varphi_f}{2} - \dfrac{1}{2}\arcsin\left[\dfrac{(\sigma_1 + \sigma_3 + 2c_f \cot\phi_f)\sin\varphi_f}{\sigma_1 - \sigma_3}\right] \end{cases} \tag{5-8}$$

当结构面产状与应力状态的组合关系满足 $\beta_1 < \beta < \beta_2$ 时,结构面将先于岩石本体发生破坏。由式(5-1)以及式(5-3)~式(5-8)可导出层理面发育情况下任意井眼对应的地层坍塌压力大小。

结构面的内聚力、内摩擦角是该强度理论的关键参数,对页岩层理面而言,由于其空间延伸相对较为稳定,其内聚力、内摩擦角可由沿层理的直接剪切实验获取,进而可利用该理论实现该类岩石的强度评价、失稳破坏分析。

对于多组结构面发育的井下页岩地层,由于结构面(层理、微裂缝等)的发育程度、几何形态、组合特征及其力学参数(内聚力、内摩擦角)不易获取,无法对井周岩石的稳定状态沿井筒实现连续评价。因此,目前弱面强度理论多局限于理论研究、室内评价及层理单一的地层评价,而对于层理、微裂缝高度发育的非均质页岩地层,则难以有效进行井下工程应用。

5.1.2　Hoek-Brown 强度准则

霍克-布朗(Hoek-Brown)强度准则综合考虑了岩体结构、岩块强度、应力状态等多种因素的影响,不仅能更好地反映岩体的非线性破坏特征,而且能解释低应力区和拉应力区对结构面发育岩体强度的影响,符合岩体的变形特征和破坏特征,已在边坡、隧洞等岩体工程中得到成功应用。本节在已有研究基础上,充分考虑页岩气水平井的工程、地质特点,综合物理测试、数值模拟等研究手段,研究并建立强度准则参数 m_b、s、a 的取值、量化评价方法,进而基于 Hoek-Brown 准则实现页岩气井井壁稳定性的科学合理评价。

5.1.2.1　Hoek-Brown 强度准则的概念

从 1980 年首次被提出以来,Hoek-Brown 强度准则经过多次改进,已由根据 Bieniawski 的 RMR 估计材料常数 m_b 和 s 值,发展到根据岩体地质强度指标(geological strength index,GSI)估计 m_b 和 s 值。GSI 根据岩体结构、岩体中岩块的嵌锁状态和岩体中不连续面质量,综合各种地质信息进行估值,用以评价不同地质条件下的岩体强度,突破了 RMR 法中 RMR 值在质量极差的破碎岩体结构中无法提供准确值的局限性,使得该准则从坚硬岩体强度评价扩展到极差质量岩体强度评价。建立在 GSI 基础上的广义 Hoek-Brown 强度准则关系表达式为

$$\sigma_1' = \sigma_3' + \sigma_{ci}\left(m_b \frac{\sigma_3'}{\sigma_{ci}} + s\right)^a \tag{5-9}$$

式中，σ_1'、σ_3' 分别为岩体破坏时的最大和最小有效主应力，压为正；σ_{ci} 为岩块单轴抗压强度；m_b 为岩体常数，与完整岩石的 m_i 相关；s、a 为取决于岩体特性的系数。

当 $\sigma_3' = 0$ 时，即为岩体的单轴抗压强度 $\sigma_1' = \sigma_{ci} s^a$

对完整或极度破碎的各向异性岩体，可通过式（5-10）和式（5-11）等效为 Mohr-Coulomb 强度准则。

$$\phi = \sin^{-1}\left[\frac{6am_b(s+m_b\sigma_{3n}')^{a-1}}{2(1+a)(2+a)+6am_b(s+m_b\sigma_{3n}')^{a-1}}\right] \tag{5-10}$$

$$c = \frac{\sigma_{ci}\left[(1+2a)s+(1-a)m_b\sigma_{3n}'\right](s+m_b\sigma_{3n}')^{a-1}}{(1+a)(2+a)\sqrt{1+\left[6am_b(s+m_b\sigma_{3n}')^{a-1}\right]/\left[(1+a)(2+a)\right]}} \tag{5-11}$$

式（5-10）和式（5-11）中，$\sigma_{3n}' = \sigma_{3max}'/\sigma_{ci}$。其中，$\sigma_{3max}'$ 为最小主应力的上限值。

5.1.2.2　基于岩体 GSI 的 Hoek-Brown 强度准则参数确定方法

结合工程地质分析，岩土工程界目前多采用岩体的 GSI 来确定 Hoek-Brown 准则的系数，并已在边坡、隧洞等工程中得到成功应用。根据 Hoek-Brown 强度理论，Hoek-Brown 强度准则参数可根据岩体的 GSI 通过下式确定：

$$m_b = m_f \exp\left[(GSI-100)/(28-14D)\right] \tag{5-12}$$

$$s = \exp\left[(GSI-100)/(9-3D)\right] \tag{5-13}$$

$$a - \frac{1}{2} + \frac{1}{6}\left(e^{-GSI/15} - e^{-20/3}\right) \tag{5-14}$$

式中，D 为岩体扰动参数，表征了应力松弛、释放对节理岩体的扰动程度，它从非扰动岩体的 $D=0$ 变化到扰动性很强的岩体的 $D=1$。在钻井工程中，考虑到钻开地层导致井周围岩应力释放明显，参照 Hoek 等的相关研究，D 可取为 0.7。

合理准确评价井周岩体的 GSI 取值是利用该强度准则进行井周地层失稳判定的关键，GSI 指标的确定主要基于岩体的岩性、结构类型和结构面条件等因素。土耳其学者 Sonmez 和 Ulusay 首次提出对 GSI 系统进行量化，此后，结合不同的工程需求，相关学者从评价因素指标、评价方法等方面对量化 GSI 系统进行了不断修改、完善。

在 Sonmez 量化 GSI 系统中，主要考虑了两个因素，即基于体积节理数 J_v 的岩体结构等级（structure rating，SR）和结构面表面特征等级（surface condition rating，SCR），由此确定 GSI 值，如表 5-1 所示。

SCR 的取值：参照岩体质量分级（RMR）系统中结构面特征的评分标准，考虑到深部井周岩体的实际状况，SCR 的取值也主要考虑结构面的粗糙度 R_r（roughness ratings）、风化程度 R_w（weathering ratings）及充填物状况 R_f（infilling ratings），并按下式取值：

$$SCR = R_r + R_w + R_f \tag{5-15}$$

岩体结构等级（SR）的取值：SR 值主要利用体积节理数 J_v，通过半对数图表（图 5-2）进行取值。SR 值为 $0\sim100$。

表 5-1　GSI 取值量化表

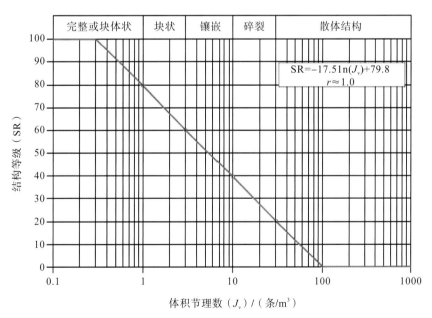

图 5-2　结构面表面特征评分标准

体积节理数 J_v（volumetric joint count）是指单位体积岩体内所交切的节理总数，是国际岩石力学委员会（International Society for Rock Mechanics，ISRM）推荐用来定量评价岩体节理化程度和单元岩体的块度的一个指标，可用下式表示：

$$J_v = \frac{N_1}{L_1} + \frac{N_2}{L_2} + \cdots \frac{N_n}{L_n} \tag{5-16}$$

式中，J_v 为岩体体积节理数(条/m³)；N_i 为沿某一测线的节理数；L_i 为测线的长度(m)；n 为节理的组数。

另外，对于发育多组节理的岩体，岩体结构模式很难确定，且确定节理间距相当困难，这时可认为岩体是各向同性的，用上式不能确定 J_v 的值，此时，岩体体积节理数可表达如下：

$$J_v = \left(\frac{N}{L}\right)^3 \tag{5-17}$$

5.1.2.3　基于岩石力学试验的 Hoek-Brown 强度准则参数确定方法

考虑到井周地层三个主应力通常为压应力，依据 Hoek 等研究成果，可以对式(5-9)中 a 取为 0.5，则

$$\sigma_1' = \sigma_3' + \sigma_{ci}\sqrt{m_b\sigma_3'\big/\sigma_{ci} + s} \tag{5-18}$$

对于完整岩石，$s=1$、$m_b=m_i$；对于节理岩体 $0 \leqslant s < 1$，$m_b < m_i$。岩块单轴抗压强度 σ_{ci}、岩体常数 m_b 以及岩体 s 可根据试验资料，通过数理统计的回归分析方法得到。

1. 基于室内三轴试验确定强度准则参数

对完整岩块，一般先假定 $s=1$，利用室内三轴试验数据，回归计算得到 σ_{ci}、m_i。令 $x=\sigma_3$、$y=\sigma_1-\sigma_3$，对 x、y 进行回归可得：

$$\sigma_{ci}^2 = \frac{\sum y_i}{n} - \left[\frac{\sum x_i y_i - \dfrac{\sum x_i \sum y_i}{n}}{\sum x_i^2 - \dfrac{\left(\sum x_i\right)^2}{n}}\right]\frac{\sum x_i}{n} \tag{5-19}$$

$$m_i = \frac{1}{\sigma_{ci}}\left[\frac{\sum x_i \sum y_i - \dfrac{\sum x_i \sum y_i}{n}}{\sum x_i^2 - \dfrac{\left(\sum x_i\right)^2}{n}}\right] \tag{5-20}$$

式中，x_i 和 y_i 为对应的一组数据；n 为成对的数据组数，建议不小于 5。

$$s = \frac{\dfrac{1}{n}\sum y_i - \dfrac{1}{n}m_i\sigma_{ci}\sum x_i}{\sigma_{ci}^2} \tag{5-21}$$

若计算得到的 s 值小于零，则令 $s=0$，表示其为破碎岩体。线性分析中 x_i 和 y_i 的相关系数 r 为

$$r^2 = \frac{\left[\sum x_i y_i - \dfrac{\sum x_i \sum y_i}{n}\right]^2}{\left[\sum x_i^2 - \dfrac{\left(\sum x_i\right)^2}{n}\right]\left[\sum y_i^2 - \dfrac{\left(\sum y_i\right)^2}{n}\right]} \tag{5-22}$$

2. 基于直剪试验确定强度准则参数

由正应力和主应力之间的转化关系：

$$\sigma_1 = \sigma + \tau \frac{1 - \cos(90° + \varphi_i)}{\sin(90° + \varphi_i)}, \quad i = 1,2,3 \tag{5-23}$$

$$\sigma_3 = \sigma - \tau \frac{1 + \cos(90° + \varphi_i)}{\sin(90° + \varphi_i)}, \quad i = 1,2,3, \tag{5-24}$$

视 σ_{ci} 为常数，进而根据 Hoek-Brown 准则的变化形式：

$$\left[\frac{\sigma_1 - \sigma_3}{\sigma_c}\right]^2 = m \frac{\sigma_3}{\sigma_c} + s \tag{5-25}$$

在坐标系 $\left[\dfrac{\sigma_1 - \sigma_3}{\sigma_c}\right]^2$、$\dfrac{\sigma_3}{\sigma_c}$ 中进行统计分析可确定 m_b、s 的值。

5.1.2.4　基于数值及室内实验的准则系数的确定

由于井眼与边坡、隧洞等地表岩土工程存在尺度差异，考虑到岩体结构的尺度效应影响，目前已有的基于 GSI 的 m_b、s、a 无法直接应用于井周岩体稳定性分析中。井周地层三个主应力通常为压应力，依据 Hoek 等研究成果，既可应用式(5-9)进行井周岩体的稳定性判定，此时仅需确定 m_b、s 的取值。

通过野外硬脆性页岩露头及岩心试样观察，选取裂隙密度及裂隙组数作为评价 m_b、s 取值大小的指标。并定义裂隙发育指数如下：

$$J = \sum 2J_d J_s \tag{5-26}$$

式中，J_d、J_s 分别为裂隙的线密度及发育组数。

在已有三轴实验测试基础上，构建不同程度裂缝发育的岩心数值模型，对其进行三轴压缩数值仿真模拟，部分模型及数值模拟结果如图 5-3～图 5-5 所示。

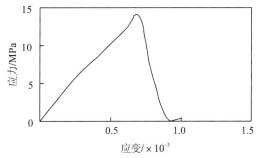

（a）破坏前　　　　（b）破坏后　　　　　　（c）加载应力应变曲线

图 5-3　双缝发育泥页岩压缩测试数值仿真模拟及应力-应变曲线

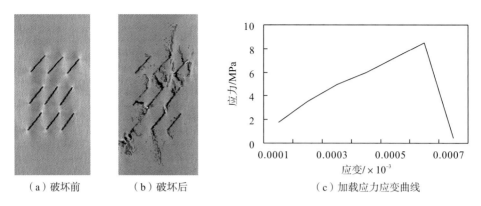

（a）破坏前　　　（b）破坏后　　　（c）加载应力应变曲线

图 5-4　九条缝发育泥页岩压缩测试数值仿真模拟及应力-应变曲线

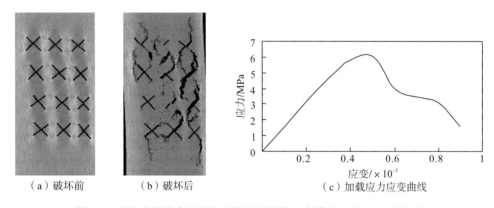

（a）破坏前　　　（b）破坏后　　　（c）加载应力应变曲线

图 5-5　两组多缝发育泥页岩压缩测试数值仿真模拟及应力-应变曲线

综合岩石三轴压缩实验结果及数值模拟分析结果，可得到参数 m_b、s 取值与裂隙发育指数(J)间存在较好的关系，如图 5-6、图 5-7 所示。m_b、s 可由 J 通过下式确定：

$$m = 0.134\ln(J_v) + 0.9338 , \quad R^2 = 0.9723 \tag{5-27}$$

$$s = -0.9462\ln(J_v) + 10.156 , \quad R^2 = 0.9923 \tag{5-28}$$

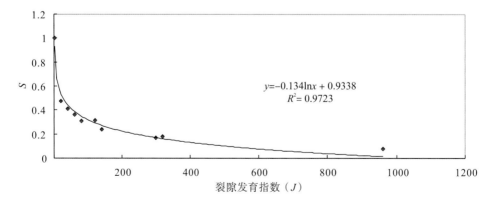

图 5-6　参数 s 与裂隙发育指数的关系

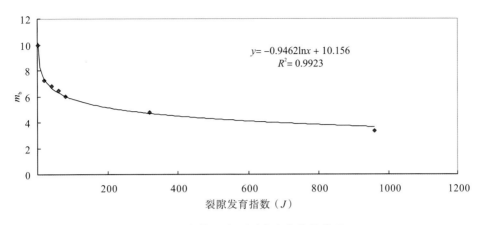

图 5-7　参数 m_b 与裂隙发育指数的关系

5.1.2.5　基于常规测井信息连续获取准则参数

在前述数值实验与物理实验确定准则系数的基础上，采用图 5-8 所示流程实现基于常规测井获取强度准则参数 m_b、S 的连续获取。

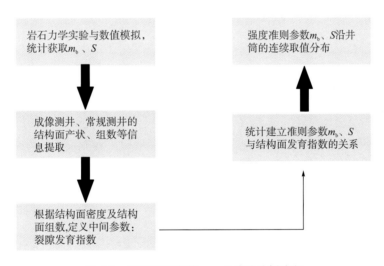

图 5-8　强度准则参数 m_b、S 连续分析流程

对于已实施成像测井的井段，根据成像测井提供的井壁图像，分析获取结构面的产状及结构面发育组数等信息；在此基础上，分析裂缝等结构面的常规测井响应，并基于 BP 神经网络等裂缝常规测井识别技术，综合利用电阻率、孔隙度、密度等测井曲线进行裂缝等结构面识别；进而根据前述建立的强度准则参数 m_b、S 与结构面发育指数的关系，实现对强度准则参数 m_b、S 的连续预测（图 5-9）。

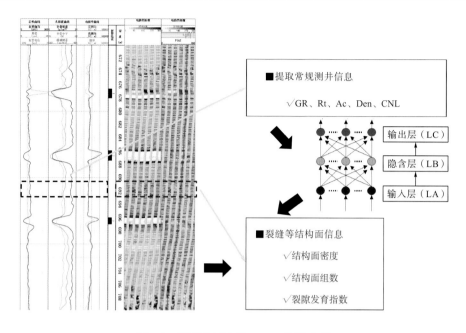

图 5-9　强度准则参数 m_b、S 连续分析

5.2　页岩气井井周应力场分析

5.2.1　井周应力分析坐标系建立及坐标系变换

　　层理发育的页岩地层，井周地应力分布不仅取决于原地地应力，同时还受地层产状、井眼轨迹等的影响、控制。为了描述页岩气井的井周地应力分布，需定义大地坐标系即全局坐标系 $(X_g,\ Y_g,\ Z_g)$、原地应力坐标系 $(X_i,\ Y_i,\ Z_i)$、地层坐标系 $(X_o,\ Y_o,\ Z_o)$、井眼坐标系 $(X_b,\ Y_b,\ Z_b)$ 和井眼圆柱坐标系 $(r,\ \theta,\ z)$ 共 5 个参考坐标系(如图 5-10、图 5-11)，并建立参考坐标系之间的转换关系。

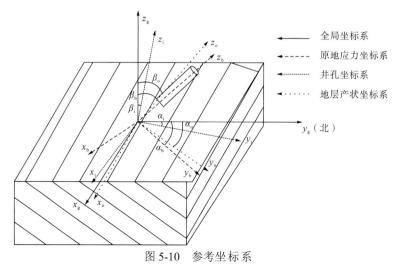

图 5-10　参考坐标系

图 5-10 中，α_b 为井斜方位角，β_b 为井斜角，α_i 为最大主应力和正北方向的夹角，β_i 为垂向应力和铅垂方向的夹角，α_o 为地层产状的倾向，β_o 为为地层产状的倾角。

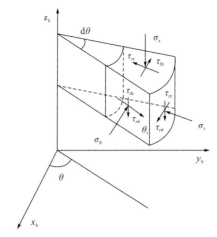

图 5-11　井眼笛卡儿坐标系与圆柱坐标系

因此，得到原地应力坐标系 (X_i, Y_i, Z_i) 与全局坐标系 (X_g, Y_g, Z_g) 之间转换的旋转矩阵 A 为

$$A = \begin{bmatrix} \cos\alpha_i\cos\beta_i & \sin\alpha_i\cos\beta_i & -\sin\beta_i \\ -\sin\alpha_i & \cos\alpha_i & 0 \\ \cos\alpha_i\sin\beta_i & \sin\alpha_i\sin\beta_i & \cos\beta_i \end{bmatrix} \qquad (5\text{-}29)$$

全局坐标系 (X_g, Y_g, Z_g) 与井眼坐标系 (X_b, Y_b, Z_b) 之间转换的旋转矩阵 B 为

$$B = \begin{bmatrix} \cos\alpha_b\cos\beta_b & \sin\alpha_b\cos\beta_b & -\sin\beta_b \\ -\sin\alpha_b & \cos\alpha_b & 0 \\ \cos\alpha_b\sin\beta_b & \sin\alpha_b\sin\beta_b & \cos\beta_b \end{bmatrix} \qquad (5\text{-}30)$$

全局坐标系 (X_g, Y_g, Z_g) 与地层坐标系 (X_o, Y_o, Z_o) 之间旋转矩阵 C 为

$$C = \begin{bmatrix} \cos\alpha_o\sin\beta_o & \sin\alpha_o\cos\beta_o & -\sin\beta_o \\ -\sin\alpha_o & \cos\alpha_o & 0 \\ \cos\alpha_o\sin\beta_o & \sin\alpha_o\sin\beta_o & \cos\beta_o \end{bmatrix} \qquad (5\text{-}31)$$

井眼笛卡儿坐标系 (X_b, Y_b, Z_b) 与井眼圆柱坐标系 (r, θ, z) 之间的旋转矩阵 R 为

$$R = \begin{bmatrix} \cos\theta & \sin\theta & 0 \\ -\sin\theta & \cos\theta & 0 \\ 0 & 0 & 1 \end{bmatrix} \qquad (5\text{-}32)$$

因此，首先将原地应力坐标系 (X_i, Y_i, Z_i) 下的远场应力通过旋转矩阵 A 转换到全局坐标系 (X_g, Y_g, Z_g) 下：

$$\sigma_{i2g} = A^T \times \sigma_i \times A = \begin{Bmatrix} \sigma_x^{i2g} & \tau_{xy}^{i2g} & \tau_{xz}^{i2g} \\ \tau_{yz}^{i2g} & \sigma_y^{i2g} & \tau_{yz}^{i2g} \\ \tau_{zx}^{i2g} & \tau_{zy}^{i2g} & \sigma_z^{i2g} \end{Bmatrix} \qquad (5\text{-}33)$$

其中，$\sigma_i = \begin{Bmatrix} \sigma_h & 0 & 0 \\ 0 & \sigma_H & 0 \\ 0 & 0 & \sigma_v \end{Bmatrix}$，$\sigma_h$ 为水平向最小主应力，σ_H 为水平向最大主应力，σ_v 为垂向应力。

其次，将全局坐标系 $(X_g,\ Y_g,\ Z_g)$ 下的地应力 σ_{i2g} 转换至井眼坐标系 $(X_b,\ Y_b,\ Z_b)$ 下：

$$\sigma_{i2g2b} = \boldsymbol{B} \times \sigma_{i2g} \times \boldsymbol{B}^{\mathrm{T}} = \begin{Bmatrix} \sigma_x^{i2g2b} & \tau_{xy}^{i2g2b} & \tau_{xz}^{i2g2b} \\ \tau_{yx}^{i2g2b} & \sigma_y^{i2g2b} & \tau_{yz}^{i2g2b} \\ \tau_{zx}^{i2g2b} & \tau_{zy}^{i2g2b} & \sigma_z^{i2g2b} \end{Bmatrix} \tag{5-34}$$

5.2.2 页岩气井井周应力分布

对于弹性介质，其本构关系满足广义胡克定律，则其应力-应变满足如下关系：

$$\begin{bmatrix} \varepsilon_x \\ \varepsilon_y \\ \varepsilon_z \\ \gamma_{yz} \\ \gamma_{xz} \\ \gamma_{xy} \end{bmatrix} = \begin{bmatrix} a_{11} & a_{12} & a_{13} & a_{14} & a_{15} & a_{16} \\ a_{21} & a_{22} & a_{23} & a_{24} & a_{25} & a_{26} \\ a_{31} & a_{32} & a_{33} & a_{34} & a_{35} & a_{36} \\ a_{41} & a_{42} & a_{43} & a_{44} & a_{45} & a_{46} \\ a_{51} & a_{52} & a_{53} & a_{54} & a_{55} & a_{56} \\ a_{61} & a_{62} & a_{63} & a_{64} & a_{65} & a_{66} \end{bmatrix} \begin{bmatrix} \sigma_x \\ \sigma_y \\ \sigma_z \\ \tau_{yz} \\ \tau_{xz} \\ \tau_{xy} \end{bmatrix} \tag{5-35}$$

式中，ε_x、ε_y、ε_z 分别为 x、y、z 方向的正应变；γ_{xy}、γ_{yz}，γ_{xz} 分别为剪应变；σ_x、σ_y、σ_z 分别为 x、y、z 方向上正应力；τ_{xy}、τ_{yz}、τ_{xz} 分别为剪应力。

根据前述研究可知，层理等结构面对页岩物性、力学特性影响显著，页岩地层可视为横观各向同性介质。对于横观各向同性地层，其本构方程可变为

$$\begin{bmatrix} \varepsilon_x \\ \varepsilon_y \\ \varepsilon_z \\ \gamma_{yz} \\ \gamma_{xz} \\ \gamma_{xy} \end{bmatrix} = \begin{bmatrix} \dfrac{1}{E} & -\dfrac{v}{E} & -\dfrac{v'}{E'} & 0 & 0 & 0 \\ -\dfrac{v}{E} & \dfrac{1}{E} & -\dfrac{v}{E'} & 0 & 0 & 0 \\ -\dfrac{v'}{E'} & -\dfrac{v'}{E'} & \dfrac{1}{E'} & 0 & 0 & 0 \\ 0 & 0 & 0 & \dfrac{1}{E}+\dfrac{1}{E'}+2\dfrac{v'}{E} & 0 & 0 \\ 0 & 0 & 0 & 0 & \dfrac{1}{E}+\dfrac{1}{E'}+2\dfrac{v'}{E} & 0 \\ 0 & 0 & 0 & 0 & 0 & \dfrac{2(1+v)}{E} \end{bmatrix} \begin{bmatrix} \sigma_x \\ \sigma_y \\ \sigma_z \\ \tau_{yz} \\ \tau_{xz} \\ \tau_{xy} \end{bmatrix} \tag{5-36}$$

式中，E、v 为各向同性面内的弹性模量、泊松比；E'，v' 为垂直各向同性面内的弹性模量、泊松比。

平衡方程为

$$\begin{cases} \dfrac{\partial \sigma_x}{\partial x} + \dfrac{\partial \tau_{xy}}{\partial y} + \dfrac{\partial \tau_{xz}}{\partial z} = 0 \\[2mm] \dfrac{\partial \tau_{xy}}{\partial x} + \dfrac{\partial \sigma_y}{\partial y} + \dfrac{\partial \tau_{xz}}{\partial z} = 0 \\[2mm] \dfrac{\partial \tau_{xz}}{\partial x} + \dfrac{\partial \tau_{yz}}{\partial y} + \dfrac{\partial \sigma_z}{\partial z} = 0 \end{cases} \tag{5-37}$$

在横观各向同性地层中，平面应变的应变分量和 z 无关，因此得到变形协调方程：

$$\begin{cases} \dfrac{\partial^2 \varepsilon_x}{\partial y^2} + \dfrac{\partial^2 \varepsilon_y}{\partial x^2} = \dfrac{\partial^2 \gamma_{xy}}{\partial x \partial y} \\[2mm] \dfrac{\partial^2 \gamma_{xz}}{\partial y} - \dfrac{\partial^2 \gamma_{yz}}{\partial x} = 0 \\[2mm] \dfrac{\partial^2 \varepsilon_z}{\partial y^2} = \dfrac{\partial^2 \varepsilon_z}{\partial x^2} = \dfrac{\partial^2 \varepsilon_z}{\partial x \partial y} = 0 \end{cases} \tag{5-38}$$

应用 $F(x,y)$ 和 $\psi(x,y)$ 应力函数，且满足下式，则平衡方程得到满足：

$$\begin{cases} \sigma_x = \dfrac{\partial^2 F}{\partial y^2}; \sigma_y = \dfrac{\partial^2 F}{\partial x^2}; \tau_{xy} = -\dfrac{\partial^2 F}{\partial y \partial x} \\[2mm] \tau_{xz} = \dfrac{\partial \psi}{\partial y}; \tau_{yz} = -\dfrac{\partial \psi}{\partial x} \end{cases} \tag{5-39}$$

考虑广义平面应变条件和本构关系，可以得到应力分量 σ_z：

$$\sigma_z = -\frac{1}{a_{33}}\left(a_{31}\sigma_x + a_{32}\sigma_y + a_{34}\tau_{yz} + a_{35}\tau_{xz} + a_{31}\tau_{xy}\right) \tag{5-40}$$

将上两式代入本构方程，得到：

$$\begin{cases} \varepsilon_x = \beta_{11}\dfrac{\partial^2 F}{\partial y^2} + \beta_{12}\dfrac{\partial^2 F}{\partial x^2} - \beta_{14}\dfrac{\partial \psi}{\partial x} + \beta_{15}\dfrac{\partial \psi}{\partial y} - \beta_{16}\dfrac{\partial^2 F}{\partial y \partial x} \\[2mm] \varepsilon_y = \beta_{21}\dfrac{\partial^2 F}{\partial y^2} + \beta_{22}\dfrac{\partial^2 F}{\partial x^2} - \beta_{24}\dfrac{\partial \psi}{\partial x} + \beta_{25}\dfrac{\partial \psi}{\partial y} - \beta_{26}\dfrac{\partial^2 F}{\partial y \partial x} \\[2mm] \varepsilon_z = 0 \\[2mm] \gamma_{yz} = \beta_{41}\dfrac{\partial^2 F}{\partial y^2} + \beta_{42}\dfrac{\partial^2 F}{\partial x^2} - \beta_{44}\dfrac{\partial \psi}{\partial x} + \beta_{45}\dfrac{\partial \psi}{\partial y} - \beta_{46}\dfrac{\partial^2 F}{\partial y \partial x} \\[2mm] \gamma_{xz} = \beta_{51}\dfrac{\partial^2 F}{\partial y^2} + \beta_{52}\dfrac{\partial^2 F}{\partial x^2} - \beta_{54}\dfrac{\partial \psi}{\partial x} + \beta_{55}\dfrac{\partial \psi}{\partial y} - \beta_{56}\dfrac{\partial^2 F}{\partial y \partial x} \\[2mm] \gamma_{xy} = \beta_{61}\dfrac{\partial^2 F}{\partial y^2} + \beta_{62}\dfrac{\partial^2 F}{\partial x^2} - \beta_{64}\dfrac{\partial \psi}{\partial x} + \beta_{65}\dfrac{\partial \psi}{\partial y} - \beta_{66}\dfrac{\partial^2 F}{\partial y \partial x} \end{cases} \tag{5-41}$$

式中，$\beta_{ij} = \dfrac{a_{ij}a_{33} - a_{i3}a_{3j}}{a_{33}}$ $(i,j=1,2,4,5,6)$。

与变形协调方程结合，得到满足以下方程的应力函数：

$$\begin{cases} L_4 F + L_3 \psi = 0 \\ L_3 F + L_2 \psi = 0 \end{cases} \tag{5-42}$$

其中，L_2、L_3、L_4 称为二阶、三阶、四阶微分算子：

$$\begin{cases} L_2 = \beta_{44} \dfrac{\partial^2}{\partial x^2} + \beta_{55} \dfrac{\partial^2}{\partial y^2} - 2\beta_{45} \dfrac{\partial^2}{\partial x \partial y} \\[2mm] L_3 = -\beta_{24} \dfrac{\partial^3}{\partial x^3} + \beta_{15} \dfrac{\partial^3}{\partial y^3} + \left(\beta_{64} - \beta_{25}\right) \dfrac{\partial^3}{\partial x^2 \partial y} - \left(\beta_{65} - \beta_{14}\right) \dfrac{\partial^3}{\partial x \partial y^2} \\[2mm] L_4 = \beta_{22} \dfrac{\partial^4}{\partial x^4} + \beta_{11} \dfrac{\partial^4}{\partial y^4} + \left(2\beta_{12} + \beta_{66}\right) \dfrac{\partial^4}{\partial x^2 \partial y^2} - 2\beta_{26} \dfrac{\partial^4}{\partial x^3 \partial y} - 2\beta_{16} \dfrac{\partial^4}{\partial x \partial y^3} \end{cases} \tag{5-43}$$

求解可得到：

$$\begin{cases} \left(L_4 L_2 - L_3^2 \right) F = 0 \\ \left(L_3^2 - L_4 L_2 \right) \psi = 0 \end{cases} \tag{5-44}$$

特征值方程为

$$f(\mu) = I_4(\mu) I_2(\mu) - I_3^2(\mu) = 0$$

其中：

$$\begin{cases} I_4(\mu) = \beta_{11} \mu^4 - 2\beta_{16} \mu^3 + \left(2\beta_{12} + \beta_{66}\right)\mu^2 - 2\beta_{26}\mu + \beta_{22} \\ I_3(\mu) = \beta_{15} \mu^3 - \left(\beta_{65} + \beta_{14}\right)\mu^2 + \left(\beta_{64} + \beta_{25}\right)\mu - \beta_{12} \\ I_2(\mu) = \beta_{55} \mu^2 - 2\beta_{45}\mu + \beta_{44} \end{cases} \tag{5-45}$$

Lekhnistskii 指出式(5-40)的 6 个根的特征值可能是复数或纯虚数，且两两分别共轭：

$$\mu_1 = \alpha_1 + i\omega_1, \mu_2 = \alpha_2 + i\omega_2, \mu_3 = \alpha_3 + i\omega_3 \tag{5-46}$$
$$\overline{\mu}_1 = \alpha_1 - i\omega_1, \overline{\mu}_2 = \alpha_2 - i\omega_2, \overline{\mu}_3 = \alpha_3 - i\omega_3$$

定义 z_k 为复变量，其共轭为 $\overline{z}_k$：

$$z_k = x + \mu_k y, \overline{z}_k = x + \overline{\mu}_k y$$

则 λ_1、λ_2、λ_3：

$$\lambda_1 = -\frac{I_3(\mu_1)}{I_2(\mu_1)}, \lambda_2 = -\frac{I_3(\mu_2)}{I_2(\mu_2)}, \lambda_3 = -\frac{I_3(\mu_3)}{I_4(\mu_3)} \tag{5-47}$$

Lekhnistskii 给出应力函数表达式为

$$F = \sum_{k=1}^{6} F_k(z_k); \quad \psi = \sum_{k=1}^{6} \psi_k(z_k) \tag{5-48}$$

若上式满足 $\begin{cases} L_4 F + L_3 \psi = 0 \\ L_3 F + L_2 \psi = 0 \end{cases}$，则有

$$\psi_k(z_k) = -\frac{I_3(\mu_k)}{I_2(\mu_k)} F_k'(z_k) \tag{5-49}$$

对 z_k 求一阶导数，则：

$$F' = F_1'(z_1) + F_2'(z_2) + F_3'(z_3) + F_1'(\overline{z}_1) + F_2'(\overline{z}_2) + F_3'(\overline{z}_3) \tag{5-50}$$

定义 $2\mathrm{Re}(z) = z + \overline{z}$，则应力函数分别为

$$\begin{cases} F = 2\,\mathrm{Re}\Big[\, F_1(z_1) + F_2(z_2) + F_3(z_3) \Big] \\[2mm] \psi = 2\,\mathrm{Re}\left[\, \lambda_1 F_1'(z_1) + \lambda_2 F_2'(z_2) + \dfrac{F_3'(z_3)}{\lambda_3} \right] \end{cases} \tag{5-51}$$

引入复变量 z_k 的解析函数 $\phi_k(z_k)$：

$$\phi_1(z_1) = F_1'(z_1),\ \phi_2(z_2) = F_2'(z_2),\ \phi_3(z_3) = \frac{1}{\lambda_3} F_3'(z_3) \tag{5-52}$$

对应力函数 F 分别求 x、y 的偏导数，则应力函数 ψ 为

$$\begin{cases} \dfrac{\partial F}{\partial x} = 2\,\mathrm{Re}\Big[\, \phi_1(z_1) + \phi_2(z_2) + \lambda_3 \phi_3(z_3) \Big] \\[2mm] \dfrac{\partial F}{\partial y} = 2\,\mathrm{Re}\Big[\, \mu_1 \phi_1(z_1) + \mu_2 \phi_2(z_2) + \mu_3 \lambda_3 \phi_3(z_3) \Big] \\[2mm] \psi = 2\,\mathrm{Re}\Big[\, \lambda_1 \phi_1(z_1) + \lambda_2 \phi_2(z_2) + \phi_3(z_3) \Big] \end{cases} \tag{5-53}$$

根据应力分量和应力函数的关系可得到：

$$\begin{cases} \sigma_{x,h} = \dfrac{\partial^2 F}{\partial y^2} = 2\,\mathrm{Re}\Big[\, \mu_1{}^2 \phi_1'(z_1) + \mu_2{}^2 \phi_2'(z_2) + \mu_3{}^2 \lambda_3 \phi_3'(z_3) \Big] \\[2mm] \sigma_{y,h} = \dfrac{\partial^2 F}{\partial x^2} = 2\,\mathrm{Re}\Big[\, \phi_1'(z_1) + \phi_2'(z_2) + \lambda_3 \phi_3'(z_3) \Big] \\[2mm] \tau_{xy,h} = -\dfrac{\partial^2 F}{\partial x \partial y} = -2\,\mathrm{Re}\Big[\, \mu_1 \phi_1'(z_1) + \mu_2 \phi_2'(z_2) + \mu_3 \lambda_3 \phi_3'(z_3) \Big] \\[2mm] \tau_{xz,h} = \dfrac{\partial \psi}{\partial y} = 2\,\mathrm{Re}\Big[\, \lambda_1 \mu_1 \phi_1'(z_1) + \lambda_2 \mu_2 \phi_2'(z_2) + \mu_3 \phi_3'(z_3) \Big] \\[2mm] \tau_{yz,h} = -\dfrac{\partial \psi}{\partial y} = -2\,\mathrm{Re}\Big[\, \lambda_1 \phi_1'(z_1) + \lambda_2 \phi_2'(z_2) + \phi_3'(z_3) \Big] \\[2mm] \sigma_{z,h} = -\dfrac{1}{a_{33}}\Big(a_{31}\sigma_{x,h} + a_{32}\sigma_{y,h} + a_{34}\tau_{yz} + a_{35}\tau_{xz} + a_{36}\tau_{xy} \Big) \end{cases} \tag{5-54}$$

其中，$\sigma_{x,h}$、$\sigma_{y,h}$、$\sigma_{z,h}$ 和 $\tau_{xy,h}$、$\tau_{xz,h}$、$\tau_{yz,h}$ 分别为层理作用所产生的正应力和切应力。

井壁表面的边界条件为

$$\begin{cases} -\sigma_x \dfrac{\mathrm{d}y}{\mathrm{d}s} + \tau_{xy} \dfrac{\mathrm{d}x}{\mathrm{d}s} = \zeta_x \\[2mm] -\tau_{xy} \dfrac{\mathrm{d}y}{\mathrm{d}s} + \sigma_y \dfrac{\mathrm{d}x}{\mathrm{d}s} = \zeta_y \\[2mm] -\tau_{xz} \dfrac{\mathrm{d}y}{\mathrm{d}s} + \tau_{yz} \dfrac{\mathrm{d}x}{\mathrm{d}s} = \zeta_z \end{cases} \tag{5-55}$$

其中，

$$\begin{cases} \zeta_x = (\sigma_x{}^{\mathrm{i2g2b}} - p_\mathrm{w})\cos\theta + \tau_{xy}{}^{\mathrm{i2g2b}}\sin\theta - \mathrm{i}(\sigma_x{}^{\mathrm{i2g2b}} - p_\mathrm{w})\sin\theta + \mathrm{i}\tau_{xy}{}^{\mathrm{i2g2b}}\cos\theta \\[2mm] \zeta_y = (\sigma_y{}^{\mathrm{i2g2b}} - p_\mathrm{w})\sin\theta + \tau_{xy}{}^{\mathrm{i2g2b}}\cos\theta - \mathrm{i}(\sigma_y{}^{\mathrm{i2g2b}} - p_\mathrm{w})\cos\theta + \mathrm{i}\tau_{xy}{}^{\mathrm{i2g2b}}\sin\theta \\[2mm] \zeta_z = \tau_{xz}{}^{\mathrm{i2g2b}}\cos\theta + \tau_{yz}{}^{\mathrm{i2g2b}}\sin\theta - \mathrm{i}\tau_{xz}{}^{\mathrm{i2g2b}}\sin\theta + \mathrm{i}\tau_{yz}{}^{\mathrm{i2g2b}}\cos\theta \end{cases}$$

其中，p_w 为井筒压力；$\sigma_{i2g2b} = \begin{Bmatrix} \sigma_x^{i2g2b} & \tau_{xy}^{i2g2b} & \tau_{xz}^{i2g2b} \\ \tau_{yx}^{i2g2b} & \sigma_y^{i2g2b} & \tau_{yz}^{i2g2b} \\ \tau_{zx}^{i2g2b} & \tau_{zy}^{i2g2b} & \sigma_z^{i2g2b} \end{Bmatrix}$，为转化至井孔坐标系 (x_b, y_b, z_b) 下的

主应力。

代入应力函数形式得

$$\begin{cases} \dfrac{\partial}{\partial y}\left(\dfrac{\partial F}{\partial y}\right)\dfrac{\partial y}{\partial s} + \dfrac{\partial}{\partial x}\left(\dfrac{\partial F}{\partial y}\right)\dfrac{\partial x}{\partial s} = -\zeta_x \\[2mm] \dfrac{\partial}{\partial y}\left(\dfrac{\partial F}{\partial x}\right)\dfrac{\partial y}{\partial s} + \dfrac{\partial}{\partial x}\left(\dfrac{\partial F}{\partial x}\right)\dfrac{\partial x}{\partial s} = \zeta_y \\[2mm] \dfrac{\partial \psi}{\partial y}\dfrac{\partial y}{\partial s} + \dfrac{\partial \psi}{\partial x}\dfrac{\partial x}{\partial s} = -\zeta_z \end{cases} \tag{5-56}$$

将上式对弧长 s 进行积分，以任意一点为原点，并得到以下方程：

$$\begin{cases} \dfrac{\partial F}{\partial y} = -\displaystyle\int_0^s \zeta_x \mathrm{d}s \\[2mm] \dfrac{\partial F}{\partial x} = \displaystyle\int_0^s \zeta_y \mathrm{d}s \\[2mm] \psi = -\displaystyle\int_0^s \zeta_z \mathrm{d}s \end{cases} \tag{5-57}$$

在井壁上，$x = a\cos\theta, y = a\sin\theta$，则应用 $z_k = a(\cos\theta + \mu_k \sin\theta)$ 可将边界条件变为

$$\begin{cases} 2\mathrm{Re}\left[\mu_1\phi_1(z_1) + \mu_2\phi_2(z_2) + \mu_3\lambda_3\phi_3(z_3)\right] = -\displaystyle\int_0^s \zeta_x \mathrm{d}s = aD \\[2mm] 2\mathrm{Re}\left[\phi_1(z_1) + \phi_2(z_2) + \lambda_3\phi_3(z_3)\right] = \displaystyle\int_0^s \zeta_y \mathrm{d}s = aE \\[2mm] 2\mathrm{Re}\left[\lambda_1\phi_1(z_1) + \lambda_2\phi_2(z_2) + \phi_3(z_3)\right] = -\displaystyle\int_0^s \zeta_z \mathrm{d}s = aF \end{cases} \tag{5-58}$$

因此得到

$$\begin{cases} \phi_1(z_1) = \dfrac{a}{2G_1}\left[D(\lambda_2\lambda_3 - 1) + E(\mu_2 - \lambda_2\lambda_3\mu_3) + F(\mu_3 - \mu_2)\lambda_3\right] \\[2mm] \phi_2(z_2) = \dfrac{a}{2G_2}\left[D(1 - \lambda_1\lambda_3) + E(\lambda_1\lambda_3\mu_3 - \mu_1) + F(\mu_1 - \mu_3)\lambda_3\right] \\[2mm] \phi_3(z_3) = \dfrac{a}{2G_3}\left[D(\mu_1\lambda_2 - \mu_2\lambda_1) + E(\lambda_1 - \lambda_2) + F(\mu_2 - \mu_1)\right] \end{cases} \tag{5-59}$$

其中，D、E、F、$G_k(k=1,2,3)$，为可导函数。

求函数 $\phi_k(z_k)$ 对量纲为 1 的复变量 z_k 的导数，则：

$$\begin{cases} \phi_1'(z_1) = \dfrac{1}{2G_1'}\left[D'(\lambda_2\lambda_3 - 1) + E'(\mu_2 - \lambda_2\lambda_3\mu_3) + F'(\mu_3 - \mu_2)\lambda_3\right] \\[2mm] \phi_2'(z_2) = \dfrac{1}{2G_2'}\left[D'(1 - \lambda_1\lambda_3) + E'(\lambda_1\lambda_3\mu_3 - \mu_1) + F'(\mu_1 - \mu_3)\lambda_3\right] \\[2mm] \phi_3'(z_3) = \dfrac{1}{2G_3'}\left[D'(\mu_1\lambda_2 - \mu_2\lambda_1) + E'(\lambda_1 - \lambda_2) + F'(\mu_2 - \mu_1)\right] \end{cases} \tag{5-60}$$

其中，

$$\begin{cases} D' = (p_w - \sigma_{x,0})\cos\theta - \tau_{xy,0}\sin\theta - i(p_w - \sigma_{x,0})\sin\theta - i\tau_{xy,0}\cos\theta \\ E' = -(p_w - \sigma_{y,0})\sin\theta + \tau_{xy,0}\cos\theta - i(p_w - \sigma_{x,0})\cos\theta + i\tau_{xy,0}\sin\theta \\ F' = -\tau_{xz,0}\cos\theta - \tau_{yz,0}\sin\theta + i\tau_{xz,0}\sin\theta - i\tau_{yz,0}\cos\theta \\ G_k' = (\mu_k\cos\theta - \sin\theta)[(\mu_2 - \mu_1) + \lambda_2\lambda_3(\mu_2 - \mu_3) + \lambda_1\lambda_3(\mu_3 - \mu_2)] \end{cases}$$

考虑原地应力的影响，最终得到井眼坐标系下的井周应力分布：

$$\begin{cases} \sigma_x^b = \sigma_x^{i2g2b} + \sigma_{x,h} = \sigma_x^{i2g2b} + 2\mathrm{Re}\left[\mu_1^2\phi_1'(z_1) + \mu_2^2\phi_2'(z_2) + \mu_3^2\lambda_3\phi_3'(z_3)\right] \\ \sigma_y^b = \sigma_y^{i2g2b} + \sigma_{y,h} = \sigma_y^{i2g2b} + 2\mathrm{Re}\left[\phi_1'(z_1) + \phi_2'(z_2) + \lambda_3\phi_3'(z_3)\right] \\ \tau_{xy}^b = \tau_{xy}^{i2g2b} + \tau_{xy,h} = \tau_{xy}^{i2g2b} - 2\mathrm{Re}\left[\mu_1\phi_1'(z_1) + \mu_2\phi_2'(z_2) + \mu_3\lambda_3\phi_3'(z_3)\right] \\ \tau_{xz}^b = \tau_{xy}^{i2g2b} + \tau_{xz,h} = \tau_{xy}^{i2g2b} - 2\mathrm{Re}\left[\lambda_1\mu_1\phi_1'(z_1) + \lambda_2\mu_2\phi_2'(z_2) + \mu_3\phi_3'(z_3)\right] \\ \tau_{yz}^b = \tau_{xy}^{i2g2b} + \tau_{yz,h} = \tau_{xy}^{i2g2b} - 2\mathrm{Re}\left[\lambda_1\phi_1'(z_1) + \lambda_2\phi_2'(z_2) + \phi_3'(z_3)\right] \\ \sigma_z^b = \sigma_z^{i2g2b} + \sigma_{z,h} = \sigma_z^{i2g2b} - \frac{1}{a_{33}}\left(a_{31}\sigma_{x,h} + a_{32}\sigma_{y,h} + a_{34}\tau_{yz,h} + a_{35}\tau_{xz,h} + a_{36}\tau_{xy,h}\right) \end{cases} \tag{5-61}$$

考虑孔弹性效应对各向异性地层井周应力的影响，首先将其在地层产状坐标系 (X_o,Y_o,Z_o) 下的影响通过转换矩阵转换到全局坐标系 (X_g,Y_g,Z_g) 下，再通过转换矩阵 $\boldsymbol{B}$ 转换至井眼坐标系 (X_b,Y_b,Z_b) 下：

$$\sigma_p^{o2g2b} = \boldsymbol{B} \times \boldsymbol{C}^T \times \begin{Bmatrix} -\alpha'P_p^g & 0 & 0 \\ 0 & -\alpha P_p^g & 0 \\ 0 & 0 & -\alpha P_p^g \end{Bmatrix} \times \boldsymbol{C} \times \boldsymbol{B}^T \tag{5-62}$$

其中，α' 和 α 分别为沿各向同性面和垂直于各向异性面的 Biot 系数，因此得到井眼坐标系 (X_b,Y_b,Z_b) 下井壁围岩的有效应力为

$$\sigma_e^b = \begin{Bmatrix} \sigma_x^b & \tau_{xy}^b & \tau_{xz}^b \\ \tau_{yx}^b & \sigma_y^b & \tau_{yz}^b \\ \tau_{zx}^b & \tau_{zy}^b & \sigma_z^b \end{Bmatrix} - \sigma_p^{o2g2b} \tag{5-63}$$

再通过 $\boldsymbol{R}$ 矩阵将井眼坐标系 (X_b,Y_b,Z_b) 下的井周应力转换至圆柱坐标系 (r,θ,z) 下：

$$\sigma_e^r = \boldsymbol{R} \times \sigma_e^b \times \boldsymbol{R}^T \tag{5-64}$$

$$\sigma_r^e = \begin{Bmatrix} \sigma_r^e & \tau_{r\theta}^e & \tau_{rz}^e \\ \tau_{\theta r}^e & \sigma_\theta^e & \tau_{\theta z}^e \\ \tau_{zr}^e & \tau_{z\theta}^e & \sigma_z^e \end{Bmatrix} \tag{5-65}$$

井壁破坏准则通常用三个主应力 σ_i、σ_j、σ_k 来表示，因此需要将井壁上的应力转换成主应力。根据井壁上的应力分布，可得井壁上的主应力 σ_i、σ_j 和 σ_k 表达式：

$$\begin{cases} \sigma_i = P_i - \zeta P_p \\ \sigma_j = \dfrac{\sigma_\theta + \sigma_z}{2} + \sqrt{\left(\dfrac{\sigma_\theta - \sigma_z}{2}\right)^2 + \sigma^2_{\theta z}} \\ \sigma_k = \dfrac{\sigma_\theta + \sigma_z}{2} - \sqrt{\left(\dfrac{\sigma_\theta - \sigma_z}{2}\right)^2 + \sigma^2_{\theta z}} \end{cases} \tag{5-66}$$

$$\begin{aligned} \sigma_1 = \max\left(\sigma_i, \sigma_j, \sigma_k\right) \\ \sigma_3 = \min\left(\sigma_i, \sigma_j, \sigma_k\right) \end{aligned} \tag{5-67}$$

式中，σ_i，σ_j 和 σ_k 为井壁上三个主应力，MPa；σ_1 和 σ_3 最大和最小主应力，MPa。最大主应力 σ_1 和最小主应力 σ_3 都是钻井液密度 P_m 的函数，将二者代入 Hoek-Brown 强度准则进行非线性迭代求解，即可得出钻井液密度 P_m，由此可对页岩地层井壁稳定性进行评价。页岩地层地应力获取方法可参考作者的专著《油气工程测井理论与应用》（2015 年）的相关内容。

5.3　页岩地层水平井井壁稳定性及钻井液影响分析

从前述章节已经知道，页岩与水基工作液接触所产生的水-岩作用将削弱页岩的结构及强度，且弱化程度随接触时间、工作液性质变化而改变，因此，页岩地层的稳定性应该是指特定轨迹、钻井液条件下的特定地层的井眼稳定性，即页岩地层的井壁稳定性评价、预测必须与所采用的工作液配合进行。

以长宁龙马溪组页岩气层为研究对象，使用工作液 A 和工作液 B 浸泡，浸泡时间分别为 12h、24h、48h、72h、120h，浸泡温度为 75℃，浸泡压力 3MPa，测试其单轴和围压 35MPa 条件下的抗压强度。其中，工作液 A 浸泡不同时间后的应力-应变曲线如图 5-12、图 5-13 所示。

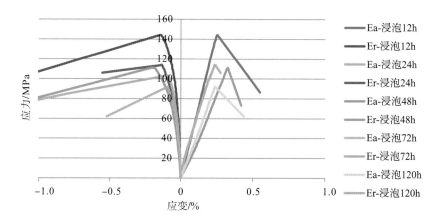

图 5-12　不同浸泡时间下单轴条件应力-应变关系曲线

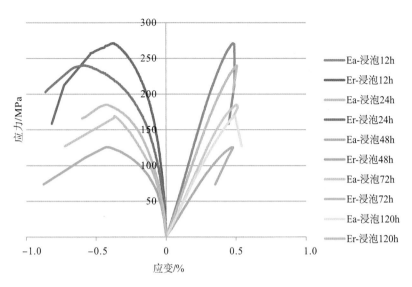

图 5-13　不同浸泡时间下围压 35MPa 条件应力-应变关系曲线

图 5-12 和图 5-13 中的页岩力学测试结果表明，钻井液浸泡页岩会导致页岩力学强度降低，降低幅度与浸泡时间密切相关。浸泡早期，页岩力学强度降低速度较快，然后逐渐变慢，最后强度趋于某一稳定值。由此，可根据不同浸泡时间情况下得出的页岩单轴抗压强度、三轴抗压强度和浸泡时间的关系，计算得到页岩地层坍塌压力随工作液体系、随工作液作用时间的变化，如图 5-14 所示。

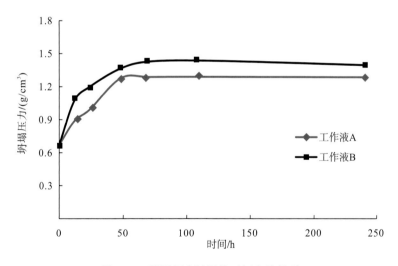

图 5-14　坍塌压力随浸泡时间变化关系

对工作液 A，单轴抗压强度、三轴抗压强度和浸泡时间的关系式可表示为
$$S_u = -14.99\ln t + 170.47 \quad (R^2 = 0.9518) \tag{5-68}$$
$$S_t = -29.13\ln t + 328.16 \quad (R^2 = 0.8675) \tag{5-69}$$
对工作液 B，单轴抗压强度、三轴抗压强度和浸泡时间的关系式可表示为
$$S_u = 17.36\ln t + 162.24 \quad (R^2 = 0.8161) \tag{5-70}$$

$$S_t = -33.47\ln t + 319.64 (R^2 = 0.9305) \tag{5-71}$$

式中，S_u、S_t 分别为页岩浸泡后的单轴、三轴抗压强度，MPa；t 为浸泡时间，h。

从图 5-14 可看出，工作液 A、工作液 B 浸泡 72h 后，坍塌压力趋于稳定。工作液 B 作用时，坍塌压力最终稳定于 1.437g/cm³；工作液 A 作用时，坍塌压力最终稳定于 1.285g/cm³。这表明地层经钻井液浸泡后，井壁稳定性变差，需要更高密度的钻井液来维持井壁的稳定性。

5.4 页岩气层坍塌压力构成及轨迹对井眼稳定的影响

5.4.1 页岩气储层水平井井壁失稳机理

综合前述研究可以知道，引起页岩气层井壁失稳的因素很多，是力学、化学，力学-化学耦合等多因素共同作用的结果，归纳起来主要有以下两个方面：

(1) 页岩气层岩石的组成、结构、比表面积、阳离子交换特性、润湿性，以及较强的脆性等是钻井过程中诱发其井壁失稳的客观因素。

(2) 工作液与页岩地层的不匹配性导致工作液通过微裂缝快速滤失进入页岩气层岩石，引起的水力劈裂破坏；工作液与页岩气层岩石相互作用进一步诱导形成的微裂缝，以及不合理钻井密度、井眼轨迹等都是导致钻井过程中页岩失稳的外在因素，这些也正是页岩地层钻井井壁稳定性调控的内涵构成。

关于通过化学方法阻止钻井液中的液相滤失进入页岩气层的相关研究成果在前面已经系统陈述，关于页岩气层井壁稳定性的评价方法上节中也已简述，下面将重点阐述页岩气层坍塌压力构成及井眼轨迹调控技术。

5.4.2 钻井液-页岩相互作用引起的地层坍塌压力增量

合理设计钻井液密度是长期以来被公认的调控钻井井壁稳定性的有效手段，对页岩地层而言，钻井液密度对井壁稳定性的有效调控主要为如下方面：①合理的钻井液密度意味着对井周页岩的最小幅度卸载，有利于避免强卸载导致的井壁失稳。②合理的钻井液密度同时意味着井筒与页岩地层之间钻井正压差足够小，有利于避免钻井液侵入地层诱发页岩微裂缝扩展、延伸导致的井壁失稳或井漏。从前述章节已知，钻井液-页岩相互作用，将导致页岩强度降低、地层坍塌压力升高；同一页岩地层与不同钻井液接触，引起的井周地层岩石强度降低幅度及坍塌压力增大幅度不同。因此，合理评价不同钻井液体系在页岩气层岩石中所产生的坍塌压力增量是该类地层钻井液优化、设计的关键和重要基础。

井壁坍塌通常是由于井内钻井液密度较低，井筒内压力过小，不足以支撑井壁造成的。由前面章节可知，页岩气层井壁稳定坍塌压力主要受地应力、地层压力和页岩强度的影响。对原始地层，坍塌压力可近似表示为

$$\rho_{mc} = f(C_0, \phi_0, \sigma, P_p) \tag{5-72}$$

式中，ρ_{mc} 为原始地层坍塌压力，g/cm³；C_0 为页岩的原始内摩擦角，（°）；ϕ_0 页岩的原

始内聚力，MPa；σ 为地应力，MPa；f 为函数关系。

当页岩气层被钻开，钻井卸载、钻井液与页岩的相互作用将导致页岩强度发生变化，那么该地层坍塌压力也会受页岩强度变化的影响，对页岩气层这类水化膨胀性较低的地层，忽略水化应力对井周应力的影响，考虑水化对岩石强度的降低作用，此时坍塌压力可近似表示为

$$\rho_{mc} = f(C_1, \phi_1, \sigma, P_p) \tag{5-73}$$

式中，C_1、ϕ_1 分别为受水化作用、卸载影响后的页岩内摩擦角（°）、页岩内聚力（MPa）。

对埋藏深度确定的页岩地层，地应力环境、地层孔隙流体压力确定，此时，坍塌压力的变化主要是由于钻井作用引起的页岩强度及井周应力引起。当忽略水化应力对井周应力的影响后，可以近似得到强度变化引起的坍塌压力增量：

$$\Delta\rho_{mc} = f(C_0, \phi_0, \sigma, P_p) - f(C_1, \phi_1, \sigma, P_p) \tag{5-74}$$

从上式可见，只考虑水化对岩石强度的降低作用的条件下，要保证井眼不垮塌，井筒内当量钻井液密度必须提高，当量钻井液密度增量至少由三个部分构成：①支撑强度变低后由地应力作用产生的坍塌应力增量；②支撑强度变低后由孔隙压力作用产生的坍塌应力增量；③支撑地层自身强度降低产生的坍塌应力增量。若不考虑①、②两个部分的影响，则受钻井液水化作用影响后的最低钻井液密度增量可表示为

$$\Delta\rho_{mc} = g(C_0, \phi_0, C_1, \phi_1) \tag{5-75}$$

对实际钻井液在钻井过程中，可根据上式得出由水化作用所产生的坍塌压力最小增量，这可为快速评价钻井液性能提供可靠的方法。基于水化坍塌应力增量的方法，可以将页岩地层坍塌压力的复杂计算和分析过程，简化为非常简单易实现的计算过程。

图 5-15 所示为在 3MPa、50℃条件下，受不同体系浸泡后的岩石单轴抗压强度；图 5-16 和图 5-17 所示为在特定地应力及室内岩石力学实验基础上计算得到的加入不同处理剂钻井液在页岩地层中产生的坍塌压力最小增量。

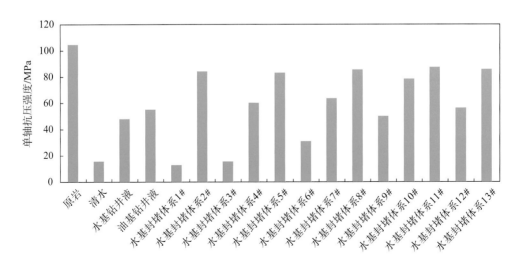

图 5-15　不同体系对页岩单轴抗压强度的影响

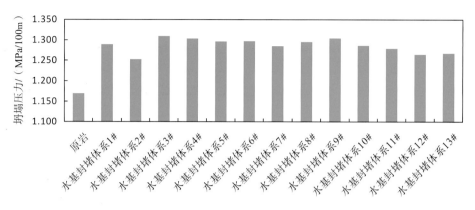

图 5-16　给定应力条件下，不同体系作用下页岩的坍塌压力

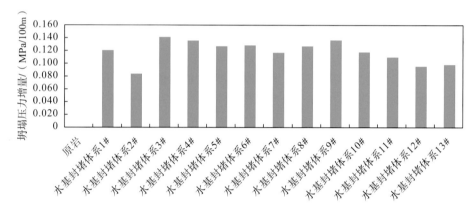

图 5-17　不同体系作用下页岩的坍塌压力增量

由图 5-15 可以看出，清水、现场油基钻井液、现场水基钻井液、体系胶液等对页岩单轴强度均有不同程度的降低；与现场钻井液（水基、油基体系）相比，2#体系、4#体系、5#体系、7#体系、8#体系、10#体系、11#体系、13#体系等对页岩强度有不同程度的提高；其中，2#、5#、8#、11#、13#共 5 种体系，改善程度最为显著，其作用后页岩抗压强度与原岩抗压强度几乎接近（强度降低 7.22%～10.02%）。

从图 5-16 和图 5-17 中可看出，钻井液体系不同、钻井液-地层作用后的页岩力学强度不同，对应的坍塌压力和坍塌压力增量也不同，其中 2#的钻井液体系引起的坍塌压力最低（1.253MPa/100m）、坍塌压力增量最小，具有最好的稳定井壁能力，而 3#的钻井液体系引起的坍塌压力最高、坍塌压力增量最大，对井壁稳定性较大。这说明不同的水基钻井液体系对页岩地层井壁稳定性有不同的影响，需要对水基钻井液进行优化处理，这样才能保障页岩气层的安全钻进。

5.4.3　龙马溪页岩气层岩石强度矿场预测方法

在岩石力学、岩石声波、密度等实验分析的基础上，建立页岩气层岩石力学强度参数的测井预测模型，实现岩石力学强度参数的矿场预测，是页岩地层剖面井壁稳定性连续评价的重要基础。同时也为钻完井工程设计优化提供合理可靠的基础岩石力学参数，具有重要的工程意义。

　　声波、密度是预测岩石力学强度最常用的岩石物理参数。基于龙马溪组页岩的声波、岩石力学实验研究成果，系统分析了页岩气层力学参数与纵波时差、横波时差、纵横波速比、密度以及声波时差与密度比值等岩石物理参数的相关性。统计分析结果表明：龙马溪页岩的弹性模量、泊松比、抗压强度等岩石力学参数与密度、横波时差相关性较差，但与纵波时差、纵波时差与密度比值、纵横波速比呈现较好地相关性，其中纵波时差、纵波时差与密度比值能够较好地实现页岩岩石力学参数的预测分析，如图 5-18～图 5-23 所示。页岩气层力学参数的关系模型如下：

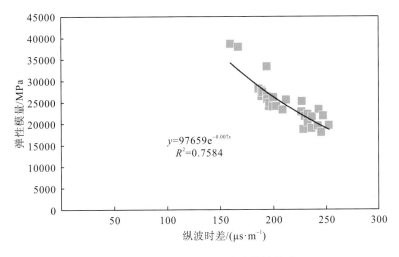

图 5-18　弹性模量与纵波时差的关系

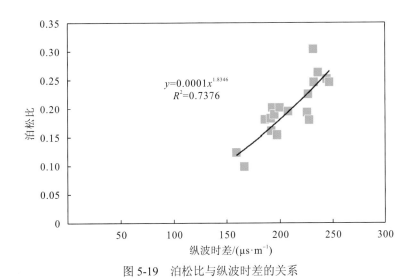

图 5-19　泊松比与纵波时差的关系

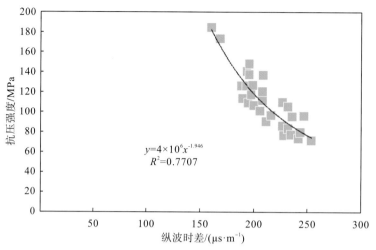

图 5-20　抗压强度与纵波时差的关系

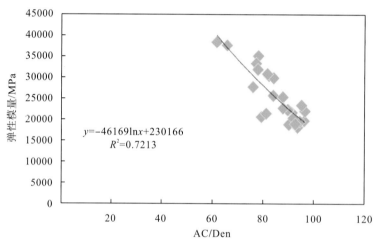

图 5-21　弹性模量与纵波时差比密度的关系

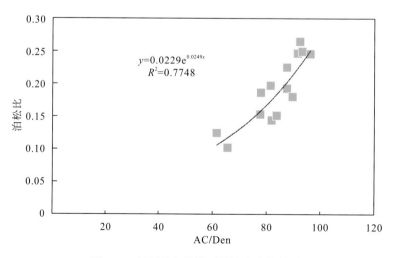

图 5-22　泊松比与纵波时差比密度的关系

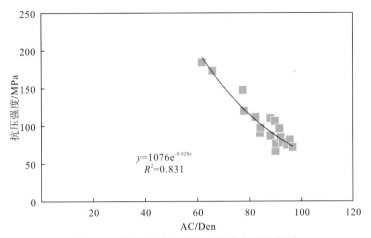

图 5-23　抗压强度与纵波时差比密度的关系

$$E = 3 \times 10^7 \times V_{\mathrm{p}}^{-1.337} \ (R^2 = 0.5744) \tag{5-76}$$

$$\mu = 0.0001 \times V_{\mathrm{p}}^{1.4171} \ (R^2 = 0.3081) \tag{5-77}$$

$$\sigma_c = 10^6 \times V_{\mathrm{p}}^{-1.792} \ (R^2 = 0.4616) \tag{5-78}$$

$$\sigma_c = -220.5\ln(\mathrm{AC}/\mathrm{Den}) + 1075.5 \ (R^2 = 0.5814) \tag{5-79}$$

$$\mu = 6 \times 10^{-5} \times (\mathrm{AC}/\mathrm{Den})^{1.8394} \ (R^2 = 0.4897) \tag{5-80}$$

$$E = -46169\ln(\mathrm{AC}/\mathrm{Den}) + 230166 \ (R^2 = 0.7213) \tag{5-81}$$

式中，E 为弹性模型，MPa；V_{p} 为纵波时差，μs/m；μ 为泊松比；σ_c 为抗压强度，MPa；AC/Den 为纵波时差与密度之比，μs·m^{-1}·kg^{-1}。

5.4.4　井眼轨迹对页岩地层井壁稳定性的影响

水平井的井眼轨迹不同，井周应力状态不同，井眼与结构面的交切关系不同，井眼的稳定性也不同，因此，通过优化水平井轨迹，可有效降低井周应力集中程度、弱化结构面对井壁页岩稳定的影响，实现最大程度保持井眼稳定。

以四川盆地某地区的龙马溪组页岩地层为例，在对已钻井地层坍塌压力剖面分析的基础上，开展了水平井井眼轨迹对页岩地层井壁稳定性影响研究。

利用所建立的强度准则对 2 区块页岩气层已钻井进行井眼稳定性分析。具体处理过程如下：①综合利用电阻率、孔隙度、密度等曲线构建综合裂缝指示曲线，通过裂缝指示曲线与裂缝发育密度的关系，获取裂缝发育指数 J；②在地应力、地层岩石强度分析的基础上，利用所构建的 Hoek-Brown 地层失稳准则及井周应力，分析地层的坍塌压力。

计算得到的坍塌压力与实际钻井液密度大小的对比与井眼失稳状况的对应关系如图 5-24～图 5-27 所示。分析得到：

（1）区块 1 的地层坍塌压力分布范围为 1.25～1.30MPa/100m，地层破裂压力分布范围为 1.58～1.76MPa/100m。

（2）区块 2 的地层坍塌压力分布范围为 1.18～1.35MPa/100m，地层破裂压力分布范围为 1.68～2.31MPa/100m。

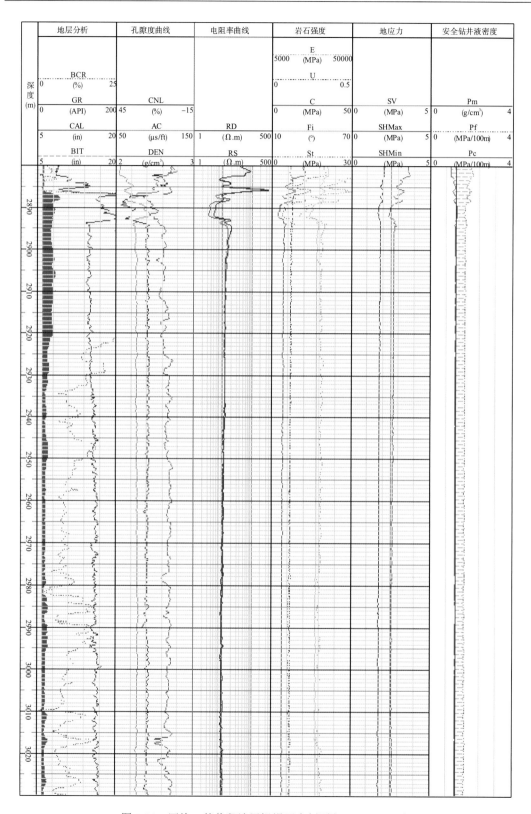

图 5-24　区块 1 某井段地层坍塌压力剖面(2880～3030m)

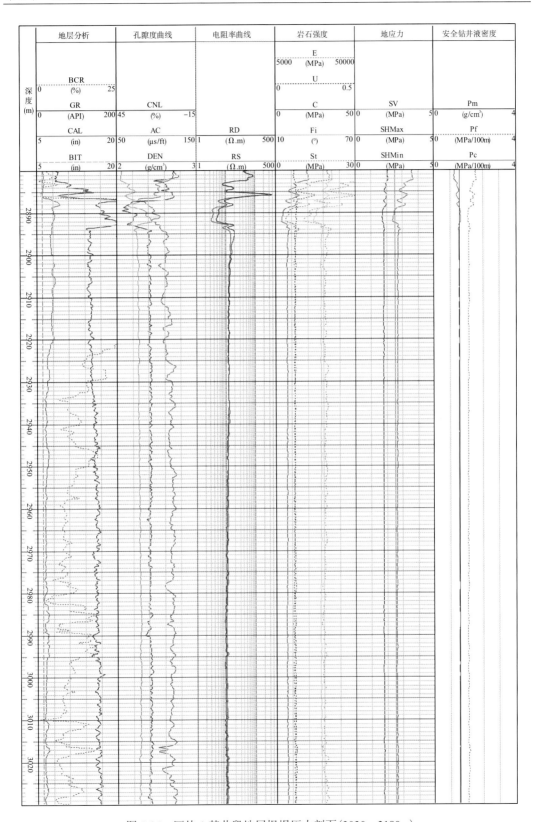

图 5-25　区块 1 某井段地层坍塌压力剖面(3030~3180m)

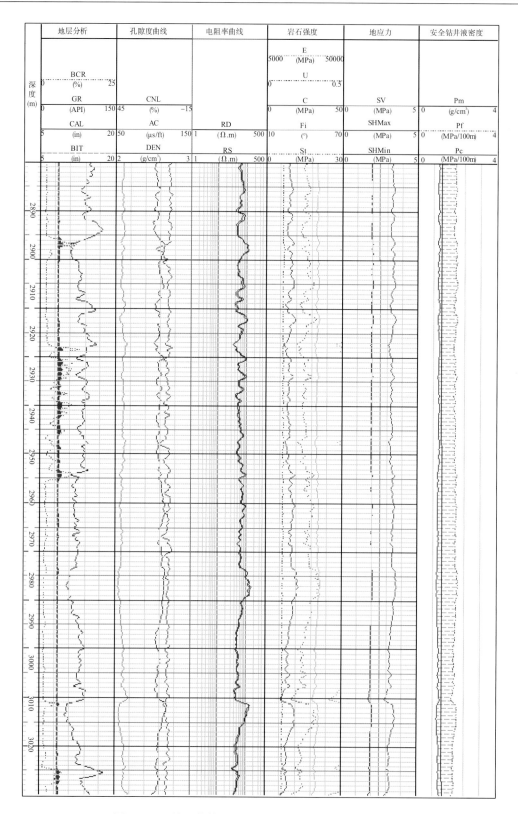

图 5-26　区块 2 某井段地层坍塌压力剖面(2900～3030m)

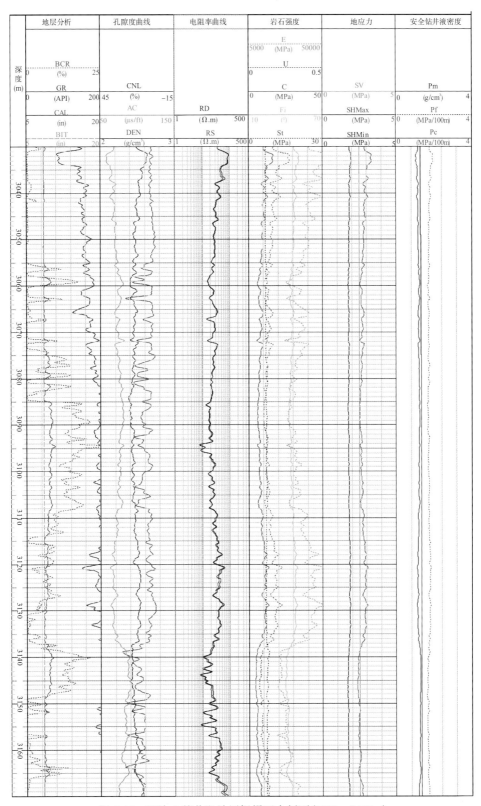

图 5-27　区块 2 某井段地层坍塌压力剖面(3030～3170m)

　　水平井的稳定性与其延伸方位密切相关，沿不同方位延伸的水平井，井壁地层具有不同的坍塌压力。分别以井段 2550～2570m 和井段 2920～2970m 页岩地层为例，进行不同方位水平井的地层坍塌压力分析，结果如图 5-28 和图 5-29 所示。可看出：①沿水平最大主应力方位（115°～135°）的水平井稳定最好。②当水平井井眼与水平向最大主应力夹角从 0° 变化到 90° 时，井眼稳定性越来越差；井段 1 坍塌压力从 1.24MPa/100m 增至 1.43MPa/100m；井段 2 坍塌压力从 1.34MPa/100m 增至 1.56MPa/100m。

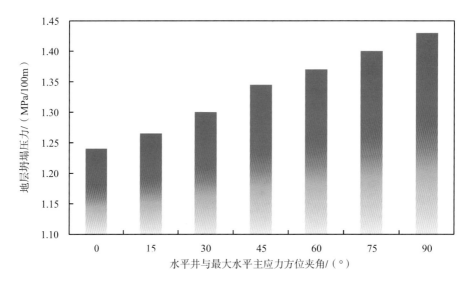

图 5-28　井段 1 不同方位水平井的地层坍塌压力分析

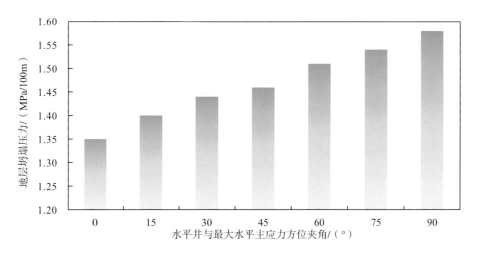

图 5-29　井段 2 不同方位水平井的地层坍塌压力

　　图 5-30 为不同钻井液体系作用下页岩地层水平井的坍塌压力。从图 5-30 中可见，10 种不同钻井液体系的作用都是使坍塌压力增大，不同钻井液体系，所导致的地层坍塌压力增量不同。对本研究涉及的 10 种钻井液体系，钻井液体系 6 所引起的地层坍塌压力增量最小，具有最好的稳定井壁能力。

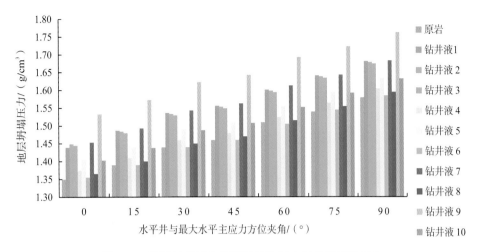

图 5-30 不同钻井液作用下页岩地层水平井的坍塌压力

第6章 页岩气藏水平井井周网状
裂缝形成机制及主控因素

为最大限度提高页岩气井产能,满足页岩气工业化开发需求,水平井基础上的体积压裂已成为页岩气开发的关键工程技术。如何沿水平井段形成复杂网状裂缝系统,最大限度地提高页岩气的解吸、扩散程度,则是有效实施页岩气藏体积改造技术必须首先解决的基础问题。体积压裂不同于传统压裂,地层岩石非均质性、地应力状态、岩石强度特性以及井眼轨迹、完井参数与水平段分段数等如何影响水平井井周网状裂缝的萌生、扩展、转向等目前尚未形成系统、科学、统一的明确认识,加之页岩气储层岩石组分、结构、理化性能、力学特性的特殊性与复杂性,水平井缝网成因机制的系统研究更亟待系统、深入开展。

本章以四川某区块龙马溪页岩为研究对象,借助真实破裂过程分析系统 RFPA^{2D} 软件,物理试验与数值模拟相结合,考虑岩石细观非均质性以及流固耦合作用,数值模拟研究了井筒增压过程中页岩井周诱导缝的发育形态及其起裂、延伸规律,分析了层理、天然裂缝发育以及应力环境等因素对诱导缝萌生、扩展及其形态的影响,探讨了网状裂缝系统形成、发育的岩石力学主控因素。

6.1 页岩气层岩石断裂韧性及诱导裂缝前缘形态岩心实验分析

6.1.1 页岩断裂韧性测试

页岩断裂韧性是影响钻井卸荷诱导缝、人工压裂缝扩展、延伸难易程度的重要因素,是取决于组分、结构等因素的固有岩石力学参数。在对龙马溪组页岩断裂韧性进行测试、评价的基础上,基于岩石破裂数值仿真模拟,研究了结构面对页岩断裂韧性的影响。

断裂韧性又称临界应力强度因子,表征了材料抵抗裂纹扩展的能力。在水力压裂分析设计及数值模拟中,通常基于线弹性断裂力学采用断裂韧性作为裂缝扩展的判据,即当 KI≥KIC(KI 为应力强度因子,KIC 为临界应力强度因子)时,认为裂缝扩展。因此,断裂韧性是页岩气井压裂设计、优化的一个基础参数,对页岩钻完井过程中诱导缝扩展研究具有重要意义。

在断裂力学中,按裂缝面应力状态及变形形态,裂缝分为 I 型(张开型)、II 型(滑移型)、III 型(撕开型),如图 6-1 所示。一般认为水力压裂破裂以 I 型为主,即形成的裂缝为张开型。因此,大多数岩石断裂韧性的测试主要着眼于 I 型裂纹,一般采用国际岩石力学学会(International Society for Rock Mechanics,ISRM)推荐使用的有"人"字形切槽的巴西圆盘(cracked chevron notched Brazilian disc,CCNBD)试样进行岩石断裂韧性测试。

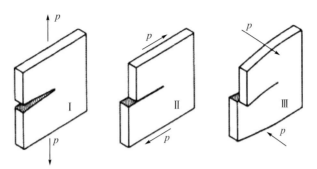

图 6-1　三种裂缝形成示意图

　　按国际岩石力学学会的建议,该试验需制备如图 6-2 所示的含有预置切槽的圆盘试样,并根据式(6-1)将试样的几何形状参数转化为关于半径 R 和直径 D 的无量纲参数。

$$\begin{cases} \alpha_0 = a_0 / R \\ \alpha_1 = a_1 / R \\ \alpha_B = B / R \\ \alpha_s = D_s / D \end{cases} \tag{6-1}$$

式中:B 为圆盘试样的厚度;D、D_s 分别为圆盘试样直径、切槽直径,$D=2R$、$D_s=2R_s$。

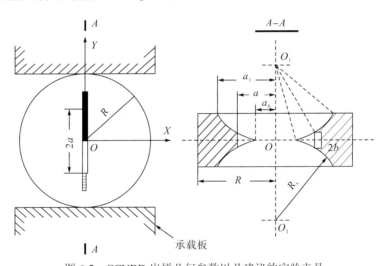

图 6-2　CCNBD 岩样几何参数以及建议的实验夹具

　　为了保证测试结果有效,无量纲最大切槽长度 α_1 和无量纲试样厚度 α_B 必须满足如下限制:

$$\begin{cases} \alpha_1 \geqslant 0.4 \\ \alpha_1 \geqslant \alpha_B / 2 \\ \alpha_B \leqslant 1.04 \\ \alpha_1 \leqslant 0.8 \\ \alpha_B \geqslant 1.1729 \cdot \alpha_1^{1.6666} \\ \alpha_B \geqslant 0.04 \end{cases} \tag{6-2}$$

同时，无量纲初始裂纹长度 α_0 的取值应为 $0.2\sim0.3$ 。

$\alpha_0(a_0)$、$\alpha_1(a_1)$ 和 $\alpha_B(\alpha_B)$ 是 CCNBD 实验的三个基本参数。参数间的相互关系如式(6-3)所示

$$\begin{cases} \alpha_s = R_s / R = \sqrt{\alpha_0^2 + \left(\alpha_1^2 - \alpha_0^2 + \alpha_B^2 / 4\right)/\alpha_B^2} \\ h_c = \left(\alpha_s - \sqrt{\alpha_s^2 - \alpha_1^2}\right)\cdot R = \left(\alpha_s - \sqrt{\alpha_s^2 - \alpha_0^2}\right)\cdot R + B/2 \\ \alpha_0 = \sqrt{\alpha_s^2 - \left(\sqrt{\alpha_s^2 - \alpha_1^2} + \alpha_B/2\right)^2} \\ \alpha_1 = \sqrt{\alpha_s^2 - \left(\sqrt{\alpha_s^2 - \alpha_1^2} - \alpha_B/2\right)^2} \\ \alpha_B = 2\cdot\left(\sqrt{\alpha_s^2 - \alpha_0^2} - \sqrt{\alpha_s^2 - \alpha_1^2}\right) \end{cases} \tag{6-3}$$

式中，h_c 为切槽深度。

按国际岩石力学学会的建议，采用式(6-4)计算断裂韧性。断裂韧性计算公式：

$$K_{IC} = \frac{P_{max}}{B\cdot\sqrt{D}}\cdot Y_{min}^* \tag{6-4}$$

式中，K_{IC} 为Ⅰ型断裂韧性值($\mathrm{MPa}\cdot\sqrt{\mathrm{m}}$)；$P_{max}$ 为最大破坏载荷值，kN；D 为试样直径，cm；B 为试样厚度，cm；Y_{min}^* 为试样的无量纲临界应力强度因子，仅由岩样的几何参数 α_0、α_1 和 α_B 决定：

$$Y_{min}^* = u\cdot \mathrm{e}^{v\cdot\alpha_1} \tag{6-5}$$

式中，u 和 v 是由 α_0 和 α_B 决定的常数[详见文献(Fowell，2007)]。

基于上述理论方法对某区块龙马溪组和五峰组两套地层 10 块页岩岩心进行实验测试分析，测试装置如图 6-3 所示，测试结果分布如图 6-4 所示。测试结果表明，龙马溪组断裂韧性为 $0.8619\sim1.2110\,\mathrm{MPa}\cdot\sqrt{\mathrm{m}}$，平均为 $0.9935\,\mathrm{MPa}\cdot\sqrt{\mathrm{m}}$；五峰组断裂韧性为 $0.8990\sim 1.0432\,\mathrm{MPa}\cdot\sqrt{\mathrm{m}}$，平均为 $0.9781\,\mathrm{MPa}\cdot\sqrt{\mathrm{m}}$。

图 6-3　断裂韧性测试

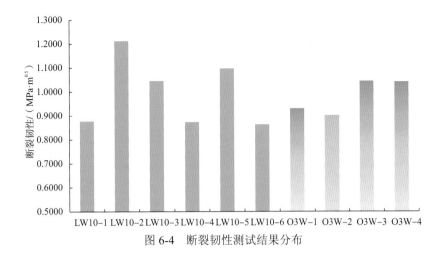

图 6-4 断裂韧性测试结果分布

分别测试并统计龙马溪组、五峰组地层的石英含量、黏土含量以及 TOC，并与断裂韧性测试结果进行对比，如图 6-5 所示。对比显示：地层岩石的断裂韧性高，对应地层的石英含量低、黏土矿物高、TOC 低。

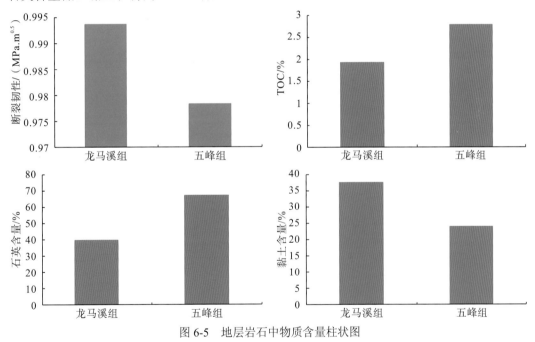

图 6-5 地层岩石中物质含量柱状图

6.1.2 层理面对页岩断裂韧性影响的数值模拟分析

与前述的抗压强度等力学参数一样，层理发育也将会影响页岩的断裂韧性特征。以龙马溪组页岩的物理实验为基础，利用 RFPA 软件开展数值模拟实验，分别研究层理角度（与加载方向的夹角）、层理面力学特性以及层理面密度对页岩断裂韧性的影响。数值模型的巴西圆盘半径为 25mm，预制中心裂缝长度为 31.25mm，模型图如表 6-1 所示，运算后模型图如表 6-2 所示。并依次对层理面力学强度为页岩基质强度的 3/4、2/4 以及 1/4 三种情况开展模拟分析。

表 6-1   模型图

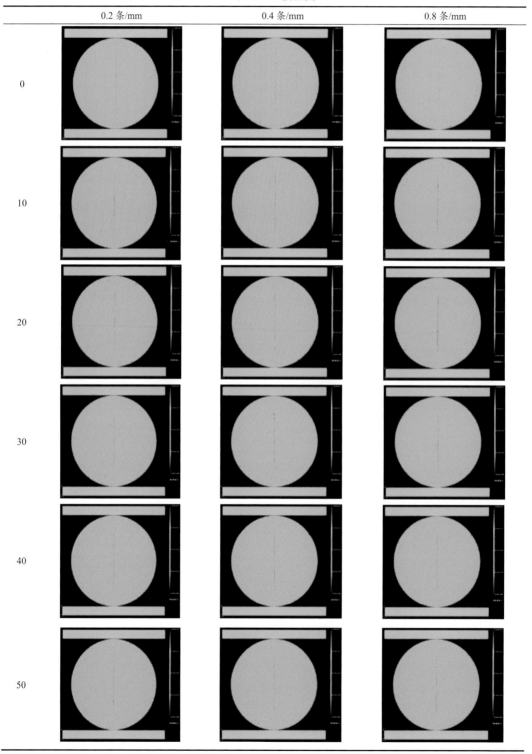

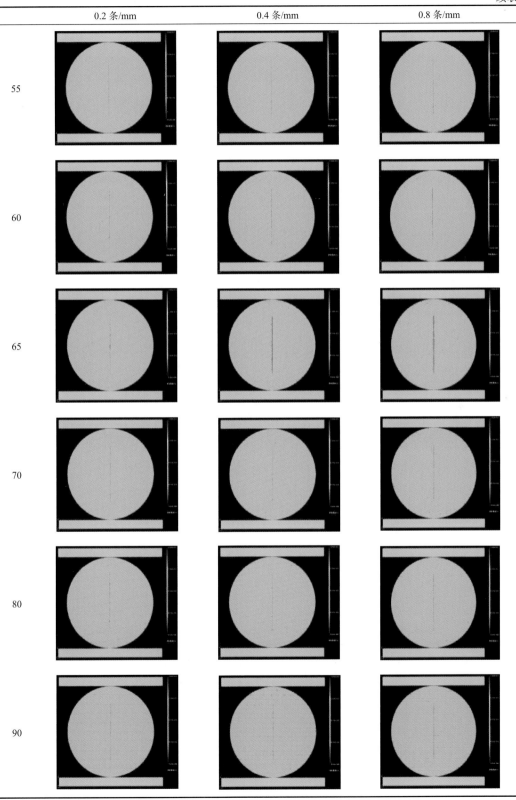

表 6-2　运算后破坏图

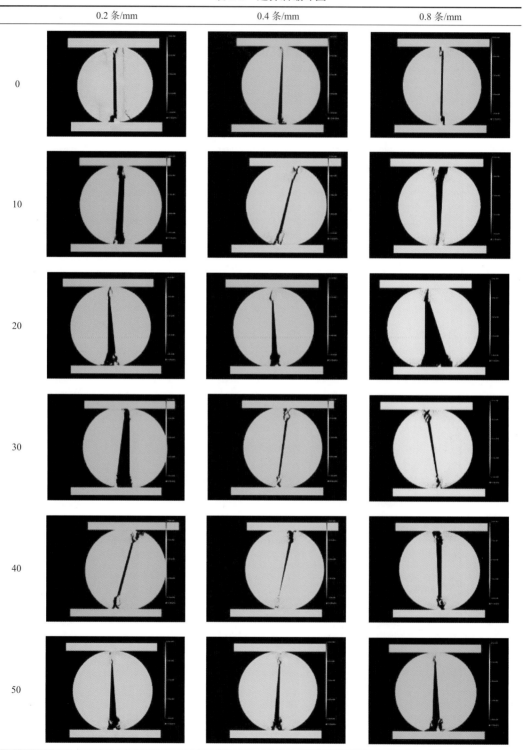

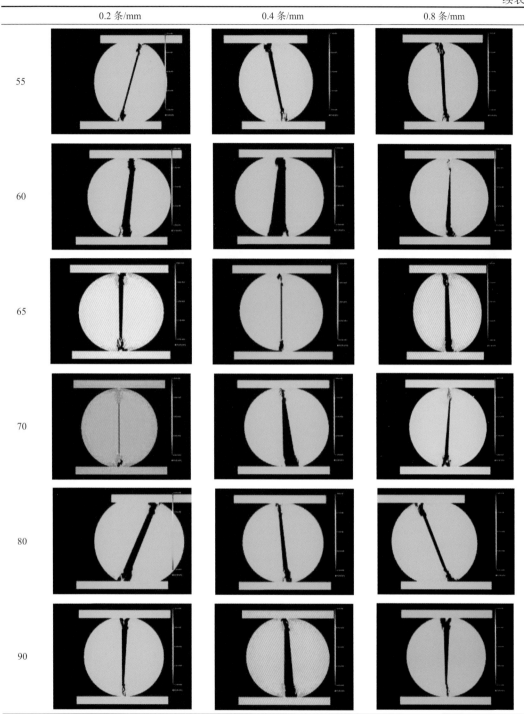

由式(6-4)可知，在试样几何尺寸一定的条件下，断裂韧性测试结果取决于试样破坏载荷，因此，数值实验结果分析用破坏应力来表征岩石的断裂韧性。

基于以上数值模拟结果，得到了破坏应力与层理角度、层理力学参数以及层理密度的关系，如图 6-6 和图 6-7 所示。

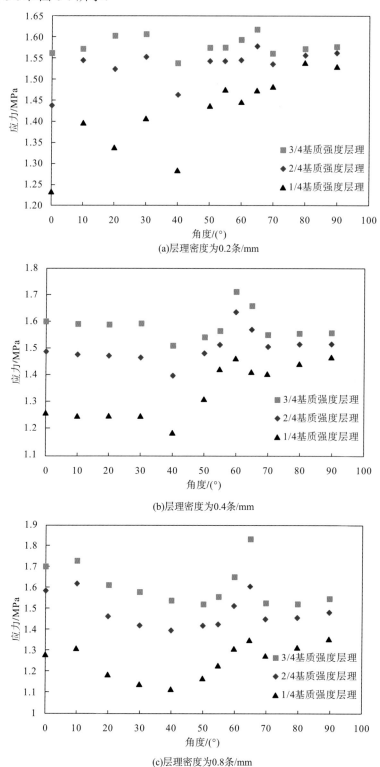

(a)层理密度为0.2条/mm

(b)层理密度为0.4条/mm

(c)层理密度为0.8条/mm

图 6-6 破坏应力与层理角度及层理面力学参数的关系

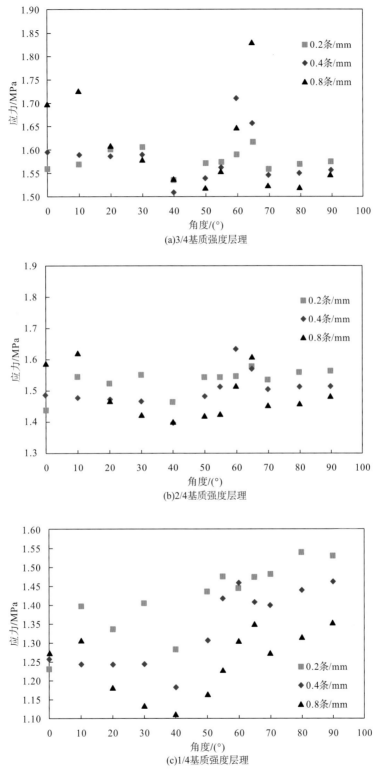

图 6-7　破坏应力与层理角度及层理面密度的关系

由图 6-6 可知，相同层理密度条件下，断裂韧性随着层理面的力学性质减弱而减小，层理角度对断裂韧性的影响会随层理面力学性质的减弱而增大；相同层理条件下，层理角度由 0° 变化到 90° 的过程中，断裂韧性总体上呈现先减小后增大的趋势，并在 40° 左右出现最小值。由图 6-7 可知，相同层理力学性质条件下，断裂韧性随着层理密度增大而减小，层理角度对断裂韧性的影响会随层理密度增大而增大；层理密度、层理面力学性质相同条件下，层理角度由 0° 变化到 90° 的过程中，断裂韧性总体上呈现先减小后增大再减小的趋势，同样在 40° 左右出现最小值。

6.1.3 诱导缝前缘形态岩心实验分析

诱导缝前缘形态是诱导缝扩展形态的一部分，对诱导裂缝扩展趋势、最终形态、复杂程度有着重要影响。因此，研究并认识诱导缝前缘形态及其影响因素，对页岩气储层体积压裂的设计、优化具有重要意义。研究显示，裂缝在扩展过程中，其前缘形态主要有：裂缝沿原方向扩展、转向和分叉。为方便描述页岩裂缝前缘形态，对这三种前缘形态做一定的定量描述。

6.1.3.1 诱导缝沿原方向扩展

裂缝即使沿原方向延伸，其前缘也并不是一条直线的向前延伸，如图 6-8 所示，裂缝的曲线路径长度为 $L(\delta)$，直线距离为 L_0。将 $L(\delta)/L_0$ 的比值定义为比例系数 C，其值越大，表示裂缝延伸越不规则。

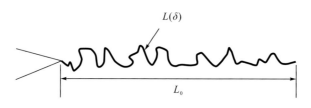

图 6-8　裂缝的曲线延伸

6.1.3.2 诱导缝的分叉

裂缝前缘受应力状态及自身结构的影响，可能出现分叉。裂缝分叉如图 6-9，假设第 i 步的裂缝分叉是在第 $i-1$ 步基础上发展起来的，并向第 $i+1$ 步继续发展，这样就构成了一个分叉的自相似系统，如图 6-9(a)。采用线性分形(即具有自相似性分形)来模拟这种非规则性现象，可以建立裂纹分叉的分形模型如图 6-9(b)所示。

由分形原理知：

$$N = 3, \quad \frac{1}{r} = \cos\frac{\pi\beta}{2} \tag{6-6}$$

则分形维数可表示为

$$D = \log 3 / \log\left(2\cos\frac{\pi\beta}{2}\right)$$

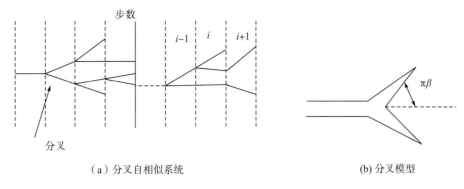

（a）分叉自相似系统　　　　　　　　　　　　（b）分叉模型

图 6-9　裂缝分叉示意图

谢和平院士还通过此分叉的分形模型，建立起相应的断裂韧性的计算式：

$$K / K_0 = \left[2\cos\frac{\pi\beta}{2} \right]^{\frac{1}{2}\left[\log 3/\log\left(\cos\frac{\pi\beta}{2}\right)-1\right]} \tag{6-7}$$

式中，K 为裂缝分叉的平面应变断裂韧性；K_0 为岩石的平面应变断裂韧性。

由于岩石材料在分叉时，其分叉角较小，K/K_0 均大于 1，即分叉使岩石类材料的断裂韧性增大，裂缝的分叉有止裂作用。断裂时分叉角越小，所需的耗散能越小，分叉断裂的现象越易发生，这与现实中岩石发育的分叉缝多为小角度缝相符。

由于裂缝的分叉主要体现在分叉角上，分叉角越大，裂缝的分形维数也越大，断裂韧性值越大，断裂所耗散的能量越多，为方便表述，即采用分叉角的大小来衡量裂缝的分叉。

6.1.3.3　诱导缝转向

裂缝在延伸过程中，前缘受材料自身结构及外部载荷的影响，出现转向。裂缝转向前后扩展方向之间的夹角 β 为转向角，如图 6-10。已有研究表明，转向角对裂缝转向的断裂韧性及随后的发展起关键作用，因此，也可用转向角来描述裂缝的转向的情况。

图 6-10　裂缝转向示意图

根据上述裂缝前缘形态描述，利用巴西圆盘试样破坏前后照片(图 6-11 和图 6-12)对页岩裂缝前缘形态进行分析。

从图 6-12 中可知，实验后圆盘裂缝主要有以下几种扩展情况：

(1)裂缝沿原预置裂缝近似直线延伸，即沿人工弱结构面延伸，表明该页岩在裂缝延伸方向上较为均质，如试样 S_1l-6、O_3W-1、O_3W-2。

(2)裂缝在尖端开裂，在扩展过程中发生转向(试样 S_1l-1、O_3W-3)，转向的角度较小，裂缝转向角约为 13°，如图 6-13 所示。

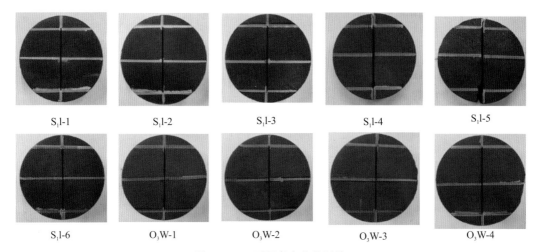

S_1l-1　　　　S_1l-2　　　　S_1l-3　　　　S_1l-4　　　　S_1l-5

S_1l-6　　　　O_3W-1　　　　O_3W-2　　　　O_3W-3　　　　O_3W-4

图 6-11　巴西圆盘实验前照片

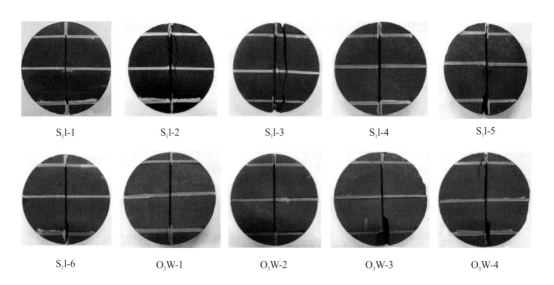

S_1l-1　　　　S_1l-2　　　　S_1l-3　　　　S_1l-4　　　　S_1l-5

S_1l-6　　　　O_3W-1　　　　O_3W-2　　　　O_3W-3　　　　O_3W-4

图 6-12　巴西圆盘实验后照片

图 6-13　S_1l-1 裂缝扩展过程中转向

　　出现此种情况可能有以下几种原因：①圆盘在预置裂缝时对岩样有所损伤，增大了预置裂纹周围岩石的各向异性；②巴西圆盘法采用的压致拉裂的方式加载，在产生横向拉应力的同时，还可能在面内产生一定的剪切作用。在两方向力的合力作用下，可能会使裂缝发展方向发生一定的转向；③页岩具有层理面及微裂缝，其力学性质较弱，会对实验中裂缝的延伸方向产生影响。

　　(3)裂缝在延伸至端部时出现次生裂缝，如试样 S_1l-2、S_1l-4、O_3W-4，如图 6-14 所示。这是由于 CCNBD 试样的主裂纹面迅速延伸并贯通破裂，在载荷继续作用下，峰值载荷后轴向压应力骤降转而集中在主裂纹面附近区域，这些因素最终导致端部次生裂纹。

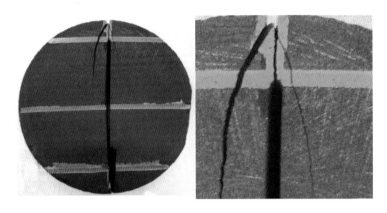

图 6-14　端部次生裂缝

　　(4)部分试样裂缝在延伸过程中形成不止一条裂缝。延伸过程中不止沿着预置裂缝方向，在层理面及微裂缝等因素的影响下还形成了分支缝，即裂缝扩展的前缘出现了分叉。裂纹分叉后继续扩展直至破坏，从照片上表现出端部掉块，如图 6-15 所示。与裂缝沿原方向扩展相比，发生裂纹分叉的岩样其断裂韧性值较高，其原因在于裂纹在分叉过程中会消耗更多的断裂能。

图 6-15　S_1l-5 裂缝扩展过程中分叉

综上所述，裂缝延伸并不是对称的，同一试样中，可能出现裂缝沿预置裂缝方向延伸扩展、分叉、转向中的一种或两种情况。在加载对称的情况下，一定程度上反映了页岩的非均质性很强。

硬脆性页岩层理发育，诱导缝扩展过程中会发生转向、分叉或者穿过层理面，使裂缝前缘形态更为复杂。因此，根据上述裂缝形态描述方法，针对不同层理特性条件下的巴西圆盘数值模型，对裂缝前缘形态进行进一步研究。

6.1.4　诱导缝前缘形态岩心数值模拟分析

6.1.4.1　层理面角度的影响

按层理面角度变化，0°～90°每10°进行一次模拟，在50°～70°间增加模拟55°及65°，固定层理面线密度为0.4条/mm，层理面力学性质为层内强度的0.5倍，其模拟前后模型图如图6-16和图6-17所示。

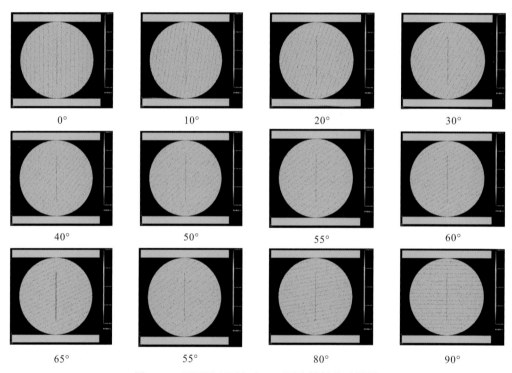

图6-16　不同层理面角度巴西圆盘模拟前试样图

对比分析模拟前后及不同层理面角度对裂缝前缘形态的影响可知：当层理面角度为0°～40°时，裂缝在垂向载荷和层理面作用下，在预置裂缝尖端开裂后，会很快转向层理面方向并沿层理面延伸，即在层理面影响下，裂缝出现转向，其转向角近似等于层理面角度。同时，随裂缝向两端延伸，在裂缝周围层理面也会出现开裂，因此，裂缝可能转向相邻的层理面。裂缝的前缘形态比较单一，在沿层理面转向后基本沿层理面方向延伸；在 $50°\sim70°$ 时，随着层理面角度的增大，层理面影响有所减小，受垂向载荷和层理面的共同影响，裂缝前缘转向时逐渐偏离层面方向外，还有多条分支缝出现了分叉，裂缝分叉时分叉角均小于 $30°$，裂缝的前缘形态更加复杂；当层理面角度增大到 $80°$ 时，层理面对裂缝的延伸影响已经很小了，在垂向载荷作用下，基本沿预置裂缝方向扩展，裂缝前缘形态也较为单一，即随着层理面角度增大，层理对裂缝前缘形态的影响在减小，垂向载荷作用相对加强。以上研究说明层理面角度对裂缝前缘形态规律影响较复杂，即不同层理面角度对裂缝前缘形态有不同的影响，总体而言裂缝前缘形态的形成受到层理面和垂向载荷的共同作用。

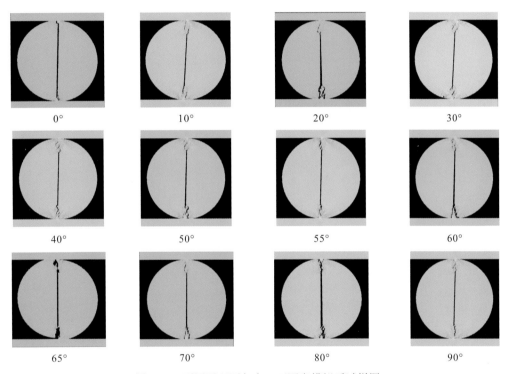

图 6-17　不同层理面角度巴西圆盘模拟后试样图

6.1.4.2　层理面线密度的影响

层理面线密度按每毫米内层理面数目来计量。在用 RPFA 进行仿真模拟时进行了部分简化，分别模拟层理面线密度为 0.2 条/mm、0.4 条/mm、0.8 条/mm 时页岩裂缝前缘形态的变化情况，固定层理面的角度为 $10°$，层理面力学性质为层内强度的 0.5 倍。其计算模型见图 6-18，模拟后试样见图 6-19。

从图 6-18 和图 6-19 中可看出，随层理面线密度增大，裂缝延伸形态变得更为复杂，其中层理面线密度为 0.2 条/mm 时，裂缝在预置裂缝方向开裂后，受层理面影响转向层理面方向；层理面线密度为 0.4 条/mm 时，裂缝随层理面方向转向，同时裂缝周围层理面也裂开；层理面线密度为 0.8 条/mm 时，裂缝随层理面转向，裂缝周围层理面裂开数量也增加，这些开裂的层理面会影响裂缝前缘形态。以上研究说明了层理面线密度对裂缝前缘形态规律有较大的影响，即层理面线密度增大，将造成层理面对裂缝前缘转向的影响增强，利于页岩地层中复杂缝网的形成。

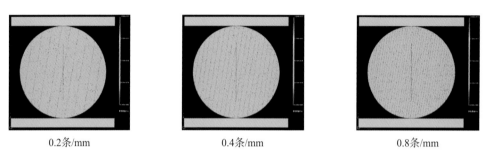

| 0.2条/mm | 0.4条/mm | 0.8条/mm |

图 6-18　不同层理面线密度巴西圆盘模拟前试样图

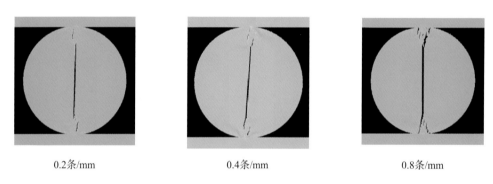

| 0.2条/mm | 0.4条/mm | 0.8条/mm |

图 6-19　不同层理面线密度巴西圆盘模拟后试样图

6.1.4.3　层理面力学性质的影响

为研究层理力学性质对裂缝前缘形态的影响，将层理面力学性质按层内强度的 0.25、0.5、0.75 倍折减，以层理面线密度为 0.4 条/mm，层理面角度为 10° 时为例，分析裂缝前缘的情况。其计算模型见图 6-20，模拟计算后圆盘试样见图 6-21。

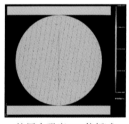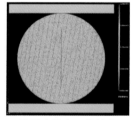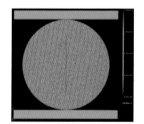

| 按层内强度0.25倍折减 | 按层内强度0.5倍折减 | 按层内强度0.75倍折减 |

图 6-20　不同层理面力学性质巴西圆盘模拟前试样图

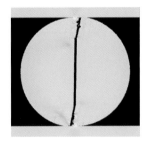
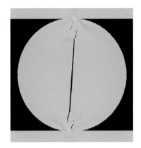
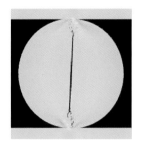

按层内强度0.25倍折减　　　　　　按层内强度0.5倍折减　　　　　　按层内强度0.75倍折减

图 6-21　不同层理面力学性质巴西圆盘模拟后试样图

从图 6-20 和图 6-21 中可看出，层理面力学性质从层内强度的 0.25 倍增大至 0.75 倍过程中，裂缝形态变得更加复杂，其中层理面力学性质为层内强度 0.25 倍时，页岩裂缝受层理面影响显著，在预置裂缝尖端开裂后，裂缝很快转向层理面方向，之后沿层理面方向延伸，由于层理面力学性质较弱，在裂缝扩展时，裂缝周围层理面也会有部分开裂；层理面力学性质为层内强度的 0.5 倍时，在层理面和垂向载荷共同作用下，页岩裂缝沿层理面方向转向，裂缝周围层理面开裂减少；层理面力学性质增大至层内强度的 0.75 倍时，裂缝受层理面作用有沿层理面方向发展的趋势，同时受垂向加载影响，由于层理面与基质的力学性质差异的减小，裂缝也有沿预置裂缝方向发展的趋势，裂缝表现出分叉。以上研究说明层理面力学性质对裂缝前缘形态规律有较大的影响。

研究结果表明，层理面性质对裂缝前缘形态影响较大，层理面性质不同，页岩内部裂缝前缘在应力作用下的形态以及扩展、扩展趋势不同，对页岩地层压裂复杂缝网的形成有重要影响。

6.2　井壁天然裂缝对诱导缝起裂和延伸影响的数值模拟分析

切割井眼的井壁天然缝发育将破坏井周地层结构的完整性，改变诱导缝的起裂、扩展特征，从井壁天然裂缝与最大主应力夹角、裂缝长度、裂缝力学特性三个方面研究井壁天然裂缝对诱导缝起裂、扩展的影响，是认识诱导缝扩展成网机制的基础。

6.2.1　不考虑结构面发育条件下的诱导缝起裂与扩展

对于裂缝、层理等结构面不发育地层的诱导缝形成机制，国内外学者采用数值模拟的方法已经做了大量研究。然而，受限于岩石矿物颗粒、胶结构以及各种微缺陷力学参数分布规律的复杂性，目前出现的大量研究成果都假设地层为均质各向同性。借助 RFPA 软件在基元力学性质分布上的处理，可研究非均质、各向异性地层诱导缝形成的情况。在本节，不考虑层理、裂缝等宏观结构面，利用 RFPA 软件开展数值模拟分析，研究岩石矿物颗粒、胶结物以及各种微缺陷等导致的细观非均质性对诱导缝起裂、扩展的影响。地层的应力状态数据见表 6-3。

表 6-3   地应力以及孔隙压力数据

水平最大地应力 σ_H/MPa	51.45
水平最小地应力 σ_h/MPa	31.65
上覆压力 σ_v/MPa	36.75
孔隙压力 p_p/MPa	18.00

选择二维模型开展机理分析,以沿水平最小地应力方向钻井的地质模型垂直纵截面作为研究对象。模型尺寸设计为井筒尺寸的 50 倍,为 2m×2m,网格划分为 600×600=360000 个细观单元,井眼半径为 20mm。模型边界分别施加相应主应力,左右两个边界施加水平地应力 51.45MPa,上下边界施加垂向地应力 36.75MPa,应力比值为 1.4,模型初始孔隙压力为 18MPa。井筒采用渗流载荷加载方式,以单步增量 1MPa 逐步增加。模型受力示意图与加载方案分别见图 6-22 与表 6-4,图 6-23～图 6-25 为无裂缝非均质地层模型中,井周诱导缝形成过程模拟结果。

表 6-4   模型加载方案

垂向地应力 σ_2/MPa	36.75
水平地应力 σ_1/MPa	51.45
原始孔隙压力 p_p/MPa	18.00
井筒内压单步增量 Δp/MPa	1.00

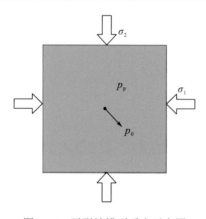

图 6-22   无裂缝模型受力示意图

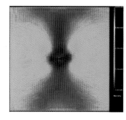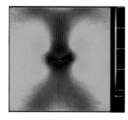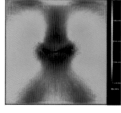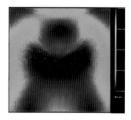

（a）井筒内压80MPa   （b）井筒内压82MPa   （c）井筒内压84MPa   （d）井筒内压87MPa

图 6-23   数值模拟过程井周剪应力云图

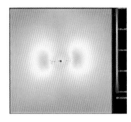 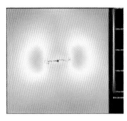 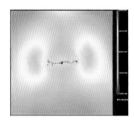 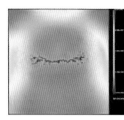

（a）井筒内压80MPa　　（b）井筒内压82MPa　　（c）井筒内压84MPa　　（d）井筒内压87MPa

图 6-24　数值模拟过程井周最小主应力云图

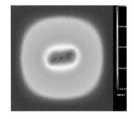 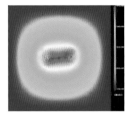 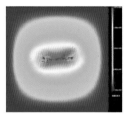 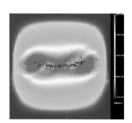

（a）井筒内压80MPa　　（b）井筒内压82MPa　　（c）井筒内压84MPa　　（d）井筒内压87MPa

图 6-25　数值模拟过程井周孔隙压力云图

　　按照经典岩石力学理论，在地层岩石为连续、均质和各向同性的假设下，诱导裂缝总是沿最大主应力方位起裂及延伸。从数值仿真结果看，对非均质、各向异性介质并不是在绝对的最大主应力方位起裂，而是在靠近最大主应力方位起裂。由于细观基元力学性质的非均匀性，井壁力学性质较弱的单元可能会优先达到其破坏强度，并发生破坏，从而导致诱导缝起裂偏离最大主应力方向。起裂后诱导缝仍然沿最大主应力方向延伸，当井筒内液柱压力逐步升高至一定值时，由于地层较强的非均质性，裂缝并不是平直状态，而是呈弯曲态向外扩展，并在远离井眼区域后出现分支，但分支缝数量较少，且长度一般较短，故诱导裂缝形态总体比较简单。

　　在天然裂缝、层理等结构面不发育的地层中，岩石的力学非均质性不会显著影响诱导缝的起裂、扩展，诱导缝形态简单，不具备形成网状裂缝的条件。

6.2.2　井壁天然裂缝与最大主应力夹角的影响

　　天然裂缝力学参数与物性参数见表 6-5。

表 6-5　天然裂缝参数表

参数	取值
均质度 m	2
细观弹性模量平均值 E/MPa	9125
细观单轴抗压强度平均值 σ_c/MPa	475
内摩擦角 φ/(°)	10
压拉比 C/T	25

续表

参数	取值
泊松比 μ	0.4
密度 $\rho/(\text{g/cm}^3)$	2.487
孔隙度 $\Phi/\%$	10
渗透率 K/mD	0.0007
孔隙压力系数	1.0

    考虑井壁天然裂缝长度为 1 倍井径，裂缝与最大主应力方位成不同角度，且裂缝与井筒相交，裂缝延长线穿过井筒中心，建立数值模型，图 6-26 给出了部分角度的裂缝模型。每个模型均以表 6-4 的加载方案进行，随着井筒内压的逐步增加，诱导缝最终形态数值模拟计算结果见图 6-27 所示。为了方便描述，图中所指夹角均代表与最大主应力方向的夹角。

    根据岩石力学理论，裂缝相对最大主应力方向夹角越大，裂缝面上正应力越大，由莫尔-库仑准则可知，裂缝产生滑动所需要的剪应力越大，同时，裂缝面被张开需要的张应力也越大，即天然裂缝被张开相对困难。数值计算结果(图 6-27)也证实了这一理论，天然裂缝与最大主应力夹角大于 70° 时，天然裂缝不会被张开并扩展，井筒靠近最大主应力方位起裂；天然裂缝与最大主应力夹角为 70° 或更小时，天然裂缝开启且尖端产生伴生诱导缝。该地应力条件下，1 倍井径长度天然裂缝刚好被打开的临界夹角为 70°。当天然裂缝与最大主应力夹角小于该临界角时，天然缝将被张开并扩展，从而影响诱导缝的起裂、扩展。

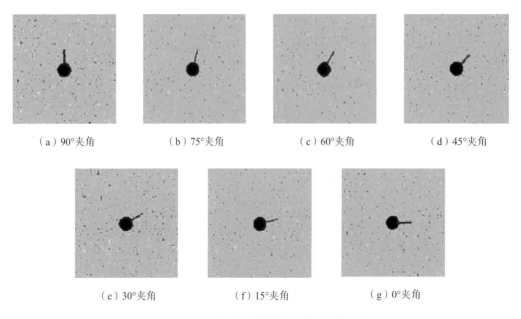

（a）90°夹角   （b）75°夹角   （c）60°夹角   （d）45°夹角

（e）30°夹角   （f）15°夹角   （g）0°夹角

图 6-26   不同夹角裂缝模型近井局部放大图

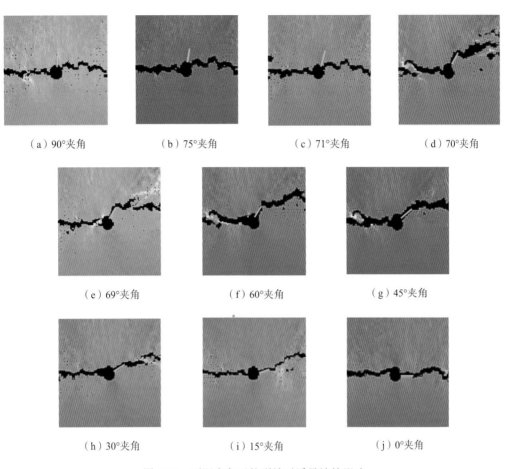

(a) 90°夹角　　(b) 75°夹角　　(c) 71°夹角　　(d) 70°夹角

(e) 69°夹角　　(f) 60°夹角　　(g) 45°夹角

(h) 30°夹角　　(i) 15°夹角　　(j) 0°夹角

图 6-27　不同夹角天然裂缝对诱导缝的影响

6.2.3　井壁天然裂缝长度的影响

从前述内容已知，井壁裂缝能否被张开并扩展，取决于裂缝与最大主应力的夹角与临界夹角的大小关系。然而，在地应力、地层岩石力学特性一定的情况下，天然裂缝张开、起裂的临界角是否受天然裂缝规模尤其是裂缝长度的影响，目前尚无明确认识，本节对此展开了研究。

6.2.3.1　裂缝长度为 2 倍井径

井壁天然裂缝长度为 2 倍井径，改变裂缝与最大主应力方位的夹角，随着井筒内压的逐步增加，诱导缝最终形态数值模拟计算结果见图 6-28 所示。从图 6-28 中可看出，增加天然裂缝长度为 2 倍井径，得到的结果同样是天然裂缝与最大主应力夹角大于 70°，天然裂缝不会被张开，天然裂缝与最大主应力夹角为 70° 或更小时，天然裂缝开启且尖端产生伴生诱导缝。因此，2 倍井径长度天然裂缝刚好被张开并扩展的临界夹角与 1 倍井径长度天然裂缝一样，即临界夹角为 70°。

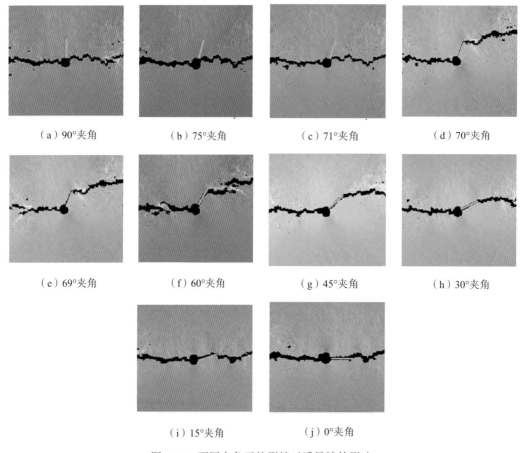

（a）90°夹角　　　　　（b）75°夹角　　　　　（c）71°夹角　　　　　（d）70°夹角

（e）69°夹角　　　　　（f）60°夹角　　　　　（g）45°夹角　　　　　（h）30°夹角

（i）15°夹角　　　　　（j）0°夹角

图 6-28　不同夹角天然裂缝对诱导缝的影响

6.2.3.2　裂缝长度为 3 倍井径

　　增加井壁天然裂缝长度为 3 倍井径，按照相同的方法开展研究，模拟结果见图 6-29 示。从图 6-29 中可得到与前面相同的结论，3 倍井径长度天然裂缝刚好被张开并扩展的临界夹角也为 70°。

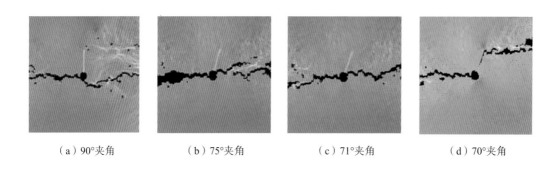

（a）90°夹角　　　　　（b）75°夹角　　　　　（c）71°夹角　　　　　（d）70°夹角

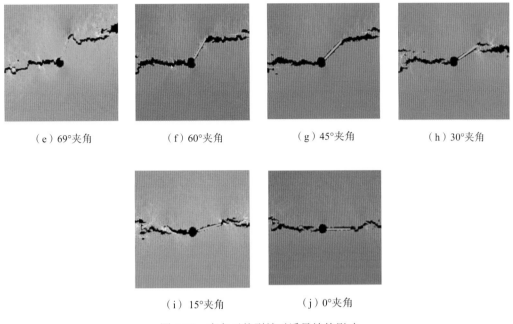

（e）69°夹角　　　　（f）60°夹角　　　　（g）45°夹角　　　　（h）30°夹角

（i）15°夹角　　　　（j）0°夹角

图 6-29　夹角天然裂缝对诱导缝的影响

6.2.3.3　裂缝长度为 4 倍井径

井壁天然裂缝长度为 4 倍井径，模拟结果见图 6-30。从图 6-30 中可看出 4 倍井径长度天然裂缝刚好被张开并扩展的临界夹角也为 70°。

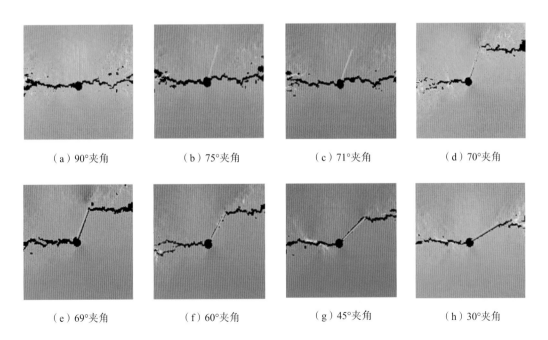

（a）90°夹角　　　　（b）75°夹角　　　　（c）71°夹角　　　　（d）70°夹角

（e）69°夹角　　　　（f）60°夹角　　　　（g）45°夹角　　　　（h）30°夹角

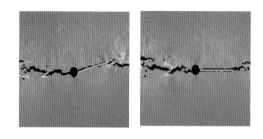

（i）15°夹角   （j）0°夹角

图 6-30　夹角天然裂缝对诱导缝的影响

6.2.3.4　裂缝长度为 5 倍井径

井壁天然裂缝长度为 5 倍井径，模拟结果见图 6-31。从图 6-31 中可看出，5 倍井径长度天然裂缝被张开并扩展的临界夹角仍然为 70°。

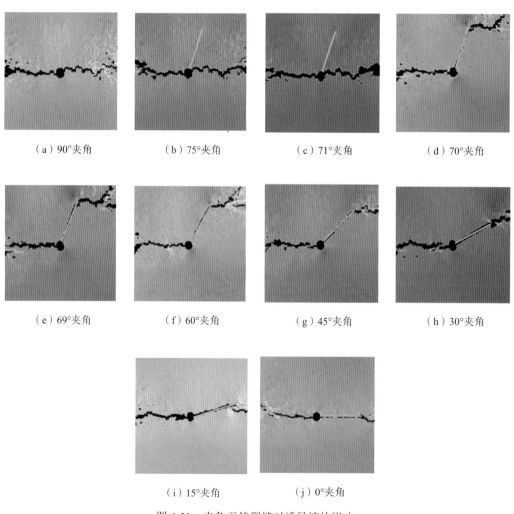

（a）90°夹角   （b）75°夹角   （c）71°夹角   （d）70°夹角

（e）69°夹角   （f）60°夹角   （g）45°夹角   （h）30°夹角

（i）15°夹角   （j）0°夹角

图 6-31　夹角天然裂缝对诱导缝的影响

6.2.3.5　裂缝长度为 6 倍井径

井壁天然裂缝长度为 6 倍井径，模拟结果见图 6-32 所示。此时，6 倍井径天然裂缝被张开并扩展的临界夹角仍然为 70°。

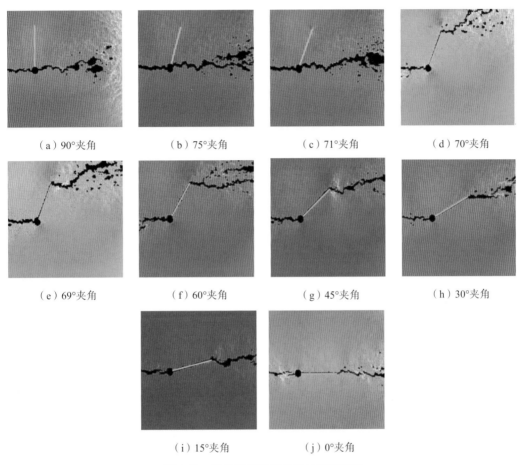

（a）90°夹角　　　　（b）75°夹角　　　　（c）71°夹角　　　　（d）70°夹角

（e）69°夹角　　　　（f）60°夹角　　　　（g）45°夹角　　　　（h）30°夹角

（i）15°夹角　　　　（j）0°夹角

图 6-32　夹角天然裂缝对诱导缝的影响

综合不同长度井壁裂缝在夹角变化下，模拟得到的刚好被张开并扩展的临界夹角，如表 6-6 所示。尽管井壁裂缝长度不同，但临界夹角相同均为 70°，说明在所研究的地应力以及基质、裂缝力学参数前提下，裂缝与最大主应力方向的夹角是影响其能否张开并扩展的主要因素，而裂缝长度几乎没有影响。

表 6-6　裂缝长度与对应临界夹角

井壁裂缝长度	开启的临界夹角/(°)
1 倍井径	70
2 倍井径	70
3 倍井径	70

井壁裂缝长度	开启的临界夹角/(°)
4 倍井径	70
5 倍井径	70
6 倍井径	70

6.2.4　井壁天然裂缝力学性质的影响

取井壁裂缝长度为 3 倍井径，裂缝与最大主应力夹角相同，研究天然裂缝力学性质对其开启的影响，天然裂缝细观力学参数分别按基质的 1/8、1/4、3/8、1/2 进行折算。随着井筒内压逐步增加，不同裂缝力学参数下得到的诱导缝形态见图 6-33 与图 6-34 所示。

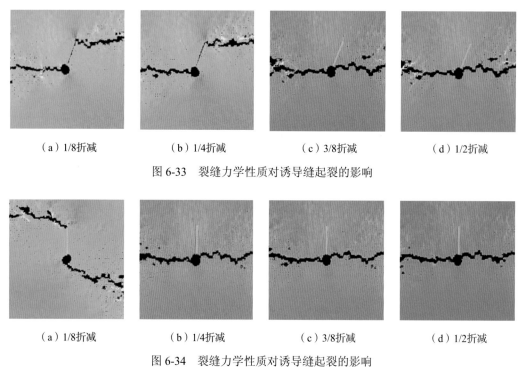

　（a）1/8折减　　　　　　（b）1/4折减　　　　　　（c）3/8折减　　　　　　（d）1/2折减

图 6-33　裂缝力学性质对诱导缝起裂的影响

　（a）1/8折减　　　　　　（b）1/4折减　　　　　　（c）3/8折减　　　　　　（d）1/2折减

图 6-34　裂缝力学性质对诱导缝起裂的影响

从图 6-33 和图 6-34 中可得出，裂缝与最大主应力夹角为 70°与 90°，模拟都得到了相同的结论，随着天然裂缝力学性质逐渐增强，被张开并扩展的难度增加；天然裂缝力学性质较弱时，张开天然裂缝所需的压力小于沿井壁最大主应力方向起裂对应的压力，此时，往往沿天然裂缝起裂；当天然裂缝力学强度增大至一定程度后，被张开所需的压力大于沿井周起裂的压力，故表现为诱导缝沿井周最大主应力方向起裂。

基于井壁天然裂缝与最大主应力不同夹角、不同裂缝长度以及天然裂缝不同力学性质下诱导裂缝起裂规律研究，得出井壁天然裂缝性质直接关系到诱导缝起裂方位，其中天然裂缝与最大主应力夹角以及裂缝力学性质是主要影响因素，而天然裂缝的长度对起裂几乎没有影响。天然裂缝与最大主应力成 70°，是诱导缝能够沿裂缝起裂的临界夹角，裂缝与最大主应力夹角小于等于临界夹角有利于诱导缝沿井壁裂缝起裂，同时，裂缝力学性质越弱，增大了诱导缝沿天然裂缝起裂的可能性。

6.3　井周地层天然裂缝对诱导缝扩展的影响

已有研究表明只有当井周地层中存在大量天然裂缝，且诱导缝不断打开天然裂缝沿天然裂缝转向，或是诱导缝沿天然裂缝发生分支，才有可能形成复杂的裂缝系统。因此，研究井周天然裂缝对诱导缝扩展的影响，对诱导缝力学扩展机理以及压裂缝网成因机制认识具有重要意义。

6.3.1　井周裂缝与最大主应力夹角的影响

井壁不存在天然裂缝，远离井眼的一定区域预置一条长度为 4 倍井径的天然裂缝，天然裂缝走向与最大主应力方位的夹角从 90° 变化至 0°，数值模型如图 6-35 所示。与最大主应力呈不同角度天然裂缝发育条件下的诱导缝形成见图 6-36。

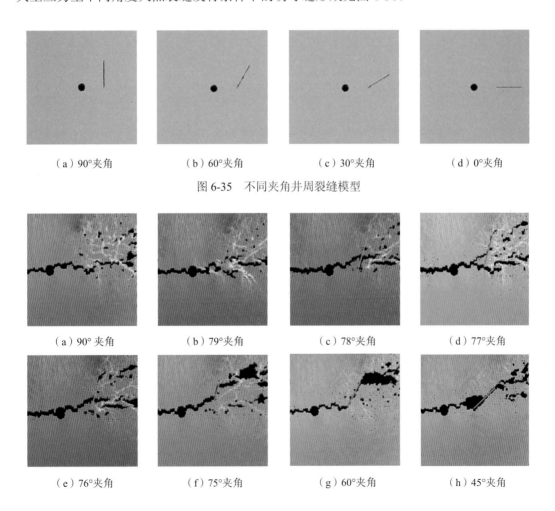

（a）90°夹角　　　（b）60°夹角　　　（c）30°夹角　　　（d）0°夹角

图 6-35　不同夹角井周裂缝模型

（a）90° 夹角　　　（b）79°夹角　　　（c）78°夹角　　　（d）77°夹角

（e）76°夹角　　　（f）75°夹角　　　（g）60°夹角　　　（h）45°夹角

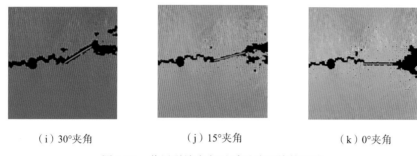

（i）30°夹角　　　　　　　　　　（j）15°夹角　　　　　　　　　　（k）0°夹角

图 6-36　井周裂缝夹角对诱导缝延伸的影响

从图 6-36 中可以看出，井周天然裂缝与最大主应力方向成不同夹角，诱导缝形态有明显差别，其中天然裂缝与最大主应力夹角大于 78° 时，诱导缝穿过天然裂缝仍然保持最大主应力方向发展；天然裂缝与最大主应力夹角减小至 75°～77° 时，诱导缝在井周天然裂缝前端出现了分支，主裂缝保持最大主应力方向发展，分支缝张开部分天然裂缝并沿天然裂缝发展；夹角减小至 60° 及以下时，诱导缝均沿天然裂缝发生转向扩展。因此，在计算分析条件下，井周天然裂缝与最大主应力夹角为 77° 是诱导缝能沿天然裂缝转向扩展的临界夹角，井周天然裂缝与最大主应力夹角小于或等于该夹角诱导缝将会分支或转向的有利角度。

6.3.2　井周裂缝长度的影响

井周天然裂缝与最大主应力夹角为 70°，裂缝长度分别为 2 倍、3 倍、4 倍与 5 倍井径，建立的不同长度裂缝模型见图 6-37，模拟结果见图 6-38。

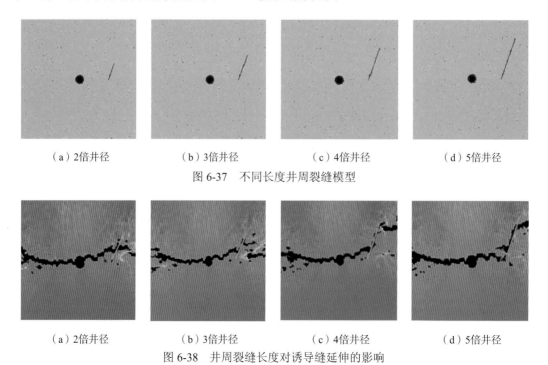

（a）2倍井径　　　　　　（b）3倍井径　　　　　　（c）4倍井径　　　　　　（d）5倍井径

图 6-37　不同长度井周裂缝模型

（a）2倍井径　　　　　　（b）3倍井径　　　　　　（c）4倍井径　　　　　　（d）5倍井径

图 6-38　井周裂缝长度对诱导缝延伸的影响

对比图 6-38 中不同天然裂缝长度下诱导缝延伸情况，天然裂缝与最大主应力成相同夹角，天然裂缝长度越长，诱导缝张开天然裂缝沿天然裂缝转向的可能性越大，诱导缝转向程度越高。

6.3.3　井周裂缝位置的影响

6.3.3.1　天然裂缝沿最小主应力方向位置的影响

井周天然裂缝长度为 4 倍井径，裂缝与最大主应力夹角为 71°，裂缝沿最小主应力方向（垂向）分布在井周不同位置。为了准确描述天然裂缝分布位置，引入一裂缝位置描述方法。模型中裂缝分布示意图见图 6-39 所示，过井筒中心的红色虚线为裂缝位置的基准线，以裂缝下端点到基准线的距离描述裂缝在最小主应力方向的远近程度，裂缝下端点位于基准线以上时，其位置为"＋"，裂缝下端点位于基准线以下时，其位置为"－"。按该方法建立井周天然裂缝分布在最小主应力方向不同位置的裂缝模型，见图 6-40。井周天然裂缝到基准线的距离从 -1.0 倍井径变化到 +2.5 倍井径，得到的诱导缝最终形态见图 6-41。

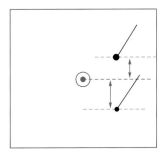

图 6-39　裂缝沿最小主应力方向分布示意图

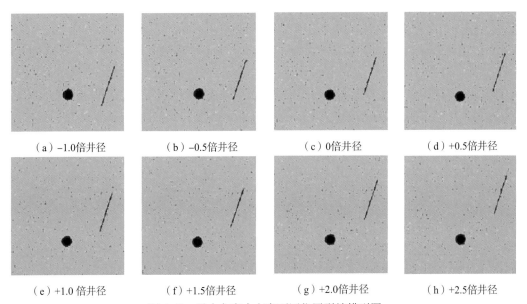

（a）-1.0 倍井径　　　（b）-0.5 倍井径　　　（c）0 倍井径　　　（d）+0.5 倍井径

（e）+1.0 倍井径　　　（f）+1.5 倍井径　　　（g）+2.0 倍井径　　　（h）+2.5 倍井径

图 6-40　最小主应力方向不同位置裂缝模型图

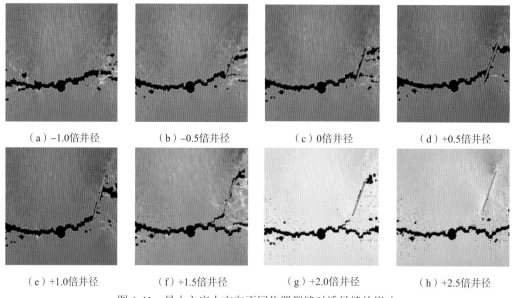

（a）-1.0倍井径　　（b）-0.5倍井径　　（c）0倍井径　　（d）+0.5倍井径

（e）+1.0倍井径　　（f）+1.5倍井径　　（g）+2.0倍井径　　（h）+2.5倍井径

图 6-41　最小主应力方向不同位置裂缝对诱导缝的影响

从图 6-41 中看出，当裂缝起点距离基准线-1.0 倍井径时，诱导缝穿过天然裂缝并沿着最大主应力方向继续向前延伸；当裂缝起点距离基准线为-0.5 倍井径到+1.0 倍井径范围，随着裂缝逐渐往上移，打开程度明显增加；当裂缝起点距离基准线为+1.5 倍井径与+2.0 倍井径时，诱导缝出现了分支，一支裂缝沿天然裂缝扩展，另一分支缝保持沿最大主应力方向扩展；距离继续增大至+2.5 倍井径，天然裂缝受诱导缝扰动减弱，不足以张开天然裂缝，故诱导缝不再偏向天然裂缝发生分叉，仍然保持最大主应力方向扩展。因此，天然裂缝被沟通、诱导缝发生转向或分叉扩展，存在天然裂缝沿最小主应力方向的距离位置范围，计算条件下为-0.5 倍井径至+2.0 倍井径，超出该范围，诱导缝不会沟通天然裂缝。

6.3.3.2　裂缝沿最大主应力方向位置的影响

井周裂缝沿最大主应力方向到井筒不同距离的数值模型见图 6-42 所示，裂缝尖端至井筒距离从 1.0 倍井径逐渐增加至 5.0 倍井径。随着井筒内压的增加，最终得到的诱导缝形态见图 6-43。从图 6-43 中看出，天然裂缝沿最大主应力方向距离井筒越近，诱导缝越容易穿过天然缝并继续沿最大主应力方向扩展；天然裂缝远离井眼，应力诱导作用减弱，诱导缝更容易沿天然裂缝转向或分叉扩展。

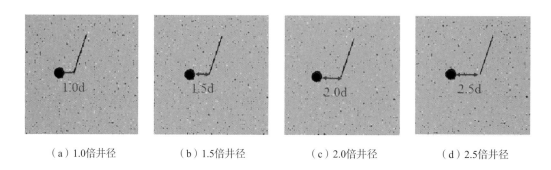

（a）1.0倍井径　　　（b）1.5倍井径　　　（c）2.0倍井径　　　（d）2.5倍井径

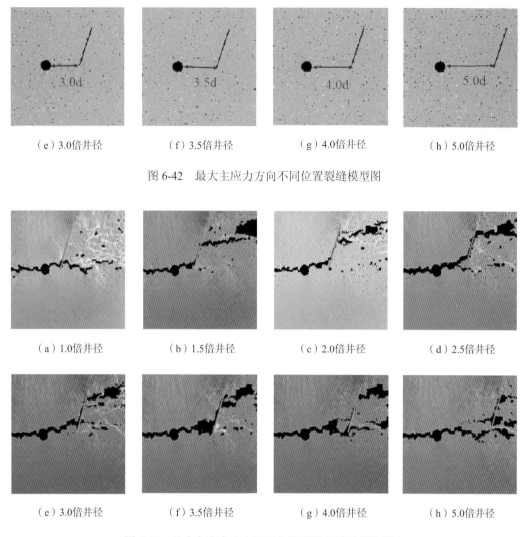

（e）3.0倍井径　　　　（f）3.5倍井径　　　　（g）4.0倍井径　　　　（h）5.0倍井径

图 6-42　最大主应力方向不同位置裂缝模型图

（a）1.0倍井径　　　　（b）1.5倍井径　　　　（c）2.0倍井径　　　　（d）2.5倍井径

（e）3.0倍井径　　　　（f）3.5倍井径　　　　（g）4.0倍井径　　　　（h）5.0倍井径

图 6-43　最大主应力方向不同位置裂缝对诱导缝的影响

综上所述，井周天然裂缝与最大主应力夹角、裂缝长度、分布位置都会影响诱导缝的扩展。其中，井周天然裂缝与最大主应力夹角小于或等于临界夹角，诱导缝将会分支或转向的有利角度；井周天然裂缝长度越长，诱导缝沿天然裂缝转向扩展的可能性越大。因此，认识井周天然裂缝分布特征，对于准确预测诱导缝发育具有重要意义。

6.4　诱导缝起裂方位对诱导缝延伸的影响

通过前面分析可知，当井壁分布有天然裂缝等弱结构面时，诱导缝可能会沿裂缝起裂、起裂方位发生改变。诱导缝沿井壁天然裂缝起裂后的扩展，同样也会受井周裂缝与最大主应力夹角、裂缝长度、裂缝位置等因素的影响，不同起裂方位下井周裂缝对诱导缝延伸的影响程度不同。

6.4.1 不同起裂方位下井周裂缝的影响

6.4.1.1 沿井壁 0° 裂缝起裂

井筒最大主应力方向预置长度为 2 倍井径的天然裂缝，天然裂缝必然会被打开形成诱导缝，在离井壁裂缝尖端 1 倍井径位置处预制另一井周天然裂缝，该天然裂缝与最大主应力方向成不同角度。部分模型近井局部放大图见图 6-44，井周天然裂缝与最大主应力夹角对诱导缝扩展的影响见图 6-45。

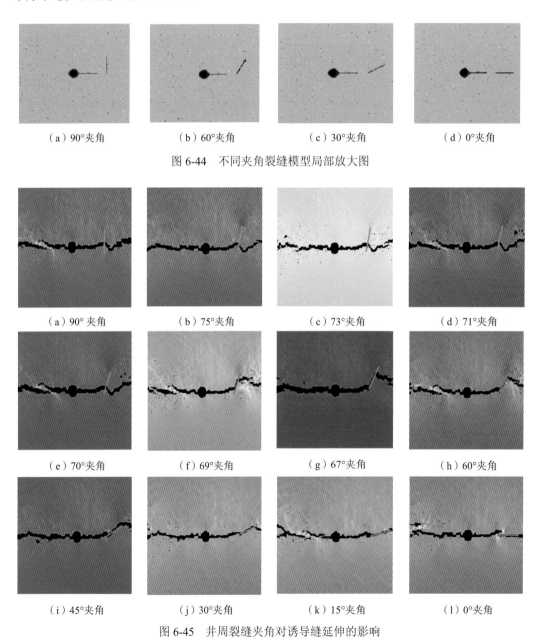

（a）90°夹角　　　　（b）60°夹角　　　　（c）30°夹角　　　　（d）0°夹角

图 6-44　不同夹角裂缝模型局部放大图

（a）90°夹角　　　　（b）75°夹角　　　　（c）73°夹角　　　　（d）71°夹角

（e）70°夹角　　　　（f）69°夹角　　　　（g）67°夹角　　　　（h）60°夹角

（i）45°夹角　　　　（j）30°夹角　　　　（k）15°夹角　　　　（l）0°夹角

图 6-45　井周裂缝夹角对诱导缝延伸的影响

由图 6-45 中看出，诱导缝沿井壁最大主应力方向裂缝起裂，井周不同走向天然裂缝能否被沟通也存在一个临界角度，在该地应力、裂缝分布规律以及模型参数的条件下，临界夹角为 69°。裂缝与最大主应力夹角大于该临界角度，诱导缝倾向于穿过天然裂缝；裂缝与最大主应力夹角小于等于该角度时，诱导缝张开天然裂缝沿天然裂缝发生转向。

6.4.1.2　沿井壁 45° 裂缝起裂

前一部分的大量模拟显示，诱导缝在井壁裂缝尖端将趋向最大主应力方向扩展，故在井壁裂缝尖端沿最大主应力方向预置一不同夹角天然裂缝，研究井周天然裂缝与最大主应力夹角对诱导缝扩展的影响。井壁 45° 裂缝代表裂缝走向与最大主应力夹角为 45°。部分模型近井局部放大图见图 6-46，井周天然裂缝与最大主应力夹角对诱导缝延伸的影响见图 6-47。

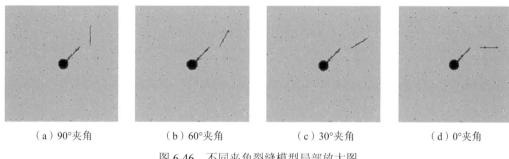

（a）90°夹角　　　　（b）60°夹角　　　　（c）30°夹角　　　　（d）0°夹角

图 6-46　不同夹角裂缝模型局部放大图

从图 6-47 中看出，在诱导缝沿井壁 45° 裂缝起裂的前提下，除去井周裂缝与最大主应力夹角为 90° 的情况，井周裂缝没有被沟通，其他夹角均呈现诱导缝不同程度张开天然裂缝，沿天然裂缝发生转向的结果，此时，井周裂缝被沟通的临界夹角是 89°。

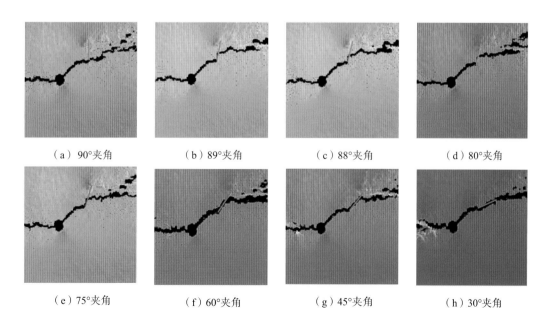

（a）90°夹角　　　　（b）89°夹角　　　　（c）88°夹角　　　　（d）80°夹角

（e）75°夹角　　　　（f）60°夹角　　　　（g）45°夹角　　　　（h）30°夹角

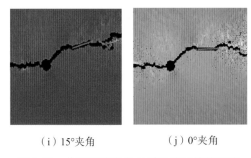

（i）15°夹角　　　　　　　　　　（j）0°夹角

图 6-47　井周裂缝夹角对诱导缝延伸的影响

比较诱导缝在两种起裂方式下井周天然裂缝被张开的临界夹角，沿井壁 45°裂缝起裂对应的临界夹角明显更大。因此，沿井壁较大角度裂缝起裂的诱导缝，在井周天然裂缝的作用下，更容易实现分支和转向，相对更容易形成网状裂缝。

6.4.2　不同起裂方位下井周裂缝位置的影响

6.4.2.1　不同起裂方位下井周裂缝沿最小主应力方向位置的影响

1. 沿井壁 0°裂缝起裂

井壁最大主应力方向天然裂缝长度为 2 倍井径，井周分布有一长为 2 倍井径的天然裂缝，该裂缝与最大主应力夹角为 69°，井周天然裂缝沿最小主应力方向分布在不同位置。裂缝沿最小主应力方向分布位置示意图见图 6-48，不同位置的裂缝模型见图 6-49，裂缝位置对诱导缝形态的影响见图 6-50。

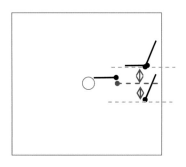

图 6-48　裂缝沿最小主应力方向分布示意图

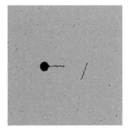
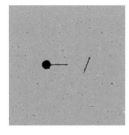
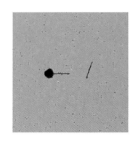

（a）–1.5倍井径　　　　　　　　（b）–1.0倍井径　　　　　　　　（c）–0.5倍井径

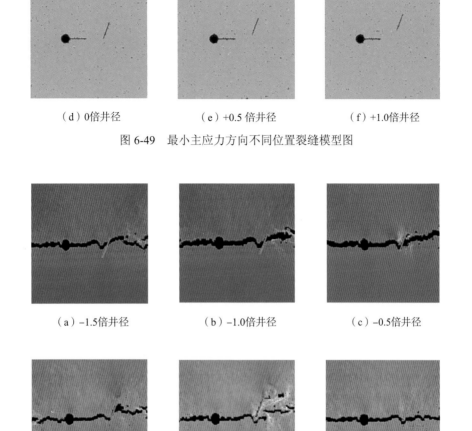

（d）0倍井径　　　　　　　　（e）+0.5倍井径　　　　　　　（f）+1.0倍井径

图 6-49　最小主应力方向不同位置裂缝模型图

（a）−1.5倍井径　　　　　　　（b）−1.0倍井径　　　　　　　（c）−0.5倍井径

（d）0倍井径　　　　　　　　（e）+0.5倍井径　　　　　　　（f）+1.0倍井径

图 6-50　最小主应力方向不同位置裂缝对诱导缝的影响

从图 6-50 中可以看出，仅井周裂缝到基准线距离为 0 倍井径与+0.5 倍井径，诱导缝能沟通井周裂缝，井周裂缝过于偏离井壁裂缝所在方向不利于天然裂缝的沟通。诱导缝沿井壁 0°裂缝起裂的情况，诱导缝受井周应力与井壁裂缝的共同作用，发展延伸受限于最大主应力方向，不利于周围裂缝被沟通张开。

2. 沿井壁 45°裂缝起裂

井壁 45°天然裂缝引导诱导缝沿天然裂缝起裂，井周天然裂缝与最大主应力夹角为 69°，井周天然裂缝沿最小主应力方向分布在距离基准线不同距离处。裂缝沿最小主应力方向分布位置示意图见图 6-51，建立的不同裂缝位置的模型图见图 6-52，模拟结果见图 6-53。

从图 6-53 中看出，井周天然裂缝处于不同位置被张开的难易程度不同。天然裂缝位于基准线周围-0.5 倍井径至+1.0 倍井径范围内，都有不同程度的开启；裂缝在该范围外沿最小主应力方向远离基准线，诱导缝穿过井周裂缝扩展。

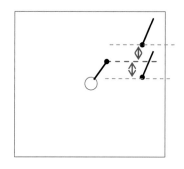

图 6-51　裂缝沿最小主应力方向分布示意图

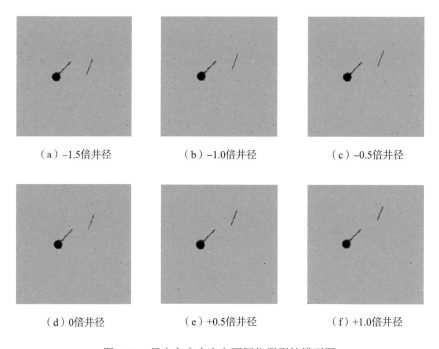

（a）-1.5倍井径　　　　　　（b）-1.0倍井径　　　　　　（c）-0.5倍井径

（d）0倍井径　　　　　　（e）+0.5倍井径　　　　　　（f）+1.0倍井径

图 6-52　最小主应力方向不同位置裂缝模型图

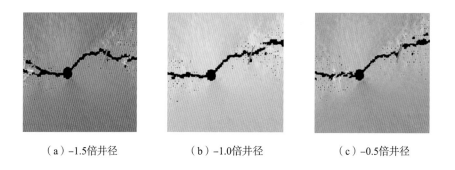

（a）-1.5倍井径　　　　　　（b）-1.0倍井径　　　　　　（c）-0.5倍井径

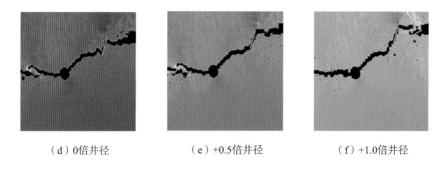

（d）0倍井径　　　　　　　　　（e）+0.5倍井径　　　　　　　　　（f）+1.0倍井径

图 6-53　最小主应力方向不同位置裂缝对诱导缝的影响

对比沿井壁 0° 裂缝起裂的情况，沿井壁 45° 裂缝起裂的诱导缝能够沟通张开更大范围的井周天然裂缝、并转向扩展，更利于形成复杂缝网。

6.4.2.2　不同起裂方位下裂缝沿最大主应力方向位置的影响

1. 沿井壁 0° 裂缝起裂

井周天然裂缝与井壁裂缝尖端的距离从 0.5 倍井径逐渐增加至 4.5 倍井径（图 6-54），模拟结果见图 6-55。

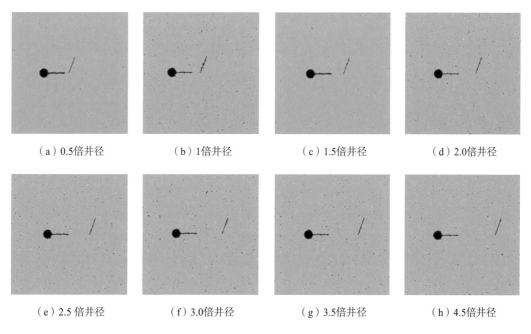

（a）0.5倍井径　　　　（b）1倍井径　　　　（c）1.5倍井径　　　　（d）2.0倍井径

（e）2.5 倍井径　　　　（f）3.0倍井径　　　　（g）3.5倍井径　　　　（h）4.5倍井径

图 6-54　最大主应力方向不同位置裂缝模型图

从模拟结果图 6-55 中可以看出，井周天然裂缝距离井壁天然裂缝 1 倍井径至 2.0 倍井径时，井周天然裂缝开启程度较高；距离井壁裂缝太近或是太远都不利于被沟通张开、促使诱导缝转向扩展。

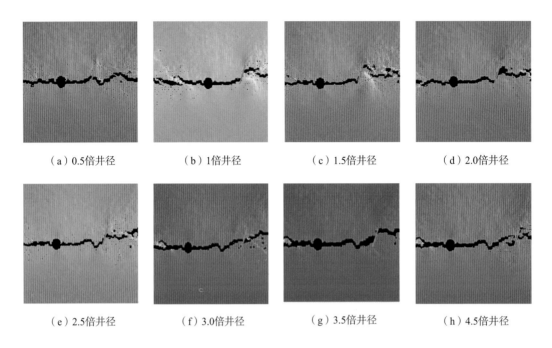

（a）0.5倍井径　　（b）1倍井径　　（c）1.5倍井径　　（d）2.0倍井径

（e）2.5倍井径　　（f）3.0倍井径　　（g）3.5倍井径　　（h）4.5倍井径

图 6-55　最大主应力方向不同位置裂缝对诱导缝的影响

2. 沿井壁 45° 裂缝起裂

井周天然裂缝与井壁裂缝尖端的距离从 0.5 倍井径逐渐增加至 4.5 倍井径（图 6-56），模拟结果见图 6-57。

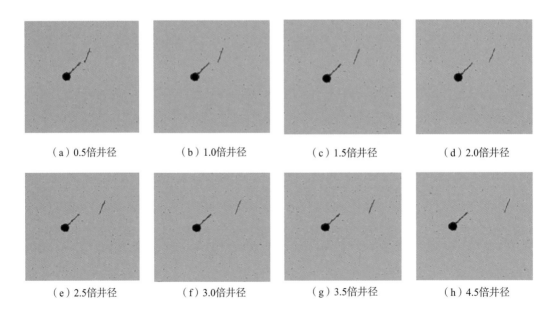

（a）0.5倍井径　　（b）1.0倍井径　　（c）1.5倍井径　　（d）2.0倍井径

（e）2.5倍井径　　（f）3.0倍井径　　（g）3.5倍井径　　（h）4.5倍井径

图 6-56　最大主应力方向不同位置裂缝模型图

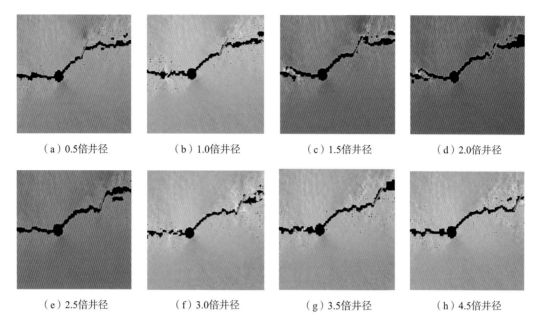

（a）0.5倍井径　　　　　（b）1.0倍井径　　　　　（c）1.5倍井径　　　　　（d）2.0倍井径

（e）2.5倍井径　　　　　（f）3.0倍井径　　　　　（g）3.5倍井径　　　　　（h）4.5倍井径

图 6-57　最大主应力方向不同位置裂缝对诱导缝的影响

从图 6-57 看出，井周天然裂缝沿最大主应力方向位置不同，诱导缝形态各不相同，计算分析条件，井周天然裂缝都不同程度的开启并促使诱导缝转向扩展。

对比沿井壁 0°裂缝起裂的情况，沿井壁 45°裂缝起裂的诱导缝能够沟通张开更大范围的井周天然裂缝、并转向扩展，更利于形成复杂缝网。

综合分析不同起裂方位下裂缝的影响，起裂角度越大，诱导缝越容易沟通天然裂缝沿天然裂缝扩展。因此，应尽量保证沿较大夹角的井壁裂缝起裂才能更好地形成复杂裂缝。

6.5　地应力对诱导缝起裂和延伸的影响

裂缝扩展过程是天然裂缝等弱结构面以及地应力的共同作用结果，在前两节对天然裂缝影响研究的基础上，进一步分析地应力的作用。保持垂向地应力为 36.75MPa，改变水平地应力数值，应力比值分别为 1.1、1.2、1.3、1.5 与 1.6，研究地应力对诱导缝起裂和扩展的影响。

6.5.1　地应力对诱导缝起裂的影响

分别就不同地应力下，井壁裂缝长度、裂缝与最大主应力夹角对诱导缝是否沿井壁裂缝起裂的影响开展研究，具体裂缝长度与角度的组合条件下，诱导缝起裂结果见相应表格（表 6-7～表 6-11）。表中"1"代表诱导缝沿井壁裂缝起裂，"0"代表诱导缝沿井壁最大主应力方向起裂。

（1）应力比值 1.1（σ_1=40.425MPa）。

表 6-7 井壁裂缝长度与夹角对诱导缝起裂的影响

裂缝长度	裂缝夹角									
	90°	85°	80°	77°	75°	71°	70°	60°	30°	0°
1 倍井径	1	1	1	1	1	1	1	1	1	1
2 倍井径	1	1	1	1	1	1	1	1	1	1
3 倍井径	1	1	1	1	1	1	1	1	1	1
4 倍井径	1	1	1	1	1	1	1	1	1	1
5 倍井径	1	1	1	1	1	1	1	1	1	1
6 倍井径	1	1	1	1	1	1	1	1	1	1

地应力比值较小,若井壁分布有任意长度和夹角的天然裂缝,诱导缝均沿井壁裂缝起裂。

(2)应力比值 1.2(σ_1=44.1MPa)。

表 6-8 井壁裂缝长度与夹角对诱导缝起裂的影响

裂缝长度	裂缝夹角									
	90°	85°	80°	77°	75°	71°	70°	60°	30°	0°
1 倍井径	0	1	0	0	0	0	1	1	1	1
2 倍井径	1	1	1	0	0	1	1	1	1	1
3 倍井径	1	1	1	1	0	1	1	1	1	1
4 倍井径	1	1	1	1	1	1	1	1	1	1
5 倍井径	1	1	1	1	1	1	1	1	1	1
6 倍井径	1	1	1	1	1	1	1	1	1	1

由于地应力比值小、各向异性程度弱,裂缝长度小于 3 倍井径时,诱导缝是否沿裂缝起裂与裂缝与最大主应力的夹角之间的关系不再是夹角越大,诱裂缝沿井壁裂缝起裂越困难。在夹角大于 70°时,出现裂缝夹角与诱导缝是否沿天然裂缝起裂之间的规律混乱。例如,井壁分布 1 倍井径天然裂缝,裂缝与最大主应力夹角为 80°时,诱导缝沿井周最大主应力方向起裂;裂缝与最大主应力夹角为 85°时,诱导缝反而沿天然裂缝起裂。当裂缝长度大于 3 倍井径时,不同组合条件下都得到诱导缝沿裂缝起裂的相同结果,证实了裂缝长度增加会一定程度增加诱导缝沿裂缝起裂的可能性。

(3)应力比值 1.3(σ_1=47.775MPa)。

表 6-9 井壁裂缝长度与夹角对诱导缝起裂的影响

裂缝长度	裂缝夹角									
	90°	85°	80°	77°	75°	71°	70°	60°	30°	0°
1 倍井径	0	0	0	0	0	0	1	1	1	1
2 倍井径	0	0	0	0	1	0	1	1	1	1
3 倍井径	1	0	1	0	1	0	1	1	1	1
4 倍井径	1	1	1	0	1	1	1	1	1	1
5 倍井径	1	1	1	1	1	0	1	1	1	1
6 倍井径	1	1	1	1	1	0	1	1	1	1

　　裂缝与最大主应力夹角小于等于 70° 时，诱导缝均能沿井壁裂缝起裂。裂缝与最大主应力夹角大于 70°，受到单元非均质性的影响增大，诱导缝起裂变得复杂多变，夹角大小与是否沿裂缝起裂无明显规律可循。另外，在该地应力状态下，井壁天然缝长度增大，则诱导缝沿井壁天然缝起裂的可能性增加。

　　(4)应力比值 1.5(σ_1=55.125MPa)。

表 6-10　井壁裂缝长度与夹角对诱导缝起裂的影响

裂缝长度	裂缝夹角									
	90°	85°	80°	77°	75°	71°	70°	60°	30°	0°
1 倍井径	0	0	0	0	0	0	1	1	1	1
2 倍井径	0	0	0	0	0	0	1	1	1	1
3 倍井径	0	0	0	0	0	0	1	1	1	1
4 倍井径	0	0	0	0	0	0	1	1	1	1
5 倍井径	0	0	0	0	0	0	1	1	1	1
6 倍井径	0	0	0	0	0	0	1	1	1	1

　　应力比值为 1.5 的条件下，诱导缝起裂方位未因井壁裂缝长度而改变，而主要受控于井壁裂缝与最大主应力的夹角；诱导缝沿井壁裂缝起裂的临界夹角是 70°，裂缝与最大主应力夹角小于该角度，诱导缝会沿裂缝起裂，反之，诱导缝沿最大主应力方向起裂。

　　(5)应力比值 1.6(σ_1=58.8MPa)。

表 6-11　井壁裂缝长度与夹角对诱导缝起裂的影响

裂缝长度	裂缝夹角											
	90°	85°	80°	77°	75°	71°	70°	60°	30°	0°	90°	85°
1 倍井径	0	0	0	0	0	0	0	0	1	1	1	1
2 倍井径	0	0	0	0	0	0	1	1	1	1	1	1
3 倍井径	0	0	0	0	0	0	1	1	1	1	1	1
4 倍井径	0	0	0	0	0	0	0	1	1	1	1	1
5 倍井径	0	0	0	0	0	0	1	1	1	1	1	1
6 倍井径	0	0	0	0	0	0	1	1	1	1	1	1

　　应力比值增大至 1.6，不同裂缝长度下，诱导缝沿井壁裂缝起裂的临界夹角稍有变化。其中，裂缝长度为 1 倍井径，诱导缝沿裂缝起裂的临界夹角为 68°；裂缝长度为 4 倍井径、5 倍井径对应的临界夹角为 69°；裂缝长度为 2 倍井径、3 倍井径与 6 倍井径，对应的临界夹角为 70°。临界夹角变化很小，即裂缝长度对诱导缝能否沿井壁裂缝起裂的影响较小。

　　综上地应力比值为 1.1，诱导缝沿井壁裂缝起裂的可能性最大；应力比值 1.2 与 1.3，由于地层非均质性，不同夹角裂缝地层诱导缝起裂无明显规律；应力比值增加至 1.4 及以上，只有裂缝与最大主应力夹角小于等于临界夹角，诱导缝才会沿井壁裂缝起裂，临界夹角为 68°～70°，而裂缝长度对临界夹角的影响较小，即地应力比值增大至一定数值，诱导缝起裂主要受裂缝与最大主应力夹角的影响。总的来说，低角度裂缝相对容易开启形成伴生缝,高角度裂缝则不可忽略应力状态。应力比值越小,诱导缝越容易沿井壁裂缝起裂;应力比值越大,诱导缝沿井壁高角度裂缝起裂越困难,倾向于沿最大主应力方向起裂。

6.5.2　地应力对诱导缝延伸的影响

分析不同地应力比值下,井周裂缝与最大主应力夹角对诱导缝延伸的影响,得出诱导缝刚好沿天然裂缝转向的裂缝临界夹角。临界夹角的大小反映诱导缝沿天然裂缝转向的难易程度,临界夹角越大,转向越容易,反之,转向越难。

部分模型近井局部放大图见图6-58。不同的应力比值对应的裂缝与最大主应力夹角对诱导缝延伸的影响见图6-59~图6-63。

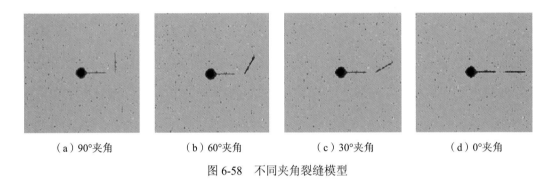

（a）90°夹角　　　　（b）60°夹角　　　　（c）30°夹角　　　　（d）0°夹角

图6-58　不同夹角裂缝模型

(1)应力比值1.1(σ_1=40.425MPa)。

从图6-59中可看出,在应力比值1.1条件下,诱导缝沿井周裂缝转向的裂缝临界夹角为85°,裂缝与最大主应力夹角小于等于85°,诱导缝才可能发生沿井周天然裂缝转向。

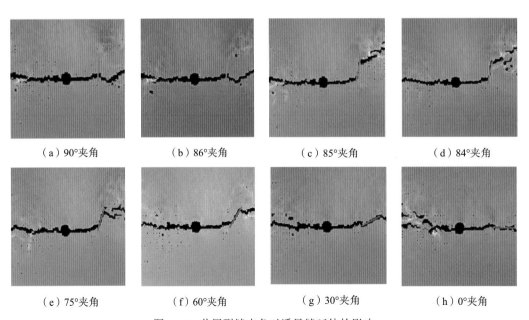

（a）90°夹角　　　　（b）86°夹角　　　　（c）85°夹角　　　　（d）84°夹角

（e）75°夹角　　　　（f）60°夹角　　　　（g）30°夹角　　　　（h）0°夹角

图6-59　井周裂缝夹角对诱导缝延伸的影响

（2）应力比值 1.2（σ_1=44.1MPa）。

从图 6-60 中可看出，在应力比值 1.2 条件下，井周裂缝与最大主应力夹角 84°为诱导缝刚好沿天然裂缝转向的临界夹角，裂缝与最大主应力夹角小于等于该角度，诱导缝才可能发生沿井周天然裂缝转向。

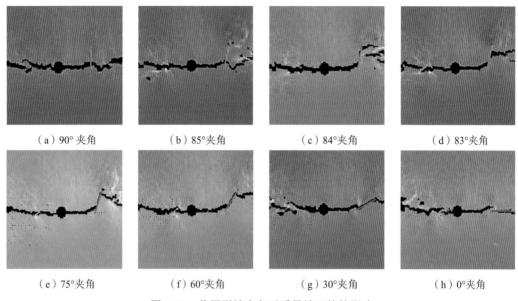

（a）90°夹角　　　　（b）85°夹角　　　　（c）84°夹角　　　　（d）83°夹角

（e）75°夹角　　　　（f）60°夹角　　　　（g）30°夹角　　　　（h）0°夹角

图 6-60　井周裂缝夹角对诱导缝延伸的影响

（3）应力比值 1.3（σ_1=47.775MPa）。

从图 6-61 中可看出，在应力比值 1.3 条件下，井周裂缝与最大主应力夹角 81°为诱导缝刚好沿天然裂缝转向的临界夹角。

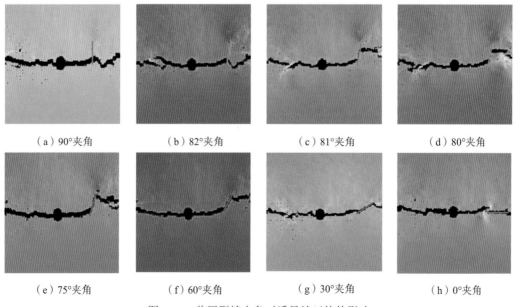

（a）90°夹角　　　　（b）82°夹角　　　　（c）81°夹角　　　　（d）80°夹角

（e）75°夹角　　　　（f）60°夹角　　　　（g）30°夹角　　　　（h）0°夹角

图 6-61　井周裂缝夹角对诱导缝延伸的影响

(4)应力比值1.5(σ_1=55.125MPa)。

从图6-62中可看出,在应力比值1.5条件下,诱导缝沿井周裂缝转向的井周裂缝临界夹角为71°。

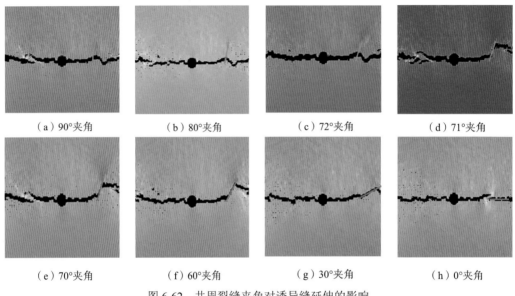

| （a）90°夹角 | （b）80°夹角 | （c）72°夹角 | （d）71°夹角 |

| （e）70°夹角 | （f）60°夹角 | （g）30°夹角 | （h）0°夹角 |

图6-62 井周裂缝夹角对诱导缝延伸的影响

(5)应力比值1.6(σ_1=58.8MPa)。

从图6-63中可看出,在应力比值为1.6条件下,诱导缝沿井周裂缝转向的井周裂缝临界夹角为64°。

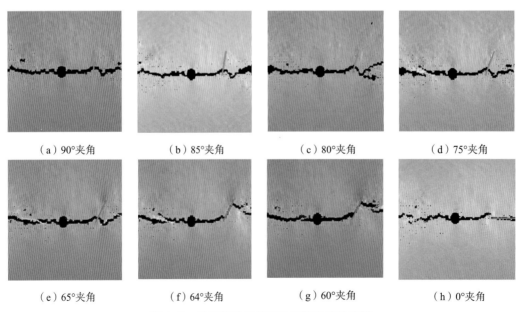

| （a）90°夹角 | （b）85°夹角 | （c）80°夹角 | （d）75°夹角 |

| （e）65°夹角 | （f）64°夹角 | （g）60°夹角 | （h）0°夹角 |

图6-63 井周裂缝夹角对诱导缝延伸的影响

统计不同地应力比值下，诱导缝沿井周裂缝转向扩展的裂缝临界夹角，绘制出如图 6-64 所示曲线图。从图 6-64 中可看出，诱导缝转向的裂缝临界夹角随应力比值增大而总体上呈降低的趋势，即地应力差越大，越不利于诱导缝沿井周裂缝发生转向扩展。

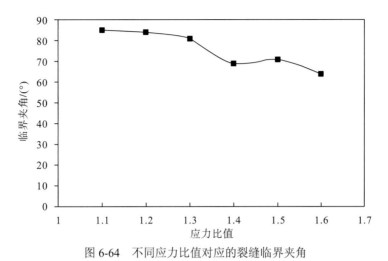

图 6-64　不同应力比值对应的裂缝临界夹角

通过对以上不同地应力比值下诱导缝起裂和转向的研究，发现应力比值是控制诱导缝形态的重要因素。地应力差异较小，井壁裂缝很可能会改变诱导缝常规起裂方位，沿井壁裂缝起裂，且诱导缝更容易沿井周裂缝发生转向。地应力差异较小的情况也放大了单元间的非均质性，使得井壁存在较大角度裂缝的情况下，诱导缝起裂与裂缝相对最大主应力夹角、裂缝长度关系混乱。地应力差异较大，单元间的非均匀性影响减弱，诱导缝能否沿井壁裂缝起裂主要取决于裂缝与最大主应力夹角，裂缝与最大主应力夹角小于等于临界夹角，诱导缝沿井壁裂缝起裂的可能最大，同时，诱导缝沿井周裂缝转向对应的临界夹角降低，诱导缝沿裂缝转向难度也增加。因此，诱导缝起裂及延伸情况很大程度上受地应力状态的影响，掌握储层地应力状态是预测诱导缝发育形态的必不可少的基础。

6.6　层理及复杂裂缝分布对诱导缝形成的影响研究

通过前面的分析得出，单一井壁裂缝与井周裂缝的发育将改变诱导缝的起裂方位、扩展方式，导致诱导缝形态趋于复杂化。

本节将结合页岩地层的结构特征，数值模拟研究层理发育以及层理与随机裂缝共存对诱导缝起裂扩展的影响，进一步深入认识页岩气层复杂压裂缝网的力学成因机制。首先以层理与最大主应力夹角、层理间距、层理力学性质为主要影响因素，分析层理性地层诱导缝发育特征。

6.6.1　层理与最大主应力夹角的影响

考虑到采用实际层理面间距，数值模拟计算工作量较大，本着探究规律的初衷，数值模型设置层理间平行间距为 4 倍井径，层理与最大主应力的夹角从 90° 依次变化至 0°。层理细观力学参数为基质的 5/8，建立不同夹角平行层理模型见图 6-65。层理与最大主应力不同夹角数值模型模拟得到的诱导缝形态见图 6-66。

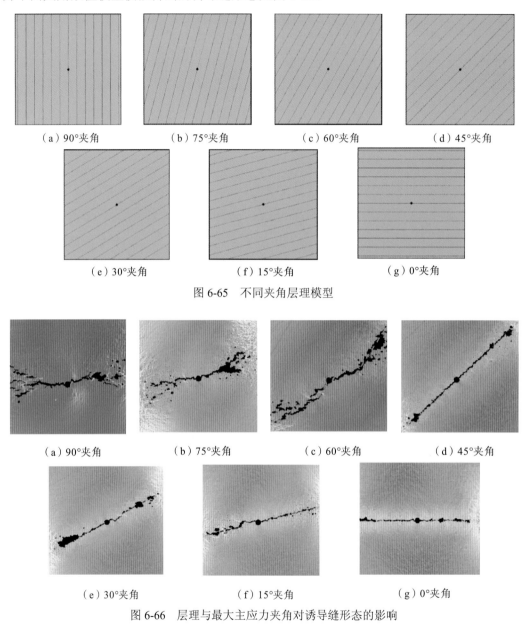

（a）90°夹角　　　　（b）75°夹角　　　　（c）60°夹角　　　　（d）45°夹角

（e）30°夹角　　　　（f）15°夹角　　　　（g）0°夹角

图 6-65　不同夹角层理模型

（a）90°夹角　　　　（b）75°夹角　　　　（c）60°夹角　　　　（d）45°夹角

（e）30°夹角　　　　（f）15°夹角　　　　（g）0°夹角

图 6-66　层理与最大主应力夹角对诱导缝形态的影响

从图 6-66 中可看出，层理与最大主应力夹角为 90° 与 75° 时，诱导缝受层理影响很小，仍然沿最大主应力起裂与扩展；层理与最大主应力夹角减小至 60°，下支诱导缝大致沿层理起裂延伸，上支诱导缝在最大主应力方向起裂后逐渐偏向层理方向，直至打开层理继续沿层理扩展；层理与最大主应力夹角进一步减小至 45° 及以下，诱导缝沿与井筒相交的层理起裂并沿层理延伸方向扩展。

通过以上研究发现,层理的分布对诱导缝的发育形态影响显著,层理与最大主应力夹角越小,诱导缝越容易沿层理起裂并延伸,随着层理与最大主应力夹角增大,诱导缝扩展轨迹逐渐偏离层理,趋于沿最大主应力方向扩展。

6.6.2 层理间距的影响

层理与最大主应力方向夹角为 60°,平行层理间间距分别为 1 倍、2 倍、3 倍与 4 倍井径,层理细观力学参数为基质的 5/8。建立不同间距的平行层理模型见图 6-67,模拟得到的不同层理间距下的诱导缝形态见图 6-68。

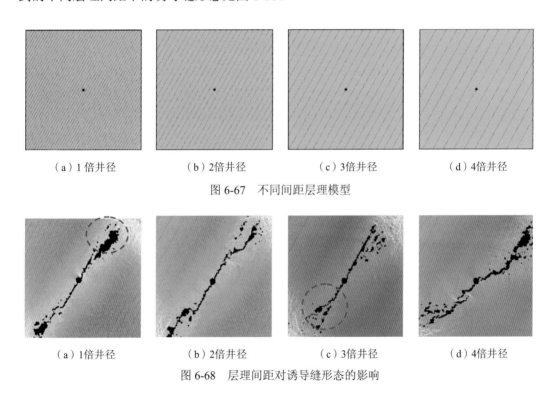

（a）1 倍井径　　　（b）2 倍井径　　　（c）3 倍井径　　　（d）4 倍井径

图 6-67 不同间距层理模型

（a）1 倍井径　　　（b）2 倍井径　　　（c）3 倍井径　　　（d）4 倍井径

图 6-68 层理间距对诱导缝形态的影响

从图 6-68 中看出,层理间距为 1 倍井径时,诱导缝受限于层理内扩展,远离井筒区域由于应力集中的减弱,加上层理高度发育,导致诱导缝张开周围其他层理,形成较多小分支裂缝,故诱导缝末端出现较大范围破坏区域。层理间距为 2 倍井径、3 倍井径时,诱导缝在沿层理扩展一定距离后,诱导缝出现了分叉,一分支缝明显偏离了层理轨迹,另一分支缝仍然沿层理发展;层理间距为 4 倍井径的情况下,已没有明显的诱导缝沿层理扩展。

因此,随着层理间距的减小,诱导缝沿层理扩展的可能性增加,诱导缝沿层理分支更容易,层理间距增大,诱导缝受到层理影响减弱。

6.6.3 层理力学性质的影响

层理间距为 4 倍井径,层理与最大主应力夹角为 60°,层理细观力学参数分别为基质的 3/8、1/2、5/8 与 3/4。不同层理力学性质对应的诱导缝形态见图 6-69。从图 6-69 中可以看出，层理力学参数为基质的 3/8 与 1/2 时，诱导缝完全沿层理延伸、诱导缝较为平直；层理力学参数为基质的 5/8 与 3/4 时，诱导缝受层理的影响减弱。因此，层理力学性质越弱，诱导缝越容易沿层理扩展，随着层理力学性质增强，诱导缝扩展逐渐偏离层理方向，偏向最大主应力的方向，并且在发展的过程中可能会张开部分的层理。

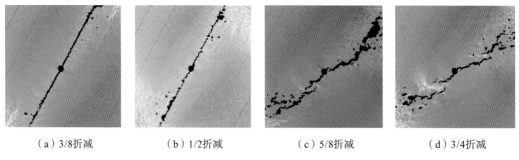

（a）3/8折减　　　　　（b）1/2折减　　　　　（c）5/8折减　　　　　（d）3/4折减

图 6-69　层理力学性质对诱导缝形态的影响

由于页岩地层层理高度发育，诱导缝的形成及发展势必受其影响。当层理满足一定条件时，诱导缝沿层理扩展一定距离后，由于层理间相互干扰以及地应力的作用，有可能出现诱导缝分叉，分支缝又可能会沿邻近层理扩展并进一步分叉，此过程反复进行(图6-70)，最终形成相互交错的复杂裂缝网络。因此，诱导缝沿层理延伸并分支是层理性地层中形成复杂诱导裂缝的有利条件，从增加诱导缝复杂程度的角度出发，应尽量使诱导缝沿层理延伸且分叉。

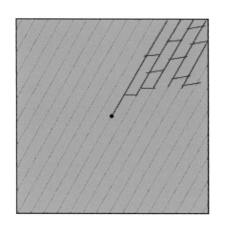

图 6-70　层理性地层复杂诱导裂缝形成过程

通过对层理与最大主应力夹角、层理间距与力学性质的讨论，得出层理与最大主应力夹角较小、层理间距较小、层理力学性质较弱，将有利于诱导缝沿层理扩展。

尽管层理高度发育能在一定程度上增加诱导缝复杂程度，但实际情况下页岩层理形态平直，且分布规律，诱导缝分叉较困难，这将限制诱导缝的复杂程度。

6.6.4　层理及复杂裂缝共存对诱导缝形成的影响

依据前述页岩气层岩石结构特点研究认识，遵循层理形态、产状相对简单，天然裂缝分布较复杂这一客观事实，通过数值模拟，进一步研究层理与裂缝同时发育条件下，页岩储层压裂诱导缝的起裂、扩展特征。

考虑井周同时存在天然裂缝与平行层理，层理与最大主应力夹角为 60°，间距为 2 倍井径，细观力学参数为基质的 3/8，井周天然裂缝随机均匀分布，细观力学参数为基质的 1/8，建立数值模型见图 6-71 所示。数值模拟得到的诱导缝形态见图 6-72 所示。

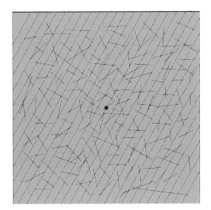

图 6-71　井周层理与天然裂缝高度发育模型

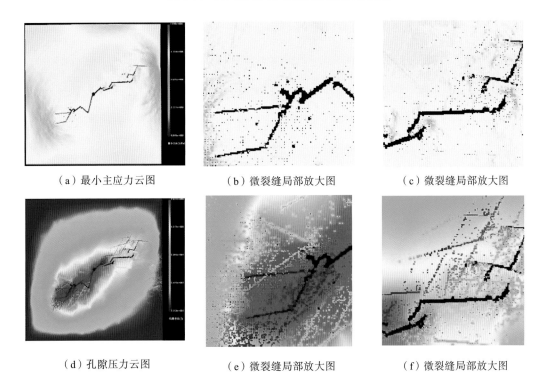

（a）最小主应力云图　　　　（b）微裂缝局部放大图　　　　（c）微裂缝局部放大图

（d）孔隙压力云图　　　　（e）微裂缝局部放大图　　　　（f）微裂缝局部放大图

图 6-72　层理与天然裂缝对诱导缝形态的影响

从图 6-72 中看出，在随机天然裂缝和平行分布的层理共同作用下，诱导缝不再是简单接近平直的对称缝，而是在与层理面、裂缝相交后发生分叉或转向扩展，导致诱导缝呈现为无规则的复杂形态[图 6-72(a)、(b)]。在图中红圈的位置，诱导缝出现了分支，一支分支缝打开层理沿层理发展，另一支分支缝沟通了一夹角较小的天然裂缝。

诱导缝整体形态图中只能反映明显的主裂缝的状态，通过一定程度的放大，可观察尺寸更小的裂缝以及微裂缝的发育状态。局部放大图 6-72(b)、(c)能观察到主裂缝周围分布有大量的破裂点，即在裂缝周围出现大量无规律的微破裂，不仅扩大了地层破裂波及区域范围，同时加剧了诱导缝形态的复杂性，促进了各分支裂缝的连接成网，井周裂缝系统已经呈现出了一定的复杂性。

诱导缝的分支与微裂缝的产生是形成复杂裂缝甚至网状裂缝系统的必备条件，模拟结果再次证明了井周天然裂缝与层理系统广泛分布下，可以实现诱导缝转向、分叉扩展进一步形成网状裂缝。

鉴于此，接下来分析层理与最大主应力夹角、层理间距、层理力学性质以及天然裂缝力学性质对诱导缝的影响，设计方案见表 6-12 所示，在该设计方案的基础上分别就各影响因素展开讨论。

表 6-12　层理及复杂裂缝共存模型设计方案

方案	层理夹角/(°)	层理间距/m	层理力学参数折减倍数	天然裂缝力学参数折减倍数
模型方案 1	0	0.12	3/8	1/8
模型方案 2	30	0.12	3/8	1/8
模型方案 3	60	0.12	3/8	1/8
模型方案 4	90	0.12	3/8	1/8
模型方案 5	60	0.08	3/8	1/8
模型方案 6	60	0.16	3/8	1/8
模型方案 7	60	0.12	1/8	1/8
模型方案 8	60	0.12	1/2	1/8
模型方案 9	60	0.12	5/8	1/8
模型方案 10	60	0.12	3/4	1/32
模型方案 11	60	0.12	3/4	1/16
模型方案 12	60	0.12	3/4	1/8
模型方案 13	60	0.12	3/4	1/4

6.6.4.1　层理与最大主应力夹角的影响

层理与最大主应力夹角对诱导缝形态的影响见图 6-73 所示。

从图 6-73 中可以看出随着层理与最大主应力夹角的变化，诱导缝形态发生显著变化。当层理与最大主应力夹角为 0°与 30°时，诱导缝首选沿层理起裂和发展，在延伸过程中沟通了很少量的天然裂缝，诱导缝整体形态较简单，局部放大图中显示诱导缝沿层理扩展的可能更大；当层理与最大主应力夹角为 60°时，天然裂缝对诱导缝形态的影响起主要作用，诱导缝沿井壁天然裂缝起裂后以不规则的形态向远部地层扩展，并出现了分叉；层理与最大主应力夹角为 90° 时，主裂缝形态同样呈现不规则状态沿裂缝扩展。

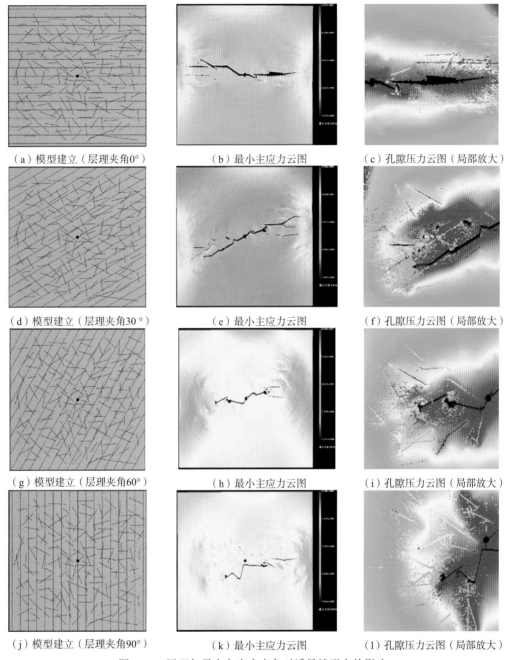

（a）模型建立（层理夹角0°）　（b）最小主应力云图　（c）孔隙压力云图（局部放大）

（d）模型建立（层理夹角30°）　（e）最小主应力云图　（f）孔隙压力云图（局部放大）

（g）模型建立（层理夹角60°）　（h）最小主应力云图　（i）孔隙压力云图（局部放大）

（j）模型建立（层理夹角90°）　（k）最小主应力云图　（l）孔隙压力云图（局部放大）

图 6-73　层理与最大主应力夹角对诱导缝形态的影响

　　因此，层理与最大主应力夹角的改变影响着层理对诱导缝形态的贡献大小。层理与最大主应力夹角越小，诱导缝沿层理发育程度越高；层理与最大主应力夹角越大，诱导缝沿层理发育越困难，相对越容易沟通天然裂缝。

6.6.4.2　层理间距的影响

井周随机分布大量天然裂缝，层理间距对诱导缝形态的影响见图 6-74 所示。

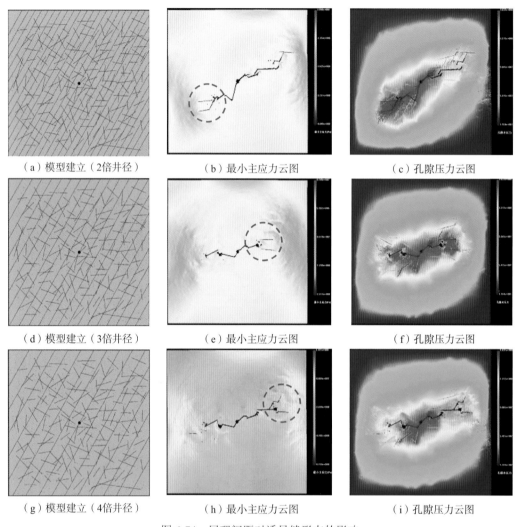

（a）模型建立（2倍井径）	（b）最小主应力云图	（c）孔隙压力云图
（d）模型建立（3倍井径）	（e）最小主应力云图	（f）孔隙压力云图
（g）模型建立（4倍井径）	（h）最小主应力云图	（i）孔隙压力云图

图 6-74　层理间距对诱导缝形态的影响

从图 6-74 中可以看出，层理间距不同，在裂缝和层理系统的共同作用下，诱导缝均实现了不断沟通弱结构面的过程，同时，在某些位置均出现了明显的诱导缝分叉(红圈位置)。由于最小主应力云图中主裂缝形态并不能清楚区分出层理间距的影响，故需要结合孔隙压力云图进行综合分析。层理间距 2 倍井径，孔隙压力云图中可清楚看到，诱导缝邻近的层理面发生了破裂，加剧了裂缝形态复杂化。层理间距增加至 4 倍井径时，更多的是天然裂缝杂乱无章地分在主裂缝周围，层理面痕迹较少，即此时天然裂缝是构成裂缝形态的主要部分。

层理间距改变了弱结构面整体组成，从而影响诱导缝最终形态。层理间距越小，层理间相互干扰越强,诱导缝越容易沿层理发展,即诱导缝形态受层理影响程度越高,反之,层理间距越大,诱导缝形态受天然裂缝的影响程度越高。

6.6.4.3 层理力学性质的影响

层理力学性质对诱导缝形态的影响见图 6-75 所示。

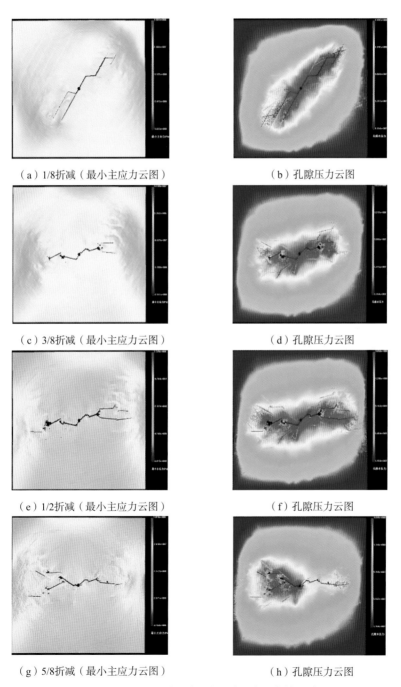

（a）1/8折减（最小主应力云图）　　　（b）孔隙压力云图

（c）3/8折减（最小主应力云图）　　　（d）孔隙压力云图

（e）1/2折减（最小主应力云图）　　　（f）孔隙压力云图

（g）5/8折减（最小主应力云图）　　　（h）孔隙压力云图

图 6-75　层理力学性质对诱导缝形态的影响

从图 6-75 中看出，层理力学参数与天然裂缝相同，均为基质的 1/8 时，诱导缝形态由多段平行段连接组成，从孔隙压力结果图中可清楚看到大量层理力学性质减弱，诱导缝更可能沿层理扩展，层理是控制诱导缝形态的主要因素；层理力学参数增加至 3/8 及以上，诱导缝形态已看不出明显平行层理的痕迹，天然裂缝成为控制诱导缝形态的主要因素。因此，层理力学性质影响诱导缝发育规律，层理力学性质越弱，越容易被沟通，层理在诱导缝形态中贡献越大。

6.6.4.4 天然裂缝力学性质的影响

天然裂缝力学性质对诱导缝形态的影响见图 6-76 所示。

对比不同天然裂缝力学性质下得到的最小主应力云图模拟结果（图 6-76），裂缝力学参数为基质的 1/32 时，诱导缝形态较裂缝力学性质更强时稍显复杂。由此说明天然裂缝力学性质越弱，越利于诱导缝沟通更多天然裂缝，从而增加诱导裂缝复杂程度。

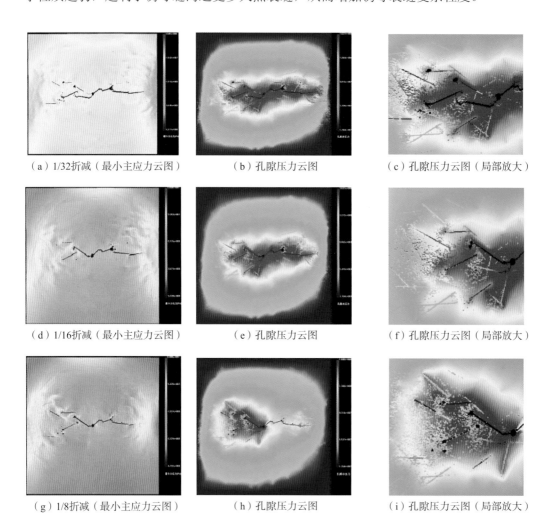

（a）1/32折减（最小主应力云图） （b）孔隙压力云图 （c）孔隙压力云图（局部放大）

（d）1/16折减（最小主应力云图） （e）孔隙压力云图 （f）孔隙压力云图（局部放大）

（g）1/8折减（最小主应力云图） （h）孔隙压力云图 （i）孔隙压力云图（局部放大）

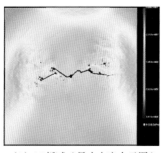
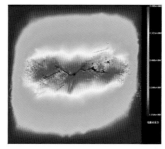
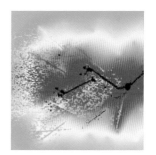

　（j）1/4折减（最小主应力云图）　　　（k）孔隙压力云图　　　（l）孔隙压力云图（局部放大）

图 6-76　天然裂缝力学性质对诱导缝形态的影响

6.6.4.5　地应力的影响

　　基于以上层理及天然裂缝性质对诱导缝形态的影响研究，进一步讨论地应力状态对复杂地层中诱导缝发育的控制作用，地应力比值从 1.1 到 1.6 对应的诱导缝最小主应力云图与孔隙压力云图见图 6-77。

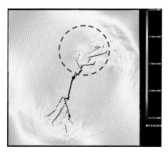
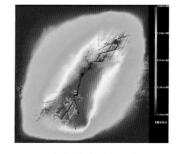

　　（a）应力比值1.1（最小主应力云图）　　　　　（b）孔隙压力云图

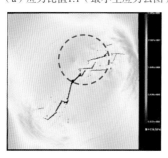
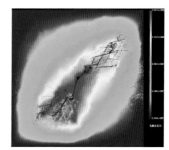

　　（c）应力比值1.2（最小主应力云图）　　　　　（d）孔隙压力云图

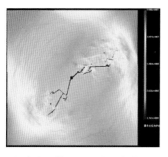
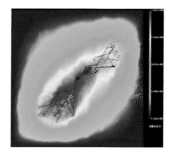

　　（e）应力比值1.3（最小主应力云图）　　　　　（f）孔隙压力云图

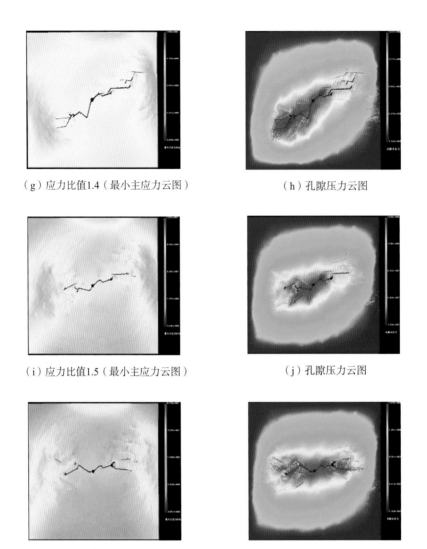

（g）应力比值1.4（最小主应力云图）　　　　　（h）孔隙压力云图

（i）应力比值1.5（最小主应力云图）　　　　　（j）孔隙压力云图

（k）应力比值1.6（最小主应力云图）　　　　　（l）孔隙压力云图

图 6-77　地应力对诱导缝形态的影响

从图 6-77 中看出应力比值对诱导缝形态的影响表现在起裂和扩展两个阶段。应力比值 1.1 与 1.2 时，诱导缝起裂位置不再是最大主应力方向，在模拟裂缝分布条件下，诱导缝沿最小主应力方向两条裂缝起裂，且诱导缝末端出现了较多分叉缝，孔隙压力云图中，裂缝尖端区域大量裂缝与层理起裂；应力比值增加至 1.5 与 1.6 时，诱导缝起裂、扩展都趋于沿最大主应力方向，形态呈现为分叉较少的单一裂缝。综上所述，应力比值越小，诱导缝分支越多，故形态越复杂；应力比值越大，诱导缝分支相对越难，不利于形成网状裂缝系统。

对 6.2~6.6 节的相关分析，可综合归纳如下：

(1)无裂缝地层中，诱导缝沿井周最大主应力方向呈对称分布，形态简单，不具备形成复杂裂缝系统的条件，必须考虑天然裂缝等弱结构面对诱导缝复杂程度的影响。

（2）简单裂缝分布地层中，诱导缝能否沿井壁裂缝起裂以及沟通天然裂缝，取决于裂缝与最大主应力夹角、裂缝长度、力学性质、位置以及地应力等因素的综合影响。井周分布单条天然裂缝时，即使诱导缝沿天然裂缝发生转向或分支，但井周单条裂缝只会改变局部裂缝形态，几乎不可能形成复杂的诱导裂缝体系，需考虑井周分布更为复杂的弱结构面。

（3）均匀分布平行层理的地层中，层理与最大主应力夹角越小、层理间距越小、层理力学性质越弱，越有利于诱导缝沿层理发展。诱导缝若能实现沿层理发展并分叉，将促进诱导缝形成复杂的裂缝网络。但仅靠规律分布的层理的作用，诱导缝复杂程度仍然有限。

（4）同时存在平行分布的层理与随机天然裂缝的地层中，诱导缝发育形态较复杂，可实现诱导缝的分叉和转向，从岩石力学角度出发，可以通过有效的手段形成复杂裂缝网络。复杂地层中诱导缝形态是层理与天然裂缝性质的综合作用结果：层理与最大主应力夹角越小、层理间距越小、层理力学性质越弱，层理对诱导缝形态的影响越大，诱导缝沿层理发育的程度越高；天然裂缝力学性质越弱，越利于诱导缝沟通更多天然裂缝。此外，地应力大小影响着诱导缝起裂和延伸：应力比值越小，诱导缝起裂与延伸随机性越强，诱导缝越容易分叉，故形态越复杂；应力比值越大，诱导缝倾向最大主应力方向起裂且分支相对越难，越不利于形成复杂裂缝系统。

（5）随机天然裂缝系统在增加诱导缝形态复杂程度上起主要作用，层理的分布有利有弊，合理的层理产状能促进诱导缝分叉与转向，过度沿层理发展反而会降低诱导缝复杂程度。因此，复杂诱导裂缝能否形成的关键在于地层中天然裂缝系统是否足够复杂，层理与最大主应力夹角、层理间距、层理力学性质是否适中，井周地应力差异是否足够低。

水平井钻井应尽量选择天然裂缝高度发育的地带，并保证层理与最大主应力夹角、层理间距、层理力学性质适中，以及地应力差异较小。同时，通过井眼轨迹调节井周地应力分布，以及井筒与层理相互关系。合理处理水平井、地应力与弱结构面之间的关系，将利于实现复杂诱导裂缝系统。

6.7　钻井完井参数对井周裂缝起裂扩展的影响

不同的钻井设计、完井措施，将导致井眼与地层的空间关系、井周应力分布及集中程度等都不同，从而影响井周裂缝形态。本节从岩石力学角度，分析钻井井眼轨迹、完井射孔参数对井周裂缝起裂、扩展的影响。

6.7.1　钻井方位对井周裂缝形态影响

6.7.1.1　钻井方位对裂缝起裂影响

钻井过程选择不同的钻井方位，会造成井周应力分布不同，从而对后续完井过程中井周裂缝的起裂产生影响。基于此，从岩石力学的角度，采用有限元模型，建立的地层模型尺寸为 2m×2m×2m，井筒长度为 1m，井筒直径为 7in（0.1778m），层理厚度为 0.02m，如图 6-78 所示。

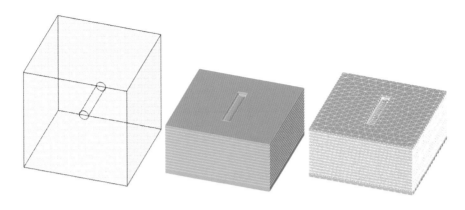

图 6-78　水平井三维有限元模型及其切片显示图

基于上述有限元模型，本次研究选用最大拉应力破坏准则：即井壁上某处受到的拉应力达到或超过地层岩石的抗拉强度时，岩石将产生破裂，形成裂纹。此时井筒内的液柱压力就是起裂压力。

该准则认为裂缝的起裂压力大小和起裂位置取决于 3 个主应力 σ_1、σ_2、σ_3 的分布状态，其中 σ_3 在井壁上产生最大拉应力（负值），即

$$\sigma_{max}(\theta) = \sigma_3 = \frac{1}{2}\left[(\sigma_\theta + \sigma_z) - \sqrt{(\sigma_\theta - \sigma_z)^2 + 4\tau_{\theta z}^2} \right] \tag{6-8}$$

最大拉应力 σ_3 是井周角 θ 的函数，因此对 σ_3 求导，可以求得井壁上的最大拉应力 $\sigma_{max}(\theta_0)$，导数为 0 时的 θ_0 即为起裂方位角。

$$\frac{\mathrm{d}\sigma_{max}(\theta)}{\mathrm{d}\theta} = 0 \tag{6-9}$$

根据最大拉应力破坏准则，当井壁处 $z-\theta$ 平面上受到的最大拉应力达到岩石抗张强度 σ_t 时，地层就会开始起裂，即

$$\sigma_{max}(\theta_0) \geqslant \sigma_t \tag{6-10}$$

针对走滑型地应场中裸眼完井条件下的页岩气水平井井筒模型进行模拟计算，模型的岩石力学参数及边界应力取值如表 6-13，得到起裂压力随井筒方位角的变化规律，结果如图 6-79 所示。

表 6-13　模型基本参数

参数	取值
基质弹性模量 E/MPa	28962
层理面弹性模量 E'/MPa	22540
基质泊松比 μ	0.22
层理面泊松比 μ'	0.25
垂向应力 σ_v/MPa	26.5
最大水平主应力 σ_H/MPa	37.2
最小水平主应力 σ_h/MPa	22.3
岩石抗张强度 σ_t/MPa	6.51

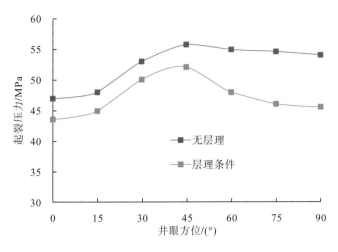

图 6-79　裸眼井起裂压力随井筒方位角的变化

由图 6-79 可知，在没有层理的情况下，当井筒方位角小于 45°时，起裂压力随着井筒方位角的增大而增大，当井筒方位角超过 45°后起裂压力几乎不变。当有层理存在时，起裂压力随着井筒方位角的增加而增大，在井筒方位角为 45°时，起裂压力达到最大，随后减小。

井周拉应力分布云图和井周应力分布曲线，如图 6-80 和图 6-81 所示，其中标出的红色箭头和黑色虚线表示井周最大拉应力分布的位置。从井周应力分布曲线上可以看出，当井筒方位角小于 45°时，井筒液柱压力主要克服的是最小水平主应力，最大拉应力出现在井周角为 90°和 270°的位置，即井筒的垂直方向，裂缝有沿着井筒方向扩展并形成垂直裂缝的趋势；当井筒方位角大于 60°时，井筒液柱压力主要克服的是垂向应力，最大拉应力出现井周角为 0°和 180°的位置，即在井筒的水平方向，加上层理对强度弱化作用，有沿层理面起裂形成水平裂缝的趋势；当井筒方位角等于 45°时，拉应力几乎均匀分布在井周，容易沿井周各个方向起裂，形成复杂裂缝。

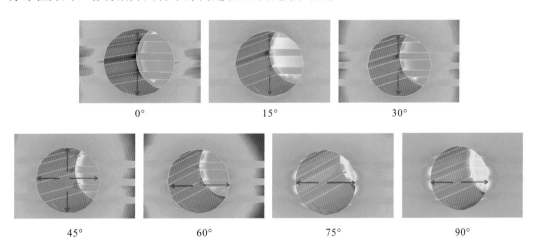

图 6-80　不同井筒方位角下的井周拉应力分布云图

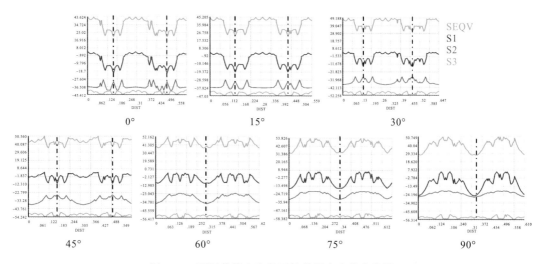

图 6-81　不同井筒方位角下的井周应力分布曲线

6.7.1.2　钻井方位对裂缝延伸影响

在一定地应力条件下，选取不同钻井方位，井周应力分布也会有所不同，从而对后续体积改造过程中压裂缝网形成造成不同影响。因此，在对裂缝进行调控时，需要优选钻井方位。本次研究，基于三维 RFPA 软件，设定地层模型如图 6-82 所示，其中，模型大小 3.3m×3.3m×3.3m。层理面平行于 ZOX 面；井半径为 0.0825m。初始水压为 5MPa，单步增量为 1MPa。

以水平井为例，设定沿最大主应力方向延伸(X 方向)和沿最小主应力方向(Y 方向)延伸两种钻井方位。其中，地应力参数恒定：X 为 33.45MPa(水平最大主地应力)；Y 为 13.65MPa(水平最小主地应力)；Z 为 18.75MPa(垂向主地应力)，地应力状态为潜在走滑型。基于上述参数，分别以垂直井轴截面和平行井轴截面对不同延伸方向下的井周裂缝形态进行分析。

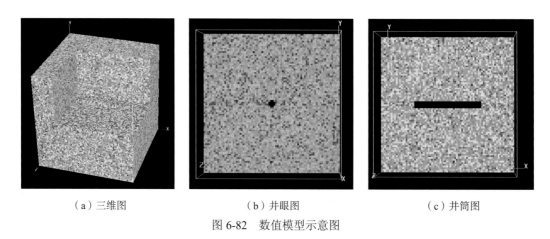

（a）三维图　　　　　　　（b）井眼图　　　　　　　（c）井筒图

图 6-82　数值模型示意图

在垂直井轴截面上，不同钻井方位下的井周裂缝形态变化如图 6-83 和图 6-84 所示。由图 6-83 和图 6-84 可知，沿最大或最小水平主地应力方向的井眼压裂时，因井周所处地应力不同，裂缝延伸方向不同，但均沿井眼截面上最大主应力方向延伸。同时，随着选取钻进方位不同，起裂压力也会产生相应变化。在沿最大水平主地应力方向上，在Step31(36MPa)，井眼开始起裂。而在沿最小水平主地应力方向上，在Step45(50MPa)，井眼开始起裂。不同钻井方位下，裂缝延伸规律相似，在延伸一段后出现分叉。沿最大水平主地应力方向上，在 Step36(41MPa)时，出现分叉。沿最小水平主地应力方向上，在Step65(70MPa)时，出现分叉。

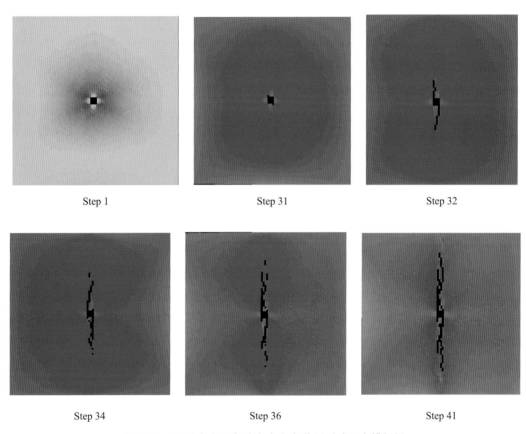

Step 1　　　　　　　　Step 31　　　　　　　　Step 32

Step 34　　　　　　　　Step 36　　　　　　　　Step 41

图 6-83　沿最大水平主地应力方向井周裂缝形态模拟图

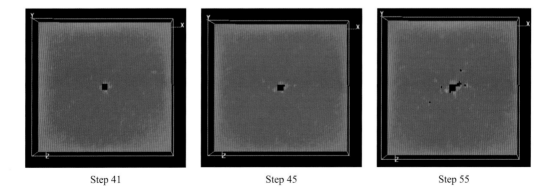

Step 41　　　　　　　　Step 45　　　　　　　　Step 55

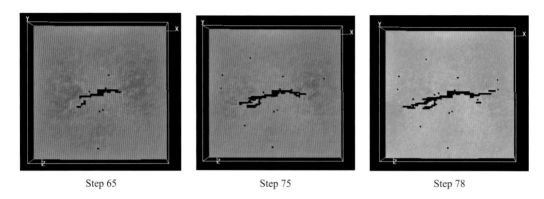

Step 65   Step 75   Step 78

图 6-84   沿最小水平主地应力方向井周裂缝形态模拟图

在平行井轴截面上，不同钻井方位下的井周裂缝形态变化如图 6-85 和图 6-86 所示。由图对比分析可知，在沿最大水平主地应力方向上，裂纹扩展速度更快。同时扩展后，形成的裂纹面积越大，产生更明显的体积裂缝，有效地增加流动空间。

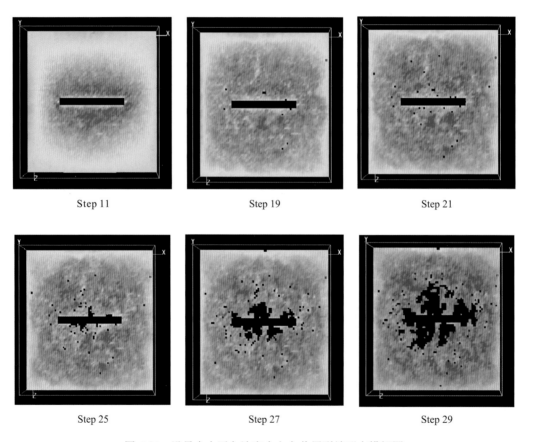

Step 11   Step 19   Step 21

Step 25   Step 27   Step 29

图 6-85   沿最大水平主地应力方向井周裂缝形态模拟图

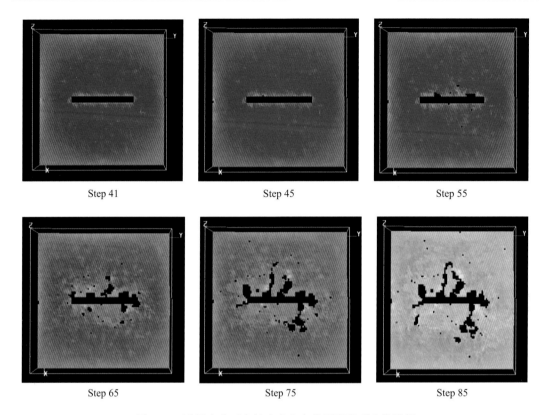

Step 41　　　　　　　　Step 45　　　　　　　　Step 55

Step 65　　　　　　　　Step 75　　　　　　　　Step 85

图 6-86　沿最小水平主地应力方向井周裂缝形态模拟图

6.7.2　射孔参数井周裂缝形态影响

射孔作为一项重要技术在石油勘探与开发领域有着举足轻重的地位，从世界范围来看，这项技术被大量应用于油田的增产改造。不同的射孔参数使得井周岩石应力状态、力学特性发生相应改变，从而对裂缝起裂、延伸造成影响。本书研究结合有限元分析软件 ANSYS 和 RFPA 数值分析软件，建立水平井压裂数值模型。为了便于从机理上分析和简化计算，忽略了水泥环和套管的影响。并且认为井筒与射孔孔眼之间完全连通，井筒和孔眼作用相同的液体压力，不考虑地层岩石与周围流体介质发生的各种物理化学反应。

6.7.2.1　射孔参数对裂缝起裂的影响

水力压裂缝的起裂是一个拉伸破坏过程，随着井筒内压的不断上升，当达到一定值后就会在井壁上产生拉应力。由于采用不同的射孔参数，会造成孔眼周围应力分布以及岩石力学特征改变，从而对裂缝起裂造成影响。基于此，采用有限元软件及表 6-13 所示参数，对不同射孔参数条件下的裂缝起裂压力进行分析。

1. 射孔方位角对裂缝起裂的影响

页岩气水平井的射孔方位角是指在井筒与孔眼的横截面上，孔眼轴线与水平方向之间的夹角，如图 6-87 所示，β 即为射孔方位角。水平井井筒方位角和射孔方位角的改变都会对井周应力场的分布产生影响，因此本节对不同井筒方位角、不同射孔方位角下的起裂压力进行了计算分析，计算过程中取孔眼直径为 0.025m，孔眼长度为 1 倍井径 0.1778m。计算结果如图 6-88 所示。

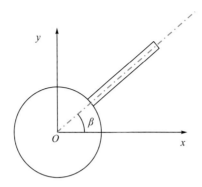

图 6-87　水平井射孔方位角

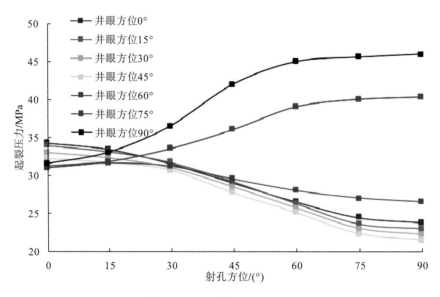

图 6-88　不同井筒方位角下起裂压力随射孔方位角的变化曲线

由图 6-88 可知，当井筒方位角小于 60° 时，起裂压力随着射孔方位角的增加而减小，且井筒方位角的变化对起裂压力影响不明显；当井筒方位角超过 60° 后，起裂压力随射孔方位角的增加而增大，且射孔方位角在 30°～60° 变化时，该射孔角度范围的起裂压力增加较快，在其余射孔角度增加缓慢，且井筒方位角越大，起裂压力越大。通过以上分析可知，井筒方位角和射孔方位角共同影响起裂压力的大小。因此，在潜在走滑型地应力条件下，当井筒方位角小于 60° 时，射孔方位角越大越利于降低裂缝的起裂压力；当井筒方位角大于 60° 时，射孔方位角越小越利于降低裂缝的起裂压力。

射孔方位角的改变会引起井周最大拉应力位置的改变，从而影响裂缝初始起裂面的位置。对于射孔井来说，最大拉应力出现在孔眼根部，而在孔周上出现的具体位置与井筒方位角、射孔方位角、地应力类型、岩石均质程度等因素有关。通过数值模拟，计算了井筒方位角为 0°、45° 和 90° 时，不同射孔方位角情况下的孔周最大拉应力分布，根据最大拉应力分布的位置，给出了裂缝的初始起裂面位置，如图 6-89～图 6-91 所示。

不管井筒方位角如何，起裂位置都在孔眼与层理相交的地方。当射孔方位角为 0° 时，孔内液体压力主要克服的是垂向应力，裂缝有沿着层理面延伸形成水平缝的趋势；当射孔方位角为 90° 时，孔内液体压力主要克服的是最小水平主应力，裂缝有穿过层理面延伸形成垂直缝的趋势。其余射孔方位角度范围，裂缝的初始起裂面位置则是由垂向应力和最小水平主应力共同作用的结果。

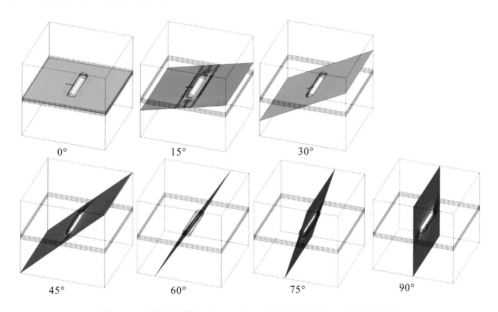

图 6-89　井筒方位角为 0° 时，起裂面随射孔方位角的改变

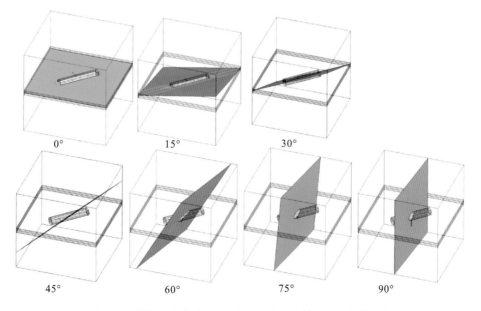

图 6-90　井筒方位角为 45° 时，起裂面随射孔方位角的改变

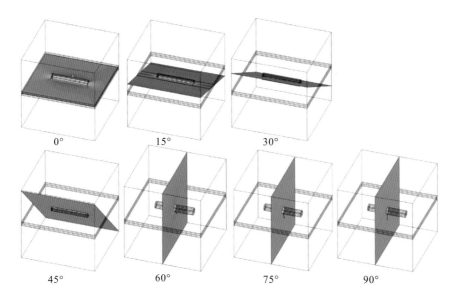

图 6-91   井筒方位角为 90° 时，起裂面随射孔方位角的改变

由图 6-89 可知，在井筒方位角为 0° 时，初始起裂面的位置随着射孔方位角的改变而变化，初始起裂面是由井筒轴线和孔眼轴线构成的平面。裂缝初始起裂面由水平沿井筒逐渐旋转到垂直。由图 6-90 可知，在井筒方位角为 45° 时，随着射孔方位角的改变，初始起裂面并不是沿着井筒轴向，而是与井筒轴向呈一定角度。射孔方位角由 0° 增加到 90° 的过程中，裂缝初始起裂面的位置由水平方向逐渐变为垂直方向。

从图 6-91 中可以看出，在井筒方位角为 90° 时，当射孔方位角小于 45°，裂缝初始起裂面的位置随射孔方位角变化，此过程井筒压力主要克服垂向应力。当射孔方位角超过 60° 后，裂缝的初始起裂面垂直于井筒轴向，并且沿着射孔方向扩展，此过程井筒压力主要克服的是最小水平主应力，产生垂直井筒的横向裂缝。

因此，在走滑型地应力类型下，若要形成水平缝，射孔方向应按 0° 方位角进行射孔。针对页岩气水平井来说，若要进行水平井分段压裂，井筒方向应按最小水平主应力钻进，射孔方位角按大于 60° 进行射孔，有利于形成垂直井筒的横向裂缝。

2. 射孔孔眼长度对起裂压力的影响

考虑射孔长度对起裂压力的影响，针对走滑型地应力类型，模型采用 90° 井筒方位角，射孔方位角为 0°，孔径为 0.025m。改变孔眼长度，对有层理和无层理两种模型的不同孔眼长度下的井周应力进行计算，图 6-92 和图 6-93 为部分模型的井周应力分布，起裂压力结果如图 6-94 所示。

从图 6-94 中可以看出，无层理的情况下，当孔眼长度小于 1.3 倍井径时，随着孔眼长度的增加，起裂压力减小较快，而当孔眼长度大于 1.3 倍井径后，起裂压力下降缓慢。这是由于射孔井筒的起裂位置都在孔眼根部与井筒相交的截面，孔眼长度增加到一定程度后，孔眼内液体压力对孔眼根部作用而产生的拉应力效果有限。在有层理的情况下，孔眼长度的变化对起裂压力影响不大，由于层理的存在，起裂位置均在层理与基质的接触面上(图 6-95)，只要孔内液体压力达到一定值，裂缝就会在该部位首先起裂，而孔眼长度对其影响不大。但对于实际压裂施工而言，孔眼长度越长，越容易连通储层，沟通远井地层的天然裂缝，可以更好地改造储层，并且孔眼长度对压裂后期裂缝的延伸形态会产生影响。

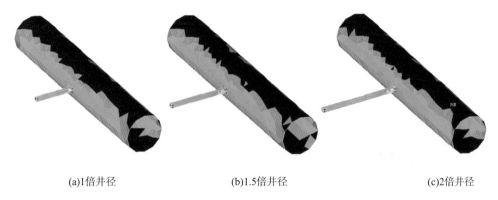

(a)1倍井径　　　　　　　　(b)1.5倍井径　　　　　　　　(c)2倍井径

图 6-92　不同孔眼长度的井周应力分布(无层理)

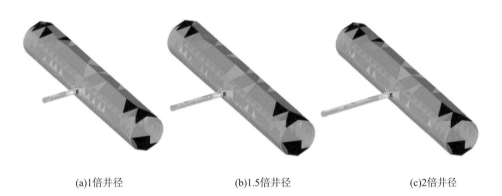

(a)1倍井径　　　　　　　　(b)1.5倍井径　　　　　　　　(c)2倍井径

图 6-93　不同孔眼长度的井周应力分布(有层理)

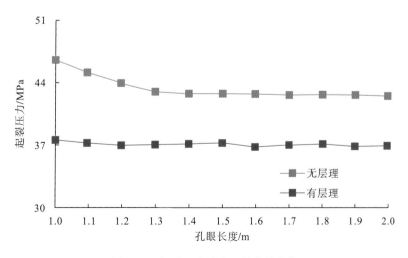

图 6-94　起裂压力随孔眼长度的变化

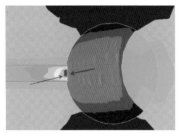

（a）无层理　　　　　　　　　　　　　　（b）有层理

图 6-95　射孔孔眼起裂位置

3. 射孔孔眼直径对起裂压力的影响

射孔孔眼直径也是射孔优化设计的一个重要参数，孔眼直径的大小影响着井周应力场的分布和套管的强度。因此，基于有限元模型，对不同孔眼直径的起裂压力进行计算，图 6-96～图 6-97 为部分模型的应力分布，起裂压力结果如图 6-98 所示。

从图 6-98 中可知，在没有层理的情况下，随着孔眼直径的增大，起裂压力有所下降。这是由于在相同的液体压力下，大孔径的孔眼在孔周上产生的拉应力更大，而有层理时的起裂压力下降更多。从不同孔径下的孔周应力分布来看（图 6-99），当孔眼直径较小且完全处于层理内部时，起裂位置在层理内，随着孔眼直径的增大，当孔眼同时穿过基质和层理时，起裂位置在层理与基质的接触面上，因此层理与基质的接触面才是薄弱面，孔眼直径越大，在该接触面上产生的拉应力就越大，起裂压力就越小。

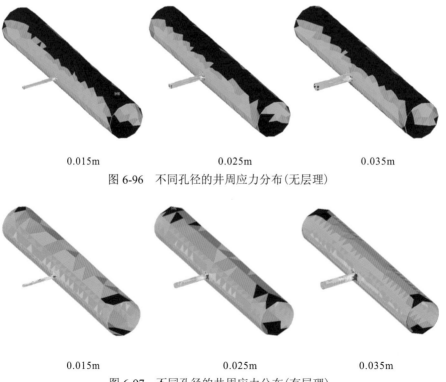

0.015m　　　　　　　　　0.025m　　　　　　　　　0.035m

图 6-96　不同孔径的井周应力分布（无层理）

0.015m　　　　　　　　　0.025m　　　　　　　　　0.035m

图 6-97　不同孔径的井周应力分布（有层理）

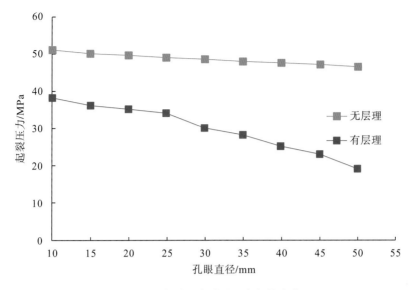

图 6-98　起裂压力随孔眼直径的变化

（a）0.015m　　　　　　　　(b)0.025m　　　　　　　　(c)0.035m

图 6-99　不同孔径下的孔周应力分布

　　综合以上结果来看，不论是否存在层理面，随着孔眼直径的增大，起裂压力均逐渐减小，但孔眼直径的选择要综合考虑射孔后对套管强度造成的影响，以及射孔枪、射孔弹选择上的制约。

4. 射孔密度对起裂压力的影响

　　射孔密度是指单位长度井段内射孔孔眼的数量，为研究射孔密度对起裂压力的影响，模型中单因素改变射孔密度，分别计算了射孔密度为 1、3、5、7、9、11、13、15 孔/m 时，井筒的起裂压力。图 6-100 和图 6-101 为部分模型的井周应力分布，起裂压力随射孔密度的变化如图 6-102 所示。

　　从图 6-102 中可以看出，在井筒方位角为 90°，射孔相位为 0° 的条件下，井筒的起裂压力随着射孔密度的增加均呈减小的趋势，当存在层理时减小幅度更为明显。当射孔密度为 7 孔/m 时，有层理情况下的起裂压力明显降低，这是由于射孔密度较小时，孔眼之间距离大，孔间应力干扰作用不显著，随着射孔密度增大，孔眼距离减小到一定值后，孔间应力干扰作用增强，在孔眼根部产生的拉应力越大，越容易起裂。增大射孔密度可以有效降低起裂压力，但射孔器的选择是根据地层性质来选择的，有时是要牺牲部分特性，如果需要高孔密，可能就要降低穿深，因为增加孔密一般要选择较小的射孔弹，如果需要增加穿深可能就需要减少孔密。因此，孔密和穿深的匹配要根据实际地层的需要来选择和优化。

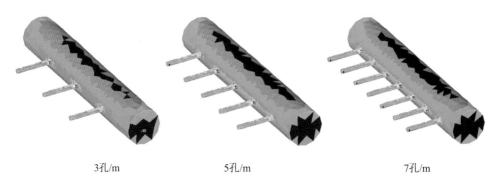

3孔/m   5孔/m   7孔/m

图 6-100   不同射孔密度的井周应力云图（无层理）

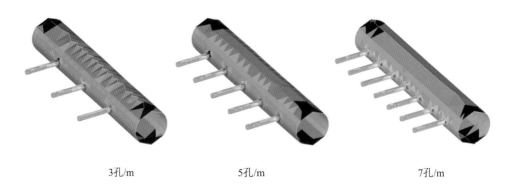

3孔/m   5孔/m   7孔/m

图 6-101   不同射孔密度的井周应力云图（有层理）

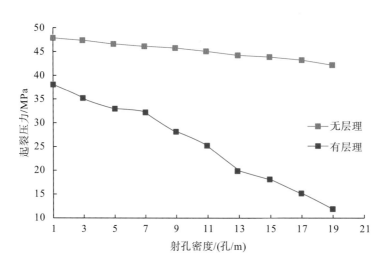

图 6-102   井筒起裂压力随射孔密度的变化

5. 射孔相位对起裂压力的影响

不同的射孔相位对井周应力场的分布会产生不同的影响,为研究不同射孔相位对页岩气水平井起裂压力的影响,模型按 0°、45°、60°、90°、120°、180° 的相位进行布孔。模型计算过程中采用相同的射孔密度和孔眼尺寸,单因素分析射孔相位对起裂压力的影响。模型采用的射孔密度均为 7 孔/m,井筒方位角为 90°,孔眼直径为 0.025m,孔眼长度为 1 倍井径 0.1778m。图 6-103 和图 6-104 为不同射孔相位的井周应力分布,起裂压力计算结果如图 6-105 所示。

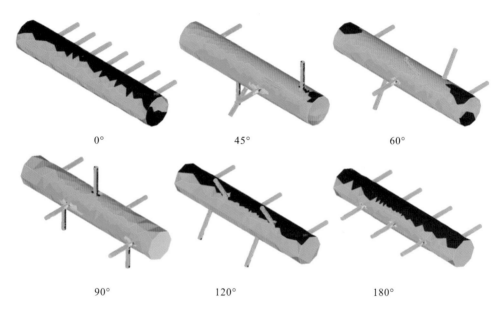

图 6-103　不同射孔相位的水平井井周应力分布(无层理)

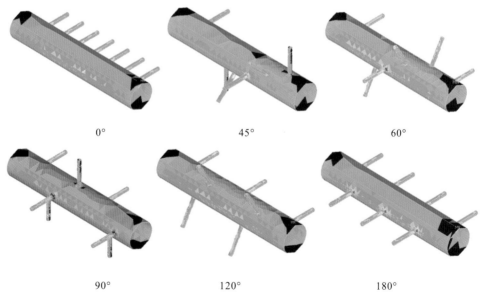

图 6-104　不同射孔相位的水平井井周应力分布(有层理)

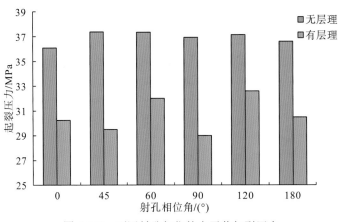

图 6-105　不同射孔相位的水平井起裂压力

由图 6-105 可知，在没有层理的情况下，射孔相位为 0°和 180°时，水平井的起裂压力均较小；射孔相位为 45°和 60°时，水平井的起裂压力较大；而射孔相位为 90°和 120°时，水平井的起裂压力处于中间值，但总体来说相位的变化对均质地层的起裂压力影响不大。在有层理的情况下，射孔相位为 0°时起裂压力最小，从射孔相位为 45°开始，起裂压力随着射孔相位的增加而降低。由于不同的射孔相位改变了井筒周围的布孔方式，进而影响孔与孔之间的应力分布，导致不同射孔相位下水平井起裂压力的差异。对于页岩气水平井来说，虽然射孔相位在 0°和 180°时容易起裂，但形成的裂缝是沿井筒的水平缝，为了更大程度地进行体积改造，形成裂缝网络，建议采用 90°或 120°相位进行布孔，容易形成垂直井筒的横向裂缝。

6.7.2.2　射孔参数对井周裂缝延伸影响

建立页岩气射孔水平井水力压裂的数值模型，如图 6-106 所示，考虑套管以及射孔孔眼和层理面相互作用关系，研究不同射孔参数下，页岩气井水力压裂裂缝的形成过程以及发展规律，研究结果有利于压裂施工作业中射孔参数的优化。

（a）无层理

（b）有层理

图 6-106　射孔水平井水力压力数值模型

1. 射孔方位对裂缝延伸影响

射孔方位角关系到井筒的起裂压力以及井周裂缝起裂的初始方向,由于井筒内存在套管,因此裂缝的起裂和延伸均发生在孔眼内部。模型水平方向应力为 25MPa,垂向应力为 20MPa,孔眼长度为 3 倍井径,按照相同的加载方式,分别模拟了有层理和无层理两种情况下,不同射孔方位角的裂缝延伸过程,结果如图 6-107 和图 6-108 所示。

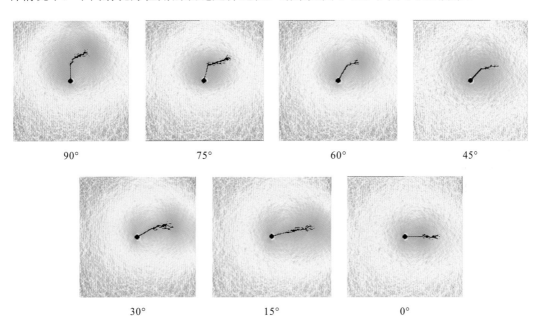

图 6-107　不同射孔方位角的裂缝延伸形态(无层理)

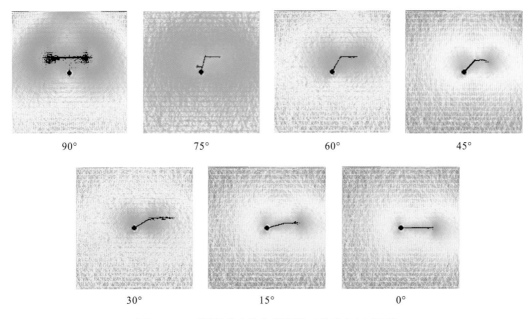

图 6-108　不同射孔方位角的裂缝延伸形态(有层理)

　　通过模拟结果(图 6-107)可知,在没有层理的情况下,射孔方位角为 90°时,裂缝的转向距离最大,随着射孔方位角的降低,裂缝转向距离减小,当射孔方位角小于 45°后,裂缝会先沿着孔眼轴线的方向扩展一段距离,再逐渐偏移到最大主应力方向。射孔方位角为 0°时,裂缝直接沿着最大主应力方向扩展。即射孔方位在高角度时,射孔方位角越大转向距离越大,射孔方位角越小,转向距离越小,裂缝回到最大主应力方向越快。

　　根据图 6-108 可知,在有层理存在的情况下,射孔方位角度的变化对裂缝的延伸影响不大,裂缝的起裂和扩展均沿着层理面。

2. 射孔孔眼长度对裂缝延伸影响

　　射孔孔眼长度也是射孔作业中的一个重要参数,井周裂缝的起裂及扩展形态与孔眼长度有密切关系。为研究孔眼长度对井周裂缝形成的影响,孔眼长度分别按照 1、2、3、4、5 倍井径长度建立地层、井筒和射孔孔眼模型,采用相同的射孔方位和加载条件,并考虑套管存在的影响,分别计算了有层理和无层理两种条件下,不同孔眼长度的裂缝延伸过程。模拟结果如图 6-109 和 6-110 所示。

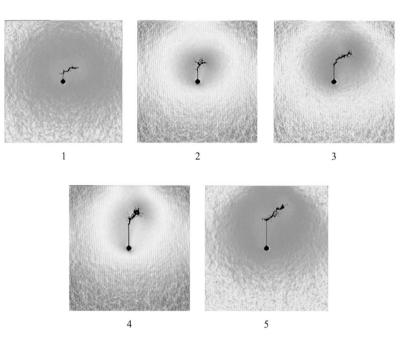

图 6-109　不同孔眼长度的裂缝延伸形态(无层理)

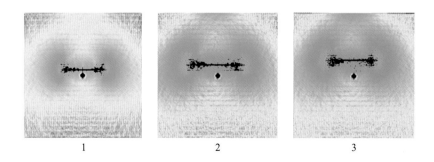

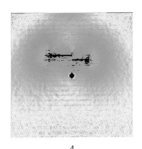

图 6-110　不同孔眼长度的裂缝延伸形态(有层理)

由图 6-109 和图 6-110 可知，在没有层理的情况下，当孔眼长度为 1 倍井径时，裂缝的转向距离最小，随着孔眼长度的增加，裂缝的转向距离增大；在有层理存在的情况下，裂缝沿着靠近孔眼尖端的层理面发展，随着孔眼长度的增加，开裂的层理面越多，裂缝分布越复杂，越易形成裂缝网络。

6.8　不同压裂施工参数对页岩地层水平井压裂裂缝萌生与扩展的影响

前述章节主要从岩石力学的角度，以数值模拟手段，就地应力、页岩层理发育、产状、钻井轨迹、钻井卸载，以及射孔参数等对水平井井周缝网形成和延伸的影响和控制作用进行了较为系统的计算分析，本节将简要分析不同压裂施工参数对页岩地层水平井压裂裂缝萌生与扩展的影响。

6.8.1　水平井段内多簇压裂裂缝延伸模型

6.8.1.1　裂缝内压裂液流动控制方程

压降方程：

$$\frac{\partial p}{\partial s} = -2^{n+1}\left[\frac{(2n+1)q}{nh}\right]^{n}\frac{K}{w^{2n+1}} \tag{6-11}$$

式中，p 为缝内流体压力，MPa；q 为压裂液在裂缝单元的流量，m^3/s；K 为压裂液的稠度系数，$pa \cdot s^n$；n 为压裂液的流态指数，无因次；h 为裂缝高度，m；w 为裂缝宽度，m。

连续性方程：取缝长方向上长度为 Δx 的一个单元体为研究对象，假设压裂液为不可压缩的牛顿流体，在 x 处压裂液的体积流量为 $q(x,t)$，由质量守恒定律：

$$-\frac{\partial q(x,t)}{\partial x} = \frac{2Hc_t}{\sqrt{t-\tau(x)}} + H\frac{\partial w(x,t)}{\partial t} \tag{6-12}$$

式中，$q(x,t)$ 为 t 时刻缝内 x 处的流体流量，m^3/s；$w(x,t)$ 为 t 时刻缝内 x 处横截面上宽度，m；t 为施工时间，s；c 为压裂液综合滤失系数，$m/s^{1/2}$；$\tau(x)$ 为 t 时刻压裂液到达 x 处所需时间，s。

6.8.1.2 水平井段内多簇裂缝动态延伸控制方程

1. 线弹性断裂理论基础

单裂纹主要有三种类型：张开型、滑开型和撕开型。经典水压裂缝延伸模型假设其为 I 型裂缝，本节研究裂缝二维扩展机理，因此只考虑 I 型和 II 型裂缝。采用 Westergaard 应力函数可以分别得到 I 和 II 型裂缝端部的应力和位移。实际水力裂缝为 I-II 复合裂缝，其端部应力场为 I 型裂纹和 II 型裂缝的端部应力场叠加。

$$\begin{cases} \sigma_{rr} = \dfrac{1}{2\sqrt{2\pi r}}\left[K_{\mathrm{I}}(3-\cos\theta)\cos\dfrac{\theta}{2} + K_{\mathrm{II}}(3\cos\theta-1)\sin\dfrac{\theta}{2}\right] \\[2mm] \sigma_{\theta\theta} = \dfrac{1}{2\sqrt{2\pi r}}\cos\dfrac{\theta}{2}\left[K_{\mathrm{I}}(1+\cos\theta) - 3K_{\mathrm{II}}\sin\theta\right] \\[2mm] \tau_{r\theta} = \dfrac{1}{2\sqrt{2\pi r}}\cos\dfrac{\theta}{2}\left[K_{\mathrm{I}}\sin\theta + K_{\mathrm{II}}(3\cos\theta-1)\right] \end{cases} \tag{6-13}$$

式中，σ_{rr}、$\sigma_{\theta\theta}$、$\tau_{r\theta}$ 为极坐标系下的应力分量，Pa；K_{I}，K_{II} 为 I 型、II 型裂缝的应力强度因子，$\mathrm{Pa\cdot\sqrt{m}}$；r 为以裂尖为原点的径向极坐标，m；θ 为以裂尖为原点的周向极坐标，rad。

2. 复合型裂缝的延伸方向和失稳判断依据

裂缝断裂实验证明，最大周向应力理论能够较为准确地预测复合裂缝的断裂方向。其中最大周向应力理论由 Erdogan 和 Sig 提出，其基本假设为：①裂缝延伸方向垂直于裂缝尖端最大周向拉应力方向；②当最大周向拉应力达到临界值时，裂缝开始失稳扩展。由①可以得到裂缝延伸方向，由②可以确定裂缝是否扩展。

对式(6-13)中第二项进行求导可确定裂缝扩展方向，当 K_{I} 和 K_{II} 均不为零时，得到：

$$\theta_0 = 2\arctan\dfrac{1\pm\sqrt{1+8(K_{\mathrm{II}}/K_{\mathrm{I}})^2}}{4K_{\mathrm{II}}/K_{\mathrm{I}}} \tag{6-14}$$

式中，θ_0 从裂尖延长线逆时针起量。若 $K_{\mathrm{II}}=0$，则 $\theta_0=0$；若 $K_{\mathrm{II}}>0$，则 $\theta_0<0$；$K_{\mathrm{II}}<0$，则 $\theta_0>0$。

最大周向应力理论认为：当 $\sigma_{\theta\theta\max}$ 达到一定临界情况时，裂纹开始失稳扩展。由于当 $r\to0$ 时，$\sigma_{\theta\theta\max}\to\infty$，即裂缝尖端存在奇异性，故不能用具体的临界值来表征，可以用等效应力强度因子与岩石断裂韧性的大小关系判断裂缝是否失稳。即将 I 型和 II 型的复合型裂纹转化为等效的纯 I 型裂纹，其等效的应力强度因子为

$$K_{\mathrm{e}} = \dfrac{1}{2}\cos\dfrac{\theta_0}{2}\left[K_{\mathrm{I}}(1+\cos\theta_0) - 3K_{\mathrm{II}}\sin\theta_0\right] \tag{6-15}$$

而其裂纹的失稳准则为

$$K_{\mathrm{e}} \geqslant K_{\mathrm{Ic}} \tag{6-16}$$

式中，K_{e} 为等效应力强度因子，$\mathrm{MPa\cdot\sqrt{m}}$；$K_{\mathrm{Ic}}$ 为断裂韧性，$\mathrm{MPa\cdot\sqrt{m}}$。

6.8.1.3 水平井段内多簇压裂流量动态分配控制方程

进行水平井段内多簇压裂时，簇间流量分配是一个动态过程，即每时刻进入每簇裂缝的流量是变化的。由于进入裂缝的流量对水力裂缝尺寸有显著影响，因此需要建立压裂液

动态分配模型。井筒流体流动示意图如图 6-111，忽略井筒储集效应，压裂液总排量等于流入每条裂缝的流量之和：

$$Q_T(t) = \sum_{i=1}^{2N} Q_i(t) \tag{6-17}$$

式中，$Q_T(t)$ 为 t 时刻压裂液总排量，m³/s；$Q_i(t)$ 为 t 时刻进入第 i 条半翼裂缝的流量，m³/s；N 为裂缝簇数。

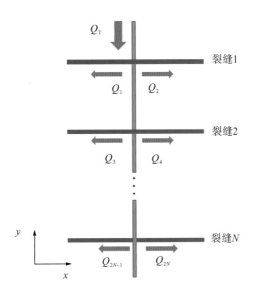

图 6-111 水平井段内多簇压裂流体流动示意图

根据基尔霍夫定理可知，压裂液在井筒根部的压力等于缝口压力、射孔压降、井筒摩阻之和，即

$$p_w = p_{fw,i} + p_{pf,i} + p_{f,i} \tag{6-18}$$

式中，p_w 为井筒根部流体压力，MPa；$p_{fw,i}$ 为第 i 条半翼裂缝的缝口压力，MPa；$p_{pf,i}$ 为第 i 条半翼裂缝处的射孔孔眼摩阻，MPa；$p_{f,i}$ 为井筒根部到第 i 条半翼裂缝的井筒摩阻，MPa。

其中射孔孔眼摩阻计算公式为

$$p_{pf,i} = \frac{2.2326 \times 10^{-10} Q_i^2 \rho}{n_p^2 d^4 C^2} \tag{6-19}$$

井筒摩阻计算公式为

$$p_{f,i} = 2^{3n+2} \pi^{-n} K \left(\frac{1+3n}{n} \right) D^{-(3n+1)} \sum Q_w^n L_w \tag{6-20}$$

式中，n_p 为射孔孔眼数目；d 为射孔孔眼直径，m；C 为孔眼流量系数；ρ 为压裂液混合密度，kg/m³。

段内多簇压裂时整个系统和每条裂缝都需要满足物质平衡方程：

$$\int_0^{T_t} Q_T(t)\mathrm{d}t = \sum_i^{2N} \left[2HC_t \int_0^{L_{fi,t}} \int_0^{T_t} \frac{\mathrm{d}s\mathrm{d}t}{\sqrt{t-\tau(s)}} + \int_0^{L_{fi,t}} Hw\mathrm{d}s \right] \tag{6-21}$$

$$\begin{cases} \int_0^{T_t} Q_1(t)\mathrm{d}t = 2Hc_t\int_0^{L_{f1,t}}\int_0^{T_t}\dfrac{\mathrm{d}s\mathrm{d}t}{\sqrt{t-\tau(s)}} + \int_0^{L_{f1,t}} Hw\mathrm{d}s \\[2mm] \int_0^{T_t} Q_2(t)\mathrm{d}t = 2Hc_t\int_0^{L_{f2,t}}\int_0^{T_t}\dfrac{\mathrm{d}s\mathrm{d}t}{\sqrt{t-\tau(s)}} + \int_0^{L_{f2,t}} Hw\mathrm{d}s \\[2mm] \int_0^{T_t} Q_i(t)\mathrm{d}t = 2Hc_t\int_0^{L_{fi,t}}\int_0^{T_t}\dfrac{\mathrm{d}s\mathrm{d}t}{\sqrt{t-\tau(s)}} + \int_0^{L_{fi,t}} Hw\mathrm{d}s \end{cases} \quad (6\text{-}22)$$

式(6-11)、式(6-12)、式(6-19)~式(6-22)组成非线性方程组，每时刻井筒根部流体压力为已知，每时刻进入每条裂缝的流量、缝内流量分布、时间步长是未知量，需要迭代求解，迭代格式如下：

$$Q_{i,j+1} = (1-\alpha_1)Q_{i,j} + \alpha_1 Q_{i,j+1/2} \quad (6\text{-}23)$$

$$q(i)_{k,j+1} = (1-\alpha_2)q(i)_{k,j} + \alpha_2 q(i)_{k,j+1/2} \quad (6\text{-}24)$$

当两个迭代计算步的流量足够接近时，则结束迭代。

6.8.2　布缝参数及射孔参数对水平井段内多簇压裂裂缝延伸的影响

根据前述水平井段内多簇压裂裂缝延伸模型可知，段内多簇裂缝延伸受到地层因素和完井参数、压裂液参数等多方面的影响。取表 6-14 所示基础参数，计算分析布缝参数（数量、间距和均匀程度）、完井参数（射孔孔径、孔数）对段内多簇压裂裂缝延伸特征的影响。

表 6-14　井层基本参数

参数	取值	参数	取值
水平最大地应力/MPa	58	水平最小地应力/MPa	49
井筒半径/m	0.12	地层岩石杨氏模量/GPa	31
地层岩石泊松比	0.21	水平段深度/m	2597.54~2615.18
裂缝高度/m	50	滤失系数/(m/min$^{0.5}$)	1×10^{-4}

6.8.2.1　布缝方式

1. 布缝数量

统计不同射孔簇压裂条件下进入每条裂缝的液量占总液量的百分比(图 6-112)，以及不同射孔簇压裂条件下每条裂缝的缝长(图 6-113)。分析可知，随着簇数增加，进液量百分比极差和裂缝长度极差都增加，即裂缝延伸非均匀程度增加。当进行四簇射孔压裂时，裂缝 2 的进液量百分比为 2.1%、裂缝 2 的缝长为 89m，裂缝 3 的进液量百分比为 0.8%、裂缝 3 的缝长为 73m，即裂缝 2 和裂缝 3 几乎为无效裂缝。

2. 布缝模式与间距

取每一簇的射孔数目均为 16，射孔孔径均为 12mm，裂缝簇数为 4，排量为 8m^3/min，裂缝高度为 50m，滤失系数为 1×10^{-4}m/min$^{0.5}$。分别在均匀和非均匀布缝条件下，分析簇间距对裂缝延伸的影响。

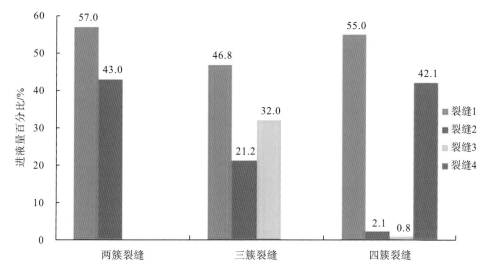

图 6-112　不同簇数压裂进入每条裂缝的流量百分比对比图

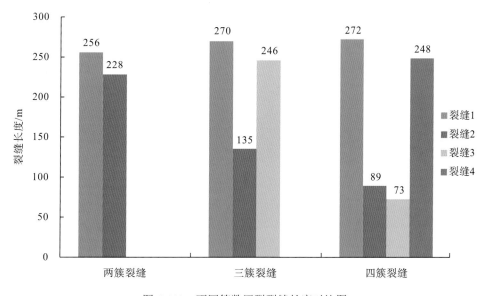

图 6-113　不同簇数压裂裂缝长度对比图

在均匀簇间距布缝条件下,统计不同簇间距条件下进入每条裂缝的液量占总液量的百分比(图 6-114),以及不同簇间距条件下每条裂缝的缝长(图 6-115)。从图 6-114 和图 6-115 可知,簇间距为 20m 时进液量百分比极差为 53.5%,裂缝长度极差为 201m;簇间距 30m 时进液量百分比极差为 28.2%,裂缝长度极差为 93m;簇间距 40m 时进液量百分比极差为 29.7%,裂缝长度极差为 79m。由此可知簇间距为 20m 时,各簇裂缝延伸非均匀程度严重。相比于簇间距为 20m 的情况,簇间距为 30m 时,各簇裂缝延伸非均匀程度得到极大削弱。但随着簇间距继续增加到 40m,裂缝延伸非均匀程度并没有得到太大削弱。

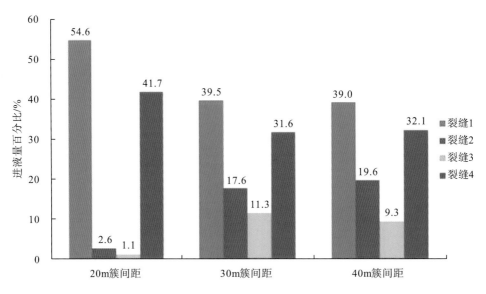

图 6-114　不同簇间距进入每条裂缝的流量百分比对比图

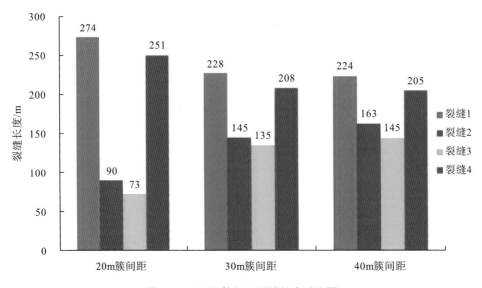

图 6-115　不同簇间距裂缝长度对比图

图 6-116 为非均匀簇间距布缝示意图。在非均匀簇间距布缝条件下,从图 6-117 和图 6-118 可知,调整中间两簇簇间距对改善各簇裂缝非均匀延伸程度影响很小。具体表现为:中间两簇裂缝簇间距为 30m 时,中间两簇裂缝进液量占总液量的百分比分别为 3.6% 和 1.5%,裂缝长度分别为 123m 和 96m,几乎为无效裂缝。当中间两簇裂缝簇间距增加到 40m 时,中间两簇裂缝进液量占总液量的百分比分别为 12.7 %和 8.9%,裂缝长度分别为 131m 和 128m,虽然中间两簇裂缝受抑制程度得到减小,但中间两簇裂缝进液量之和不到总液量的 25%。

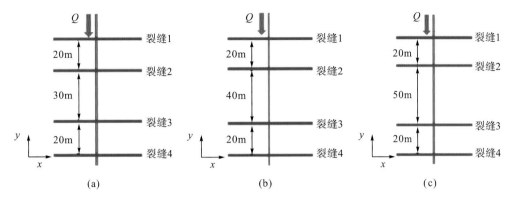

图 6-116　非均匀簇间距布缝示意图

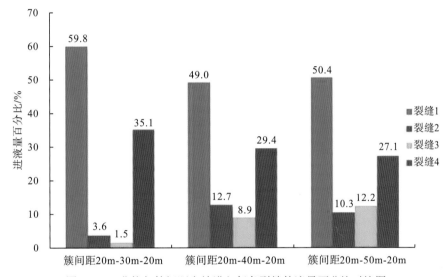

图 6-117　非均匀簇间距布缝进入每条裂缝的流量百分比对比图

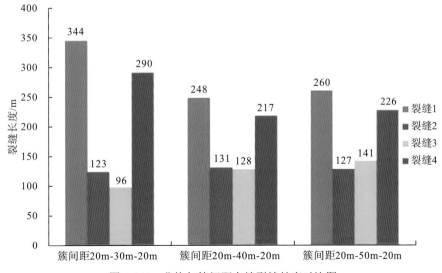

图 6-118　非均匀簇间距布缝裂缝长度对比图

较之中间两簇簇间距为40m的情况，中间两簇簇间距为50m时，裂缝1和裂缝3的进液量百分比和裂缝长度都增加了，相反裂缝2的进液量百分比和裂缝长度都减小了，虽然裂缝4的裂缝长度增加了，但是进液量百分比却减少了。

6.8.2.2 射孔参数

取中间两簇射22孔，靠边两簇分别射16、14、12孔，簇间距均为20m，射孔孔径均为12mm，裂缝簇数为4，排量为8m³/min，裂缝高度为50m，滤失系数为1×10^{-4}m/min$^{0.5}$，分析射孔数量对裂缝延伸的影响。

射孔数目对裂缝均匀延伸影响很大,虽然第1和第4簇射14孔时,裂缝极差只有18m,但是进液量百分比极差却达到30.7%,即很难保证各簇裂缝裂长相差不大的同时保证各簇裂缝进液量百分比极差很小。由此可知,在段内四簇压裂的条件下,通过调节射孔数目很难实现裂缝均匀延伸(图6-119和图6-120)。

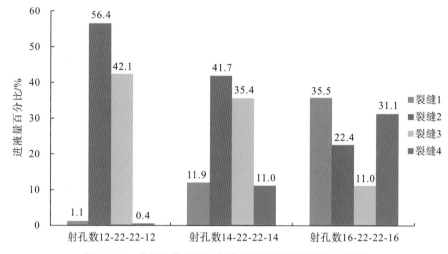

图 6-119　变射孔数量进入每条裂缝的流量百分比对比图

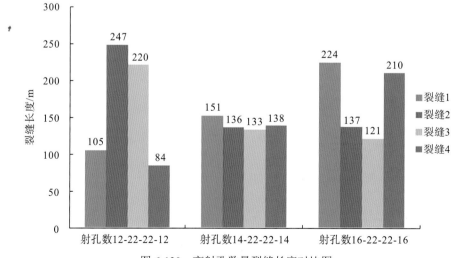

图 6-120　变射孔数量裂缝长度对比图

取中间两簇射孔孔径 15mm，靠边两簇射孔孔径分别为 13mm、11mm、9mm，簇间距均为 20m，射孔孔径均为 15mm，裂缝簇数为 4，每簇射孔 18 孔。排量为 8m³/min，裂缝高度为 50m，滤失系数为 $1×10^{-4}$m/min$^{0.5}$，分析射孔孔径对裂缝延伸的影响。

分析可知，四簇裂缝射孔孔径分别为 11mm、15mm、15mm、11mm 时最有利于裂缝均匀延伸，但是进液量百分比极差却高达 24.7%。即很难保证各簇裂缝裂长相差不大的同时保证各簇裂缝进液量百分比极差很小。由此可知，在段内四簇压裂的条件下，通过调节射孔孔径很难实现裂缝均匀延伸(图 6-121 和图 6-122)。

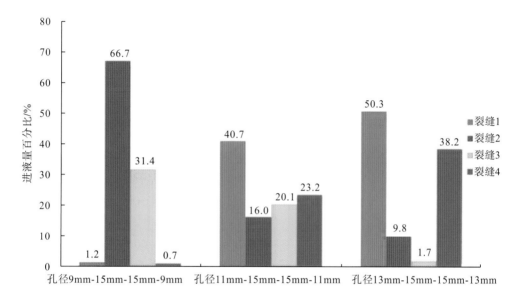

图 6-121 变射孔孔径进入每条裂缝的流量百分比对比图

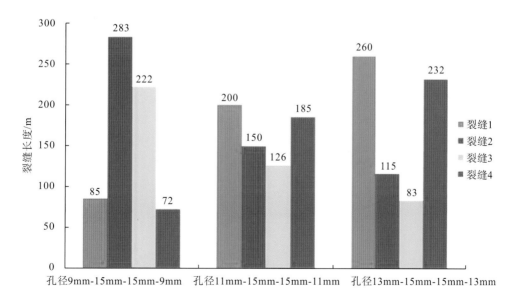

图 6-122 变射孔孔径裂缝长度对比图

6.8.3　页岩地层水平井段内多簇压裂裂缝的调控方法

通过三组算例阐述段内多簇压裂裂缝的调控方法，算例参数如表 6-14 所示。各算例的基础参数仍以采用表 6-12 所示参数。

表 6-14　因素分析算例参数

算例	裂缝簇数	射孔方式	裂缝间距
算例 1	4	第 1 簇孔径 12mm、孔数 18，第 2 簇孔径 16mm、孔数 16，第 3 簇孔径 16mm、孔数 22，第 4 簇孔径 12mm、孔数 24	第 1 和第 2 簇间距为 20m，第 2 和第 3 簇间距为 40m，第 3 和第 4 簇簇间距为 20m
算例 2	3	第 1 簇孔径 13mm、孔数 16，第 2 簇孔径 16mm、孔数 18，第 3 簇孔径 13mm、孔数 20	簇间距均为 30m
算例 3	3	第 1 簇孔径 12mm、孔数 16，第 2 簇孔径 16mm、孔数 16，第 3 簇孔径 12mm、孔数 20	簇间距均为 30m

从图 6-123～图 6-125 可知，算例 1 条件下，裂缝长度极差为 74m，进液量极差为 13.3%；裂缝关系为：缝 1 长度>缝 4 长度>缝 2 长度>缝 3 长度；进液量：缝 2>缝 4>缝 1>缝 3。由此可知四簇压裂条件下，通过综合调节射孔参数后，裂缝均匀延伸程度都较单一调节某一因素而得到改善。

从图 6-126～图 6-128 可知，算例 2 条件下，裂缝长度极差为 60m，进液量极差为 4.5%。裂缝关系为：缝 3 长度>缝 1 长度>缝 2 长度。进液量：缝 2>缝 3>缝 1。因此可知，算例 2 较之算例 1 裂缝均匀延伸程度增加，同时较之三簇压裂均匀射孔条件下裂缝均匀延伸程度也增加了。

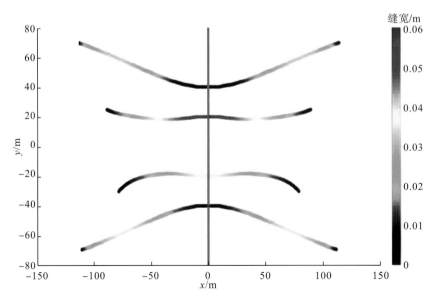

图 6-123　算例 1 裂缝延伸轨迹及缝宽分布图

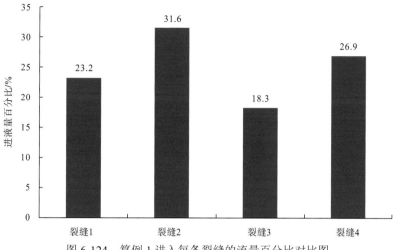

图 6-124　算例 1 进入每条裂缝的流量百分比对比图

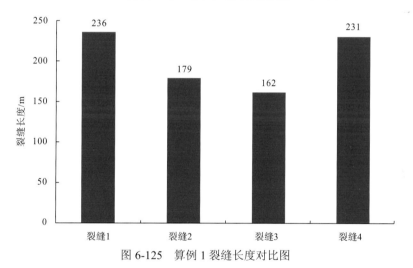

图 6-125　算例 1 裂缝长度对比图

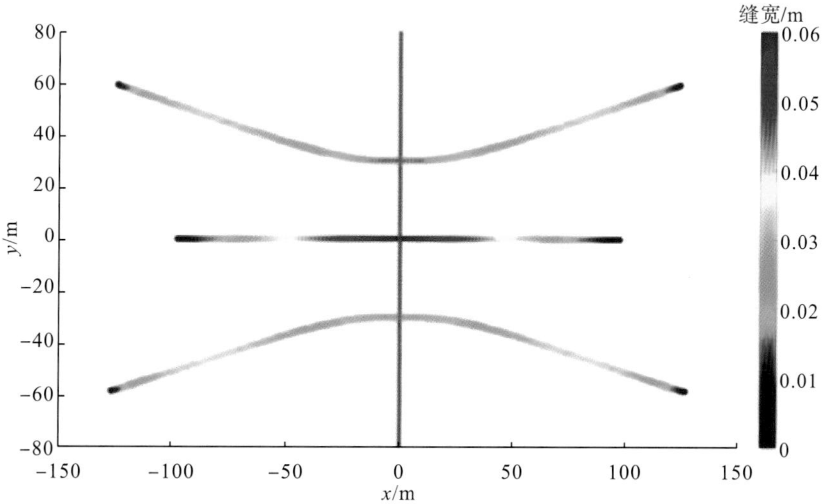

图 6-126　算例 2 裂缝延伸轨迹及缝宽分布图

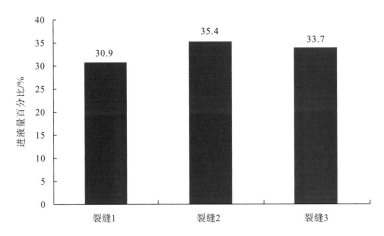

图 6-127　算例 2 进入每条裂缝的流量百分比对比图

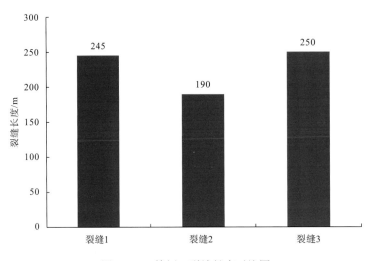

图 6-128　算例 2 裂缝长度对比图

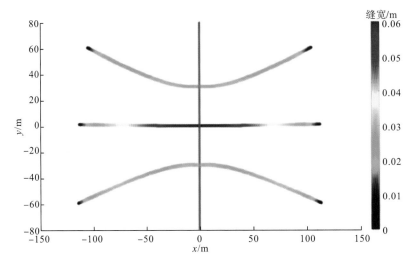

图 6-129　算例 3 裂缝延伸轨迹及缝宽分布图

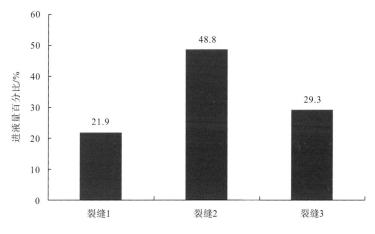

图 6-130　算例 3 进入每条裂缝的流量百分比对比图

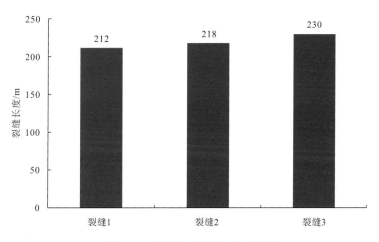

图 6-131　算例 3 裂缝长度对比图

从图6-129～图6-131可知,算例3条件下,裂缝长度极差为18m,进液量极差为26.9%;裂缝关系为:缝 3 长度>缝 2 长度>缝 1 长度;进液量:缝 2>缝 3>缝 1。因此可知,算例 3 较之算例 2 长度极差变小,但是进液量极差增大,但较之三簇压裂均匀射孔条件下裂缝均匀延伸程度增加了。

6.9　页岩地层水平井井周裂缝形态影响因素及调控方法分析

根据前述对井周裂缝形成影响的分析可知:井周裂缝形态是地质条件与工程因素共同作用的结果。地质参数中,地应力、岩石结构、力学参数等都会对井周裂缝形态产生影响。地应力差异小、各向异性弱,裂缝前缘容易出现分叉,形成"破碎区"。结构面发育且结构面强度低,裂缝更易受结构面影响而分叉或转向扩展。在特定地质条件下,钻井及后续压裂过程中工程参数不同依然会导致裂缝形态产生较大差异。首先,水平井井眼方位选择不同,井周应力分布会产生相应变化;其次,由于钻井对地层的卸载作用,井周应力将重新分布，应力集中导致的诱导缝将直接影响压裂缝形态；后续储层体积改造过程中，压裂工艺参数(分段压裂、射孔方位、射孔密度等)等均会对压裂缝的扩展延伸产生重要影响。

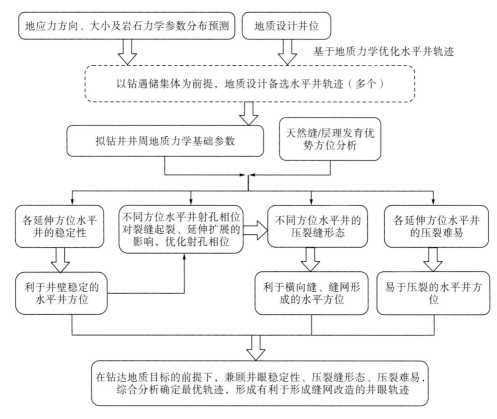

图 6-132　井周裂缝调控方法流程图

总结井周裂缝形态影响因素，从钻井工程开始到后期压裂改造，形成一套完善的井周裂缝形态调控方法，整体调控方法流程图如图 6-132 所示。基于该流程，对井周裂缝调控，首先应该准确获取地质参数。虽然地质参数属于不可调控因素，但地应力、岩石力学强度、天然裂缝对钻井井壁稳定性，压裂缝起裂与延伸都有明显影响。因此，在确定储层地质体后，借助钻井、测井工程资料及室内试验等手段，准确获取基础地质参数，是井周裂缝调控不可或缺的前期工作。基于地应力、岩石力学参数、结构面发育产状，考虑钻井卸载作用及钻井诱导缝影响，从井壁稳定性、压裂缝形态及压裂难易程度考虑，首先优选钻井方位。一旦不恰当的井眼轨迹形成了，压裂缝网形成的调控难度增大。在确定钻井方位条件下，从利于横向缝、缝网形成角度出发，首先优选合适水压加压速率，再从分段压裂、布缝方式、布缝参数、射孔相位、射孔密度、孔眼直径等工艺参数着手，选取最优压裂施工参数，最终形成对井周裂缝形态的有效调控。

第7章 应 用 分 析

基于前述基础研究成果已初步形成了一套系统的页岩地层钻完井技术方法，且在多个页岩气区块及硬脆性页岩地层的钻井中得到推广应用。硬脆性页岩地层不仅是页岩气藏赋存地层，也是钻井过程中井下复杂与事故频发的地层，因此，前述关于页岩气层的钻完井井相关基础研究对硬脆性也岩地层钻井同样具有指导意义。下面简要介绍三个应用实例。

7.1 某硬脆性页岩地层的井壁稳定实例分析

基于前述章节的井壁稳定分析理论、方法，针对页岩地层的矿物组成、岩石结构特征及具体工程表现，按如下技术流程开展井壁稳定分析。

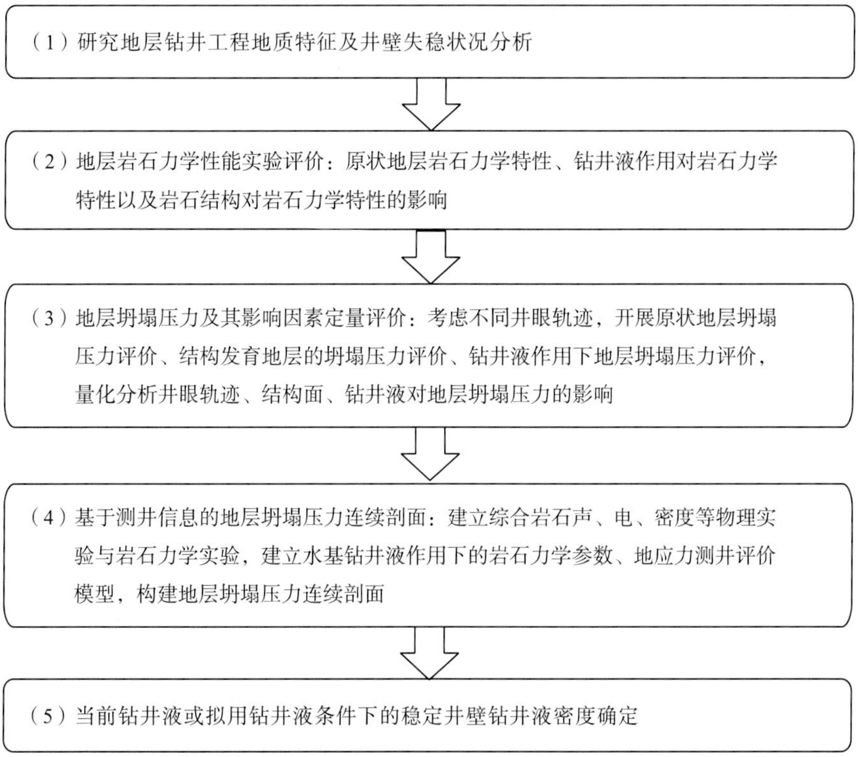

（1）研究地层钻井工程地质特征及井壁失稳状况分析

（2）地层岩石力学性能实验评价：原状地层岩石力学特性、钻井液作用对岩石力学特性以及岩石结构对岩石力学特性的影响

（3）地层坍塌压力及其影响因素定量评价：考虑不同井眼轨迹，开展原状地层坍塌压力评价、结构发育地层的坍塌压力评价、钻井液作用下地层坍塌压力评价，量化分析井眼轨迹、结构面、钻井液对地层坍塌压力的影响

（4）基于测井信息的地层坍塌压力连续剖面：建立综合岩石声、电、密度等物理实验与岩石力学实验，建立水基钻井液作用下的岩石力学参数、地应力测井评价模型，构建地层坍塌压力连续剖面

（5）当前钻井液或拟用钻井液条件下的稳定井壁钻井液密度确定

图 7-1 实例分析流程

7.1.1 基础地质特征

7.1.1.1 地层岩性及矿物组成特征

研究地层岩性为硬脆性页岩，基于 XRD 的全岩矿物、黏土矿物测试分析显示：矿物以黏土、石英为主，此外不同程度发育有长石、方解石、白云石等，脆性矿物较为发育，石英含量为 6.71%～41.40%。黏土含量为 18.35%～61.87%，以伊利石、伊/蒙混层为主。其中，伊利石相对含量为 16.96%～65.67%、伊/蒙混层相对含量 6.72%～56.73%。

7.1.1.2 区块结构面发育特征分析

结构面的发育特征尤其是产状特征是井周应力分布及地层失稳、破裂、裂缝扩展的重要影响因素。岩心观察与成像测井均显示研究地层微裂缝发育。基于成像测井解释及分析结果，对区块页岩地层层理及裂缝进行了识别及产状统计分析。

图 7-2 为研究工区 3 口已钻井目标地层的层理发育产状特征。根据统计结果，该工区地层层理以低倾角为主，倾角大小为 5°～30°；倾向主要以北偏东为主。

图 7-3 对 3 口已钻井目标地层的裂缝发育产状特征进行了统计。结果显示，目标地层裂缝系统发育相对较为复杂，以高角度斜交裂缝以及垂直裂缝为主，裂缝倾角分布范围为 40°～90°，裂缝倾向主要为北北东（0°～25°）、北北西（320°～360°）、南南东至南南西（120°～200°）等。

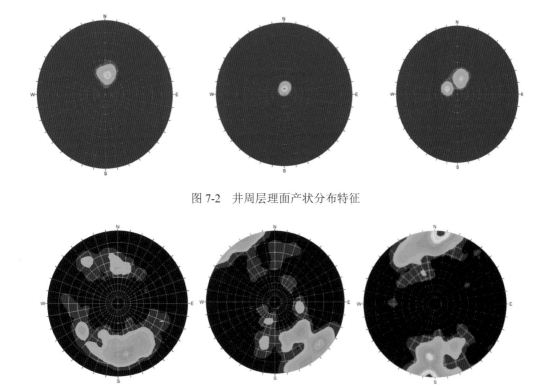

图 7-2　井周层理面产状分布特征

图 7-3　井周裂缝产状分布特征

7.1.2　结构面发育对井壁稳定性的影响分析

基于前述理论、模型，选取工区某井段地层开展层理、裂缝等结构面发育对井壁稳定影响分析，井段埋深及地应力信息如下：中心深度为 2980m，垂向地应力 62.3MPa、水平最大主应力 56.6MPa、水平最小主应力 50.6MPa，孔隙压力 31.5MPa。岩石力学参数采用上述力学实验结果。

不考虑结构面的均质地层条件下，不同轨迹井眼的地层坍塌压力如图 7-4 所示。由图可知：均质地层坍塌压力当量密度主要分布范围为 0.9～1.1g/cm³，且坍塌压力分布呈现对称性，沿最小水平主地应力方向井眼的坍塌压力最小，利于安全钻进。沿最大水平主地应力方向井眼的坍塌压力最大，失稳风险最大；方位角一定时，随着井斜角增大，坍塌压力呈现增大趋势，表明在均质地层，直井稳定性最好。

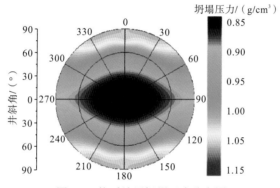

图 7-4　均质地层坍塌压力分布图

在考虑裂缝、层理等软弱结构面发育的条件下，通过设置不同结构面产状，分析结构面对地层坍塌压力影响，分析结果如图 7-5 和图 7-6 所示。可看出：①相对均质地层，结构面的发育导致不同轨迹井眼的地层坍塌压力增大，坍塌压力当量密度主要分布范围为1.02～1.34g/cm³；坍塌压力较低区域(深蓝色)面积减小且分布区域改变，使得钻井相对安全区域范围及优势方位发生改变。②受弱结构面影响，坍塌压力随井斜角与井斜方位的分布复杂，不再呈现显著的对称特征；且结构面产状不同，地层坍塌压力的分布特征截然不同，利于井壁稳定的井眼轨迹也不同。

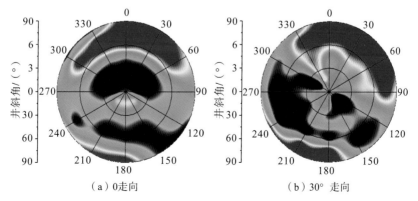

（a）0 走向　　　　　　　　　（b）30° 走向

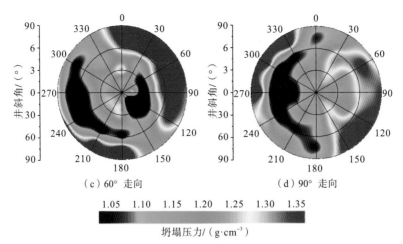

（c）60° 走向   （d）90° 走向

1.05   1.10   1.15   1.20   1.25   1.30   1.35

坍塌压力/（g·cm⁻³）

图 7-5   地层坍塌压力随弱面产状变化图（倾角 60°）

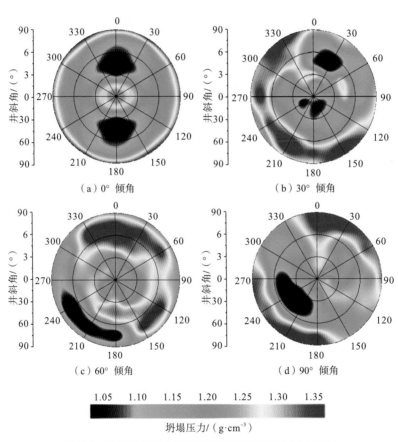

（a）0° 倾角   （b）30° 倾角

（c）60° 倾角   （d）90° 倾角

1.05   1.10   1.15   1.20   1.25   1.30   1.35

坍塌压力/（g·cm⁻³）

图 7-6   地层坍塌压力随结构面产状变化图（走向 45°）

7.1.3   钻井液对井壁稳定性的影响

前述研究可知，钻井液与页岩地层接触将改变页岩的力学特性，导致页岩力学强度降低、地层坍塌压力增大，从而诱发、加剧井壁失稳。

7.1.3.1 钻井液作用对地层岩石力学强度的影响分析

为了评价不同钻井液对岩石力学性能的影响，在可对比岩样筛选、分组的基础上，分别利用体系 2、体系 3 两种钻井液体系对岩样进行浸泡，浸泡条件为：围压 3MPa、温度 120℃、时间 72 小时。

对浸泡后的岩样开展三轴压缩、岩石抗张等岩石力学实验测试。测试结果如图 7-7～图 7-10。受钻井液影响，除泊松比无明显下降趋势外，岩石的弹性模量、抗压强度、抗张强度都出现明显下降。其中，未受钻井液作用的原岩条件下，单轴抗压强度为 56.00～66.34MPa、原岩的抗张强度为 2.49～6.66MPa，平均值为 5.00MPa；钻井液作用后，岩石抗压强度与抗张强度均出现下降，抗压强度下降更为明显。两种钻井液体系对比下，体系 2 作用后，岩石抗张强度与抗压强度的下降幅值约为 0.7MPa 和 35MPa；体系 3 作用后，岩石抗张强度与抗压强度的下降幅值约为 0.1MPa 和 25MPa。对比分析可知，体系 3 钻井液浸泡后岩石强度下降幅值更小，稳定井壁性能更好。

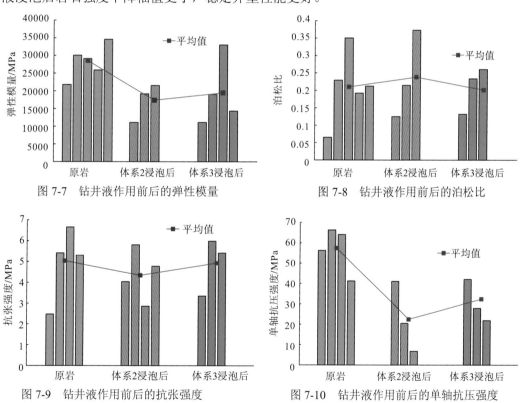

图 7-7　钻井液作用前后的弹性模量　　　　图 7-8　钻井液作用前后的泊松比

图 7-9　钻井液作用前后的抗张强度　　　　图 7-10　钻井液作用前后的单轴抗压强度

7.1.3.2　钻井液作用对地层坍塌压力的影响分析

在钻井液对地层岩石力学性能影响分析的基础上，结合研究工区具体实际，采用与章节 7.1.2 相同的分析条件，对不同钻井液体系作用后的坍塌压力及破裂压力进行计算分析，结果如图 7-11～图 7-13 所示。由图分析可知：受钻井液作用，坍塌压力整体呈明显增大趋势，井壁失稳高危（红色）井眼轨迹分布区域变大，发生井壁失稳的风险增大。其中，体系 2 作用后，坍塌压力平均增量为 $0.14g/cm^3$，体系 3 作用后坍塌压力平均增量为 $0.11g/cm^3$。破裂压力受钻井液作用影响相对较小，体系 2 作用后，破裂压力平均降幅为 $0.04g/cm^3$，体系 3 作用后破裂压力平均增量为 $0.02g/cm^3$。总体对比可知：体系 3 对井壁岩石影响较小，稳定井壁能力相对较好。

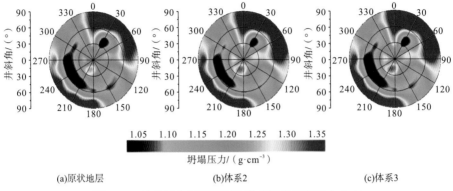

(a)原状地层　　　　　　　(b)体系2　　　　　　　(c)体系3

图 7-11　钻井液作用下不同轨迹井眼的坍塌压力分布

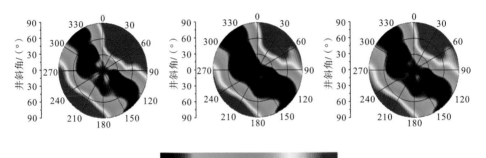

(a)原状地层　　　　　　　(b)体系2　　　　　　　(c)体系3

图 7-12　钻井液作用下不同轨迹井眼的破裂压力分布

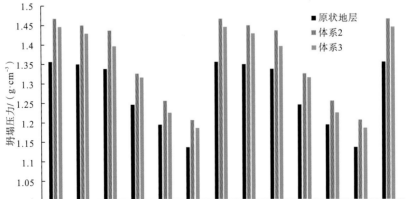

(a)不同方位水平井的坍塌压力

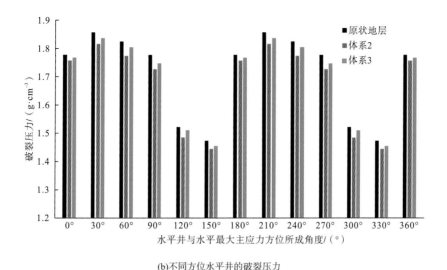

(b)不同方位水平井的破裂压力

图 7-13　钻井液作用下不同方位水平井的坍塌压力与破裂压力

7.1.4　区块页岩地层坍塌压力剖面

基于前述研究，综合前面相关章节的理论、方法，结合井周压裂缝统计分析结果，利用测井信息对地层的孔隙压力、坍塌压力进行计算，如图 7-14 和图 7-15 所示。根据计算结果，分析结果表明：研究工区页岩地层均为正常压力，孔隙压力为 0.97~1.06g/cm³；不同深度地层的坍塌压力变化明显，整体页岩地层坍塌压力当量密度分布为 1.12~1.32g/cm³。工区地层压力测试结果为 0.99~1.05g/cm³，该页岩层位实际采用钻井液密度为 1.14~1.31g/cm³。由实用钻井液密度、地层坍塌压力两者的大小关系和井眼扩径的对应性，结合地层压力测试结果，可知本研究地层坍塌压力评价结果与现场工程实际吻合程度较好，也验证了本书井壁稳定分析理论及方法的可靠性。

7.2　某页岩气层的井壁稳定实例分析

7.2.1　地层岩性特征

研究目标地层为陆相页岩气储层，工区页岩中黏土矿物含量较高，所分析页岩样品中黏土矿物含量为 40.30%~90.66%；非黏土矿物类石英含量最高，平均 17.98%，最低 4.97%，最高 43.10%。从黏土矿物组成可知，工区页岩黏土中不含蒙脱石，主要以高岭石为主，平均含量为 44.70%。同时发育有水敏性伊蒙混层，平均含量约为 16.74%。

7.2.2　已钻井的井壁失稳状况

四口已钻井的井径曲线、扩径率曲线以及实际钻井用钻井液密度如图 7-16~图 7-17 所示。四口井钻穿研究目标地层所用的钻井液密度为 1.08~1.20g/cm³，井眼均呈现不同程度扩径,最大扩径率可达45%。尽管从钻揭地层开始,所用钻井液密度就被不断提高,但井眼依然扩径显著、井眼规则程度依然未得到明显改善。

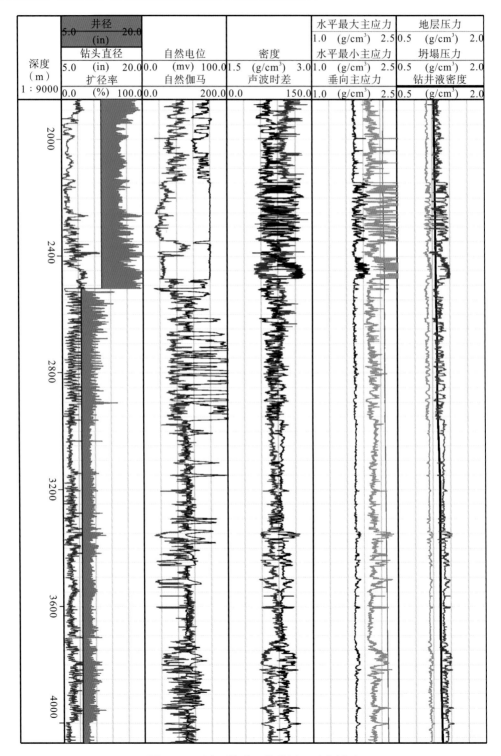

图 7-14　研究区块井 1 的地层三压力剖面

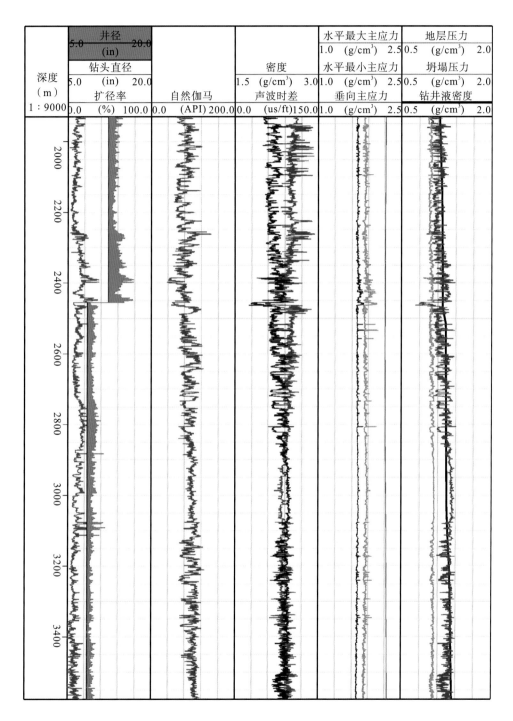

图 7-15　研究区块井 2 的地层三压力剖面

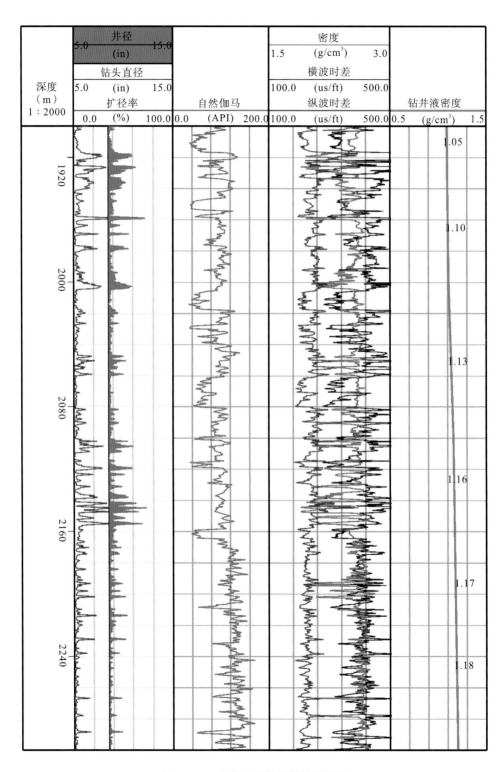

图 7-16　B 井部分井段井径扩径分析

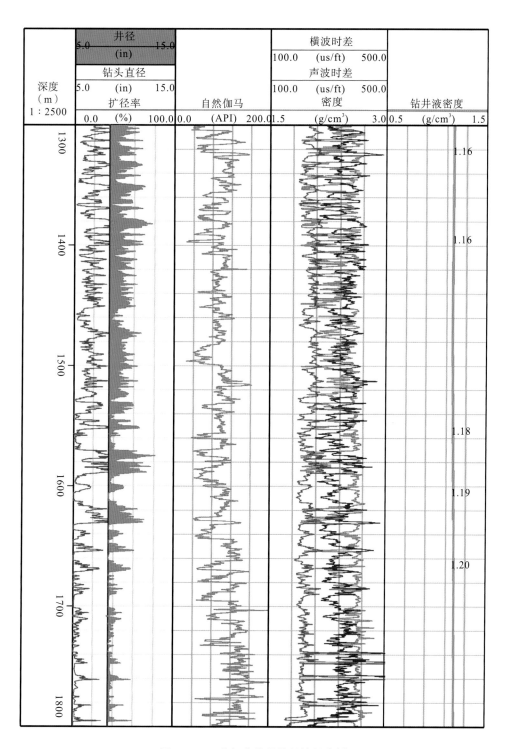

图 7-17　C 井部分井段井径扩径分析

7.2.3 地层"三压力"剖面构建及稳定性分析

针对研究地层，综合开展了钻井液作用前后的岩石力学特性实验评价、原地应力及不同轨迹井眼的井周应力分析以及综合物理实验、测井信息的岩石力学参数与地应力连续剖面构建、地层三压力剖面(孔隙压力、坍塌压力、破裂压力)的构建等研究，结果如图 7-18～图 7-21。

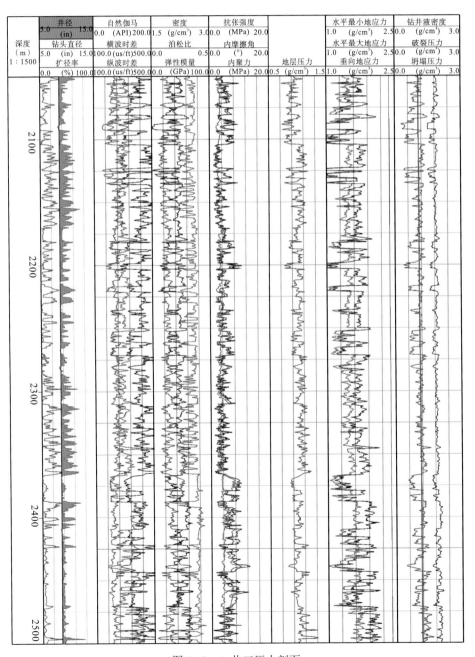

图 7-18 A 井三压力剖面

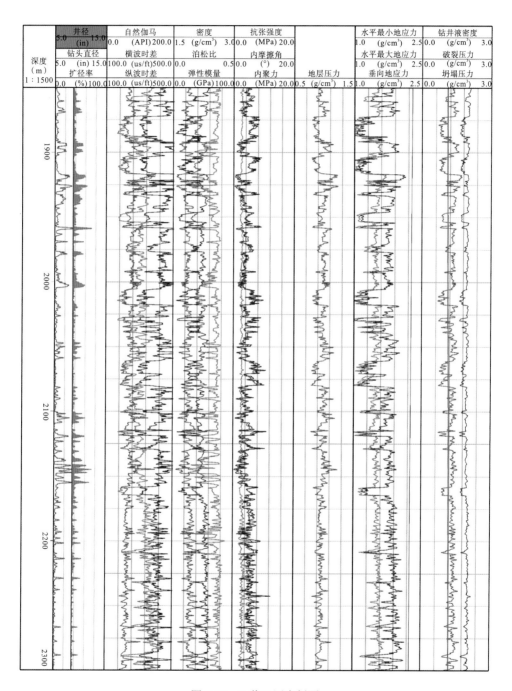

图 7-19 B 井三压力剖面

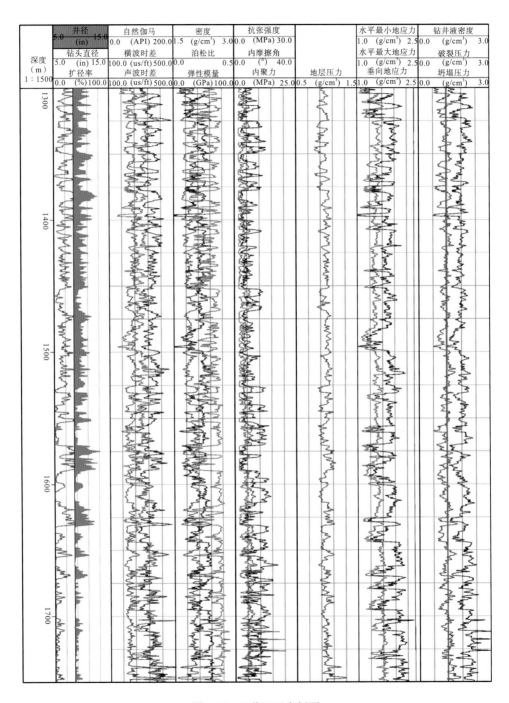

图 7-20　C 井三压力剖面

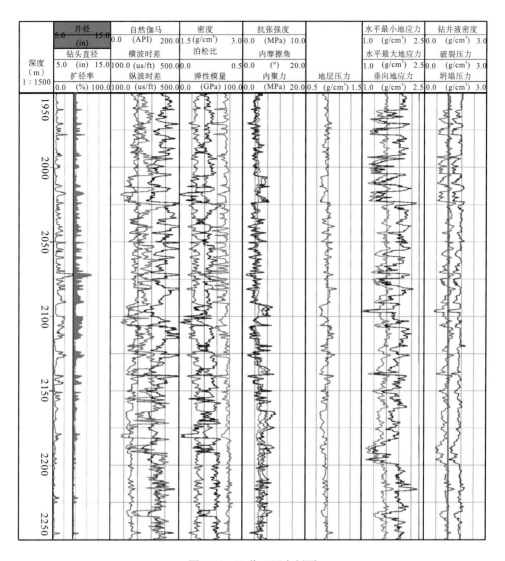

图 7-21　D 井三压力剖面

已钻井的计算结果表明：工区页岩地层孔隙压力均为正常压力，大小为 0.90～1.10g/cm³；坍塌压力主要为 0.80～1.15g/cm³；破裂压力主要为 1.56～2.42g/cm³。分析可知实际所用钻井液密度与地层坍塌压力大小基本相当，部分井段略小于地层坍塌压力。

由前述研究可知，水基钻井液条件下，随着钻井液与页岩地层接触时间的增长，地层岩石与钻井液的作用程度及其对井壁稳定性的影响较为显著。鉴于此，针对研究地层分别开展了原岩以及钻井液作用 3 天、5 天后的岩石力学特性测试，结果如图 7-22 所示。在钻井液作用条件下，岩石单轴抗压强度随时间出现下降趋势，其中，未与钻井液接触的原岩单轴抗压强度约为 26.48MPa。钻井液作用 3 天后下降不明显，抗压强度与原岩状态下相近；但在作用 5 天后，抗压强度有明显下降，平均单轴抗压强度降至 16.97MPa。

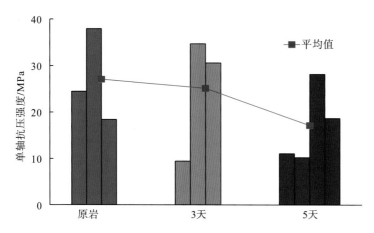

图 7-22　钻井液作用不同时间的单轴抗压强度

基于力学试验室内测试结果，利用前述章节相关理论、方法，进一步分析钻井液作用时间延长对地层坍塌压力的影响，如图 7-23 所示。由图可知，随着钻井液作用时间增加，地层坍塌压力呈上升趋势。原状地层条件下，坍塌压力 为 0.95～1.02g/cm³；3 天后坍塌压力上升至 1.08～1.14g/cm³；5 天后坍塌压力达到 1.16～1.24g/cm³。

本实例分析结果进一步表明：在钻开地层后，若钻井液密度与初期地层坍塌压力（测井时的坍塌压力）相近，那么随着钻井液与地层接触时间的延长、地层坍塌压力将增大，钻井液密度将会低于地层坍塌压力大小，从而可能诱发或加剧井壁失稳。

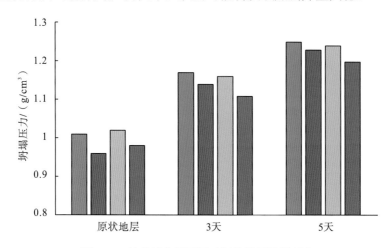

图 7-23　钻井液作用不同时间的地层坍塌压力

7.3　页岩气水平井压裂实例分析

7.3.1　基本井况

X 井最大井斜井深 4619.18m，斜度 92.92°，方位 137.78°，闭合距 1026.13m，闭合方位 111.94°，其井身结构及水平井轨迹示意图如图 7-24 和图 7-25 所示。

已有研究结果表明：所分析井位处水平最大主应力为 $90°$，即地应力方向为东西向。依据《X 井组分簇射孔施工设计》可知，X 井对水平井段实施 17 段的分簇射孔压裂。

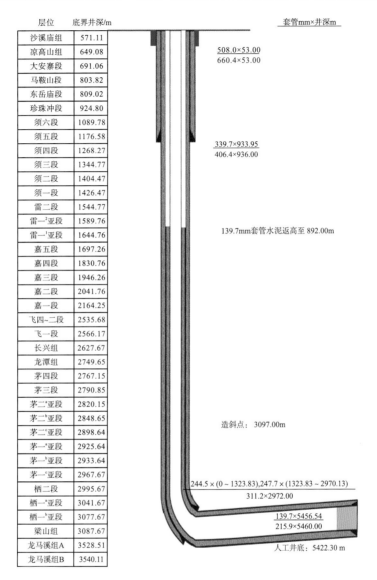

层位	底界井深/m
沙溪庙组	571.11
凉高山组	649.08
大安寨段	691.06
马鞍山段	803.82
东岳庙段	809.02
珍珠冲段	924.80
须六段	1089.78
须五段	1176.58
须四段	1268.27
须三段	1344.77
须二段	1404.47
须一段	1426.47
雷二段	1544.77
雷一^{2}亚段	1589.76
雷一^{1}亚段	1644.76
嘉五段	1697.26
嘉四段	1830.76
嘉三段	1946.26
嘉二段	2041.76
嘉一段	2164.25
飞四~二段	2535.68
飞一段	2566.17
长兴组	2627.67
龙潭组	2749.65
茅四段	2767.15
茅三段	2790.85
茅二^{c}亚段	2820.15
茅二^{b}亚段	2848.65
茅二^{a}亚段	2898.64
茅一^{c}亚段	2925.64
茅一^{b}亚段	2933.64
茅一^{a}亚段	2967.67
栖二段	2995.67
栖一^{b}亚段	3041.67
栖一^{a}亚段	3077.67
梁山组	3087.67
龙马溪组A	3528.51
龙马溪组B	3540.11

套管mm×井深m

508.0×53.00
660.4×53.00

339.7×933.95
406.4×936.00

139.7mm套管水泥返高至 892.00m

造斜点：3097.00m

244.5 ×（0～1323.83），247.7 ×（1323.83～2970.13）
311.2×2972.00

139.7×5456.54
215.9×5460.00

人工井底：5422.30 m

图 7-24　X 井井身结构示意图

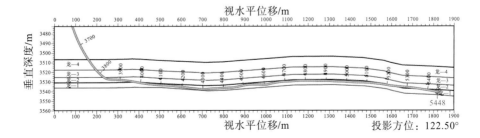

图 7-25　X 井水平井轨迹示意图

7.3.2　压裂缝分析结果

由前述章节得到的计算模型，对 X 井位处利用进行地层岩石力学参数及地应力计算分析，计算结果如图 7-26 所示。进而利用计算得到的岩石力学参数及地应力数据对 X 井进行地层起裂压力及压裂缝形态预测分析。

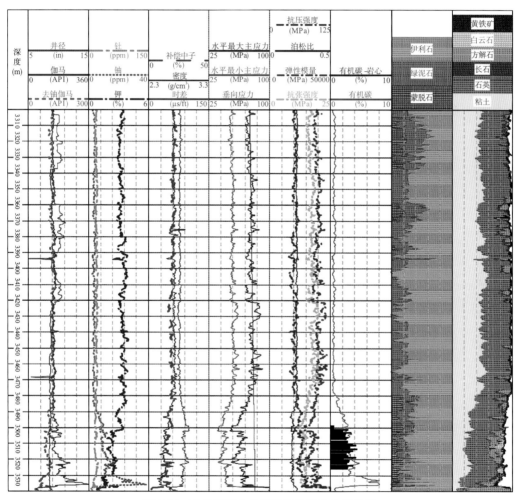

图 7-26　X 井岩石力学参数及地应力分析结果

考虑到已压裂井段可能会对后续压裂井段产生应力扰动，本分析仅针对第一压裂段（5300m～人工井底，段长 122.3m，垂深：3530～3540m）的压裂参数及压裂缝形态进行预测分析。其计算参数如表 7-1 所示。

表 7-1　X 井第一压裂段输入参数

参数	取值	参数	取值
水平最大主应力/MPa	80.05	弹性模量/MPa	35000
水平最小主应力/MPa	63.50	泊松比	0.17

续表

垂向主应力/MPa	81.26	抗张强度/MPa	9.5
井斜方位/(°)	111.94	断裂韧性/(MPa·$\sqrt{\text{m}}$)	1.3510
最大泵压/MPa	95.0		

分析得到起裂压力、起裂角以及在最大泵压 95.0MPa 条件下计算得到的压裂裂缝长度、垂向延伸最大距离如下：①起裂压力：98.6MPa；②起裂角：32.0°；③裂缝单翼最大长度：231.3m；④垂向延伸最大距离：28.79m。

根据《X 井测试压裂施工报告》可知，该段压裂施工曲线显示破裂压力为 87.95MPa。与实际结果对比分析，本研究分析破裂压力误差为 12.11%，因此具有较好的适用性。

数值模拟显示，压裂缝破裂点分布如图 7-27 和图 7-28 所示。

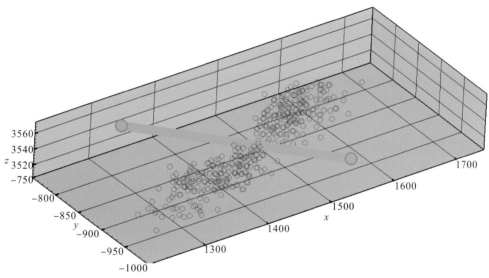

图 7-27 X 井第一压裂段破裂点分布(斜视图)

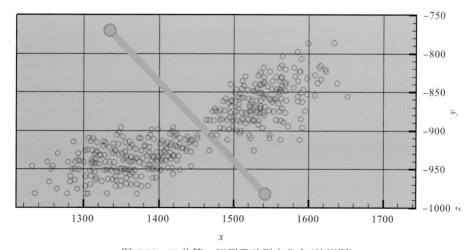

图 7-28 X 井第一压裂段破裂点分布(俯视图)

参 考 文 献

白小东, 蒲晓林. 2006. 水基钻井液成膜技术研究进展[J]. 天然气工业, 26(8): 75-77.

白杨. 2014. 深井高温高密度水基钻井液性能控制原理研究[D]. 成都: 西南石油大学.

白志强, 刘树根, 孙玮, 等. 2013. 四川盆地西南雷波地区五峰组-龙马溪组页岩储层特征[J]. 成都理工大学学报(自然科学版),
40(5): 521-531.

陈勉, 陈治喜. 1995. 大斜度井水压裂缝起裂研究[J]. 中国石油大学学报(自然科学版), (2): 30-35.

陈尚斌, 朱炎铭, 王红岩, 等. 2011. 四川盆地南缘下志留统龙马溪组页岩气储层矿物成分特征及意义[J]. 石油学报, 32(5):
775-782.

陈文玲, 周文, 罗平, 等. 2013. 四川盆地长芯1井下志留统龙马溪组页岩气储层特征研究[J]. 岩石学报, 29(3): 1073-1086.

陈峥嵘, 邓金根, 朱海燕, 等. 2013. 定向射孔压裂起裂与射孔优化设计方法研究[J]. 岩土力学, 34(8): 2309-2315.

陈治喜, 陈勉, 金衍. 1997. 岩石断裂韧性与声波速度相关性的试验研究[J]. 石油钻采工艺, 19(5): 56-60.

程远方, 常鑫, 孙元伟, 等. 2014. 基于断裂力学的页岩储层缝网延伸形态研究[J]. 天然气地球科学, 25(4): 603-611.

程远方, 王京印, 赵益忠, 等. 2006. 多场耦合作用下泥页岩地层强度分析[J]. 岩石力学与工程学报, 25(9): 1912-1912.

崔思华, 班凡生, 袁光杰. 2011. 页岩气钻完井技术现状及难点分析[J]. 天然气工业, 31(4): 72-74.

邓虎, 孟英峰. 2003. 泥页岩稳定性的化学与力学耦合研究综述[J]. 石油勘探与开发, 30(1): 109-111.

刁海燕. 2013. 泥页岩储层岩石力学特性及脆性评价[J]. 岩石学报, 29(9): 344-350.

丁乙. 2016. 页岩地层水平井井壁稳定性研究 [D]. 成都: 西南石油大学.

丁乙, 梁利喜, 刘向君, 等. 2016. 温度和化学耦合作用对泥页岩地层井壁稳定性的影响[J]. 断块油气田, 23(5): 663-667.

苟绍华, 尹婷, 叶仲斌, 等. 2014. 一种喹啉阳离子聚合物粘土水化抑制剂研究[J]. 化学研究与应用, (9): 1435-1440.

郭建春, 邓燕, 赵金洲. 2006. 射孔完井方式下大位移井压裂裂缝起裂压力研究[J]. 天然气工业, 26(6): 105-107.

郭建春, 梁豪, 赵志红, 等. 2013. 页岩气水平井分段压裂优化设计方法[J]. 天然气工业, 33(12): 82-86.

郭天魁, 张士诚, 刘卫来, 等. 2013. 页岩储层射孔水平井分段压裂的起裂压力[J]. 天然气工业, 33(12): 87-93.

郝晨. 2015. 威远地区龙马溪组页岩气水平井油基钻井液研究[D]. 成都: 西南石油大学.

何江达, 张建海, 范景伟. 2001. 霍克—布朗强度准则中 m, s 参数的断裂分析[J]. 岩石力学与工程学报, 20(4): 432-432.

何顺平. 2016. 页岩断裂韧性及诱导裂缝前缘形态影响因素研究[D]. 成都: 西南石油大学.

衡帅, 杨春和, 曾义金, 等. 2014. 基于直剪试验的页岩强度各向异性研究[J]. 岩石力学与工程学报, 33(5): 874-883.

侯连浪, 梁利喜, 刘向君, 等. 2016. 基于BP神经网络的页岩静弹性模量预测研究[J]. 科学技术与工程, 16(30): 176-180.

侯鹏, 高峰, 杨玉贵, 等. 2016a. 黑色页岩巴西劈裂破坏的层理效应研究及能量分析[J]. 岩土工程学报, 38(5): 930-937.

侯鹏, 高峰, 张志镇, 等. 2016b. 黑色页岩力学特性及气体压裂层理效应研究[J]. 岩石力学与工程学报, (4): 670-681.

侯振坤, 杨春和, 王磊, 等. 2016. 基于室内试验的页岩脆性特征评价方法[J]. 东北大学学报(自然科学版), 37(10): 1496-1500.

胡永全, 贾锁刚, 赵金洲, 等. 2013. 缝网压裂控制条件研究[J]. 西南石油大学学报(自然科学版), 35(4): 126-132.

黄荣樽, 陈勉, 邓金根, 等. 1995. 泥页岩井壁稳定力学与化学的耦合研究[J]. 钻井液与完井液, (3): 15-21.

贾长贵, 陈军海, 郭印同, 等. 2013. 层状页岩力学特性及其破坏模式研究[J]. 岩土力学, (s2): 57-61.

蒋文超. 2016. 包结缔合型驱油聚合物的制备及其主客体相互作用研究[D]. 成都: 西南石油学.

康毅力，佘继平，林冲，等.2016. 钻井完井液浸泡弱化页岩脆性机制[J]. 力学学报，48（3）：730-738.

孔德虎.2010. 泥页岩水化对井壁稳定的影响规律研究[D]. 大庆：东北石油大学.

雷梦.2016. 射孔对页岩气水平井井周缝网形成的影响研究[D]. 成都：西南石油大学.

李德远.2014. 硬脆性泥页岩孔隙压力传递力学效应研究[D]. 成都：西南石油大学.

李靓.2014. 压裂缝内支撑剂沉降和运移规律实验研究[D]. 成都：西南石油大学.

李庆辉，陈勉，金衍，等.2012. 页岩脆性的室内评价方法及改进[J]. 岩石力学与工程学报，31（8）：1680-1685.

李小刚，苏洲，杨兆中，等.2014. 页岩气储层体积缝网压裂技术新进展[J]. 石油天然气学报，36（7）：154-159.

李小刚，易良平，杨兆中，等.2015. 考虑分形裂纹弯折效应和长度效应的水力压裂裂缝扩展机理[J]. 新疆石油地质，36（4）：454-458.

李兆敏，蔡文斌，张琪，等.2008. 水平井压裂裂缝起裂及裂缝延伸规律研究[J]. 西安石油大学学报（自然科学版），23（5）：46-48.

李芷，贾长贵，杨春和，等.2015. 页岩水力压裂水力裂缝与层理面扩展规律研究[J]. 岩石力学与工程学报，34（A01）：12-20.

梁利喜，刘向君.2014a. 基于霍克–布朗准则评价页岩气井井壁稳定性[J]. 西南石油大学学报（自然科学版），（5）：105-110.

梁利喜，熊健，刘向君.2014b. 水化作用和润湿性对页岩地层裂纹扩展的影响[J]. 石油实验地质，（6）：780-786.

梁利喜，周龙涛，刘向君，等.2014c. 页岩声学参数与力学参数相关性的试验研究[J]. 科学技术与工程，14（23）：179-183.

梁利喜，刘锟，刘向君，等.2015a. 两性离子聚合物黏土水化抑制剂的合成与性能[J]. 油田化学，32（4）：475-480.

梁利喜，熊健，刘向君.2015b. 川南地区龙马溪组页岩孔隙结构的分形特征[J]. 成都理工大学学报（自然科学版），（6）：700-708.

梁利喜，丁乙，刘向君，等.2016a. 硬脆性泥页岩井壁稳定渗流-力化耦合研究[J]. 特种油气藏，23（2）：140-143.

梁利喜，黄静，刘向君，等.2016b. 天然裂缝对页岩储层网状诱导缝的控制作用[J]. 成都理工大学学报（自然科学版），43（6）：696-702.

刘锟.2014. 硬脆性页岩水化控制方法研究[D]. 成都：西南石油大学.

刘向君，刘锟，苟绍华，等.2013a. 钠蒙脱土晶层间距膨胀影响因素研究[J]. 岩土工程学报，35（12）：2342-2345.

刘向君，刘锟，苟绍华，等.2013b. 一种两性离子聚合物合成及粘土稳定性能研究[J]. 化学研究与应用，25（10）：1375-1380.

刘向君，刘锟，苟绍华，等.2013c. 一种阳离子聚合物黏土稳定剂的合成及性能[J]. 精细石油化工，30（5）：26-30.

刘向君，罗平亚.1999. 测井在井壁稳定性研究中的应用及发展[J]. 天然气工业，（6）：33-35.

刘向君，申剑坤，梁利喜，等.2011. 孔隙压力变化对岩石强度特性的影响[J]. 岩石力学与工程学报，30（s2）：3457-3463.

刘向君，叶仲斌，陈一健.2002. 岩石弱面结构对井壁稳定性的影响[J]. 天然气工业，22（2）：41-42.

刘向君，熊健，梁利喜，等.2014. 川南地区龙马溪组页岩润湿性分析及影响讨论[J]. 天然气地球科学，25（10）：1644-1652.

刘向君，梁利喜.2015. 油气工程测井理论与应用[M]. 北京：科学出版社.

刘向君，曾韦，梁利喜，等.2016a. 龙马溪组页岩地层井壁坍塌周期预测[J]. 特种油气藏，23（5）：130-133.

刘向君，熊健，梁利喜.2016b. 龙马溪组硬脆性页岩水化实验研究[J]. 西南石油大学学报（自然科学版），38（3）：178-186.

刘致水，孙赞东.2015. 新型脆性因子及其在泥页岩储集层预测中的应用[J]. 石油勘探与开发，42（1）：15-16.

卢运虎，陈勉，安生.2012. 页岩气井脆性页岩井壁裂缝扩展机理[J]. 石油钻探技术，40（4）：13-16.

牛晓磊.2015. 长宁龙马溪组页岩水基钻井液研究[D]. 成都：西南石油大学.

牛晓磊，刘向君，罗陶涛，等.2014. 油基钻井液润湿剂室内研究[J]. 应用化工，（10）：1935-1937.

冉伟.2015. 页岩气储层岩石物理参数研究[D]. 成都：西南石油大学.

邵尚奇，田守嶒，李根生，等.2014. 水平井缝网压裂裂缝间距的优化[J]. 石油钻探技术，42（1）：86-90.

石秉忠，夏柏如，林永学，等.2012. 硬脆性泥页岩水化裂缝发展的 CT 成像与机理[J]. 石油学报，33（1）：137-142.

石祥超，孟英峰，李皋.2011. 几种岩石强度准则的对比分析[J]. 岩土力学，（s1）：209-216.

孙金声,刘敬平,闫丽丽,等.2016. 国内外页岩气井水基钻井液技术现状及中国发展方向[J]. 钻井液与完井液, 33(5): 1-8.

孙可明,张树翠.2016. 含层理页岩气藏水力压裂裂纹扩展规律解析分析[J]. 力学学报,48(5): 1229-1237.

王京印.2007. 泥页岩井壁稳定性力学化学耦合模型研究[D]. 北京:中国石油大学.

王鹏,纪友亮,潘仁芳,等. 2013. 页岩脆性的综合评价方法——以四川盆地 W 区下志留统龙马溪组为例[J]. 天然气工业, 33(12): 48-53.

王倩,王鹏,项德贵,等.2012. 页岩力学参数各向异性研究[J]. 天然气工业,32(12): 62-65.

王中华.2012. 页岩气水平井钻井液技术的难点及选用原则[J]. 中外能源,17(4): 43-47.

温航,陈勉,金衍,等.2014. 硬脆性泥页岩斜井段井壁稳定力化耦合研究[J]. 石油勘探与开发,2014,41(6): 748-754.

吴涛.2015. 页岩气层岩石脆性影响因素及评价方法研究[D]. 成都:西南石油大学.

吴小林,刘向君.2007. 泥页岩水化过程中声波时差变化规律研究[J]. 西南石油大学学报(自然科学版),2007(s2): 57-60.

谢和平.1994. 脆性材料裂纹扩展的分形运动学[J]. 力学学报,26(6): 757-762.

谢培.2011. 裂纹分叉原因分析及分叉角的预测[D]. 沈阳:东北大学.

熊健.2015. 页岩对甲烷吸附性能影响因素研究[D]. 成都:西南石油大学.

熊健,梁利喜,刘向君,等.2014a. 川南地区龙马溪组页岩岩石声波透射实验研究[J]. 地下空间与工程学报,10(5): 1071-1077.

熊健,梁利喜,刘向君,等.2014b. 基于吸附势理论的页岩对甲烷吸附特性[J]. 科技导报,32(17): 19-22.

熊健,梁利喜,刘向君.2014c. 基于氮气吸附法的渝东南下寒武统页岩孔隙的分形特征[J]. 科技导报,32(19): 53-57.

熊健,刘向君,梁利喜,等. 2015. 四川盆地长宁地区龙马溪组页岩储层上、下段页岩储层差异研究[J]. 西北大学学报自然科学版,45(4): 623-630.

熊健,罗丹序,刘向君,等. 2016. 鄂尔多斯盆地延长组页岩孔隙结构特征及其控制因素[J]. 岩性油气藏,28(2): 16-23.

徐加放,邱正松,吕开河.2005. 泥页岩水化-力学耦合模拟实验装置与压力传递实验新技术[J]. 石油学报,26(6): 115-118.

闫传梁,邓金根,蔚宝华,等. 2013. 页岩气储层井壁坍塌压力研究[J]. 岩石力学与工程学报,32(8): 1595-1602.

杨兆中,苏洲,李小刚,等.2015. 水平井交替压裂裂缝间距优化及影响因素分析[J]. 岩性油气藏,27(3): 11-17.

张超,丁乙,曹峰,等.2015. 水敏性泥页岩地层孔隙压力预测方法研究[J]. 科学技术与工程,15(31): 168-172.

张广清,殷有泉,陈勉,等.2003. 射孔对地层破裂压力的影响研究[J]. 岩石力学与工程学报,22(1): 40-44.

张立松,闫相祯,杨秀娟,等.2010. 基于 Hoek-Brown 准则的节理扩展煤层破碎分级方法[J]. 煤炭学报,35(s1): 164-169.

赵金洲,任岚,胡永全.2013. 页岩储层压裂缝成网延伸的受控因素分析[J]. 西南石油大学学报(自然科学版),35(1): 1-9.

赵维超.2014. 硬脆性页岩井壁稳定性影响因素研究[D]. 成都:西南石油大学.

中国航空研究院.1993. 应力强度因子手册(增订版)[M]. 北京:科学出版社.

周国林,谭国焕,李启光,等.2001. 剪切破坏模式下岩石的强度准则[J]. 岩石力学与工程学报,20(6): 753-753.

周小平,钱七虎,杨海清.2008. 深部岩体强度准则[J]. 岩石力学与工程学报,27(1): 118-123.

朱合华,张琦,章连洋.2013. Hoek-Brown 强度准则研究进展与应用综述[J]. 岩石力学与工程学报,32(10): 1945-1961.

庄大琳.2015. 页岩气藏地层钻井卸载破坏及对井眼稳定性的影响研究[D]. 成都:西南石油大学.

Aadnoy B S, Chenevert M E. 1987. Stability of highly inclined boreholes[J]. SPE Drilling Engineer-ing, 2(4): 364-374.

Aadnoy B S. 1989. Stresses around horizontal boreholes drilled in sedimentary rocks[J]. Journal of Petroleum Science and Engineering, 2(4): 349-360.

Abousleiman Y N, Tran M H, Hoang S K, et al. 2008. Study characterizes Woodford Shale[J]. American Oil and Gas Reporter, 51(1), 106-115.

Altindag R. 2003. Correlation of specific energy with rock brittleness concepts on rock cutting[J]. Journal- South African Institute of

Mining and Metallurgy, 103(3): 163-171.

Bai Y, Wang P Q, Liu J Y, et al. 2014. Enhanced photocatalytic performance of direct Z-scheme BiOCl-g-C_3N_4 photocatalysts[J]. Rsc Advances, 4(37): 19456.

Bishop A W. 1971. The influence of progressive failure on the choice of the method of stability analysis[J]. Géotechnique, 21(2): 168-172.

Bowker K A. 2003. Recent development of the Barnett Shale play[J]. Fort Worth Basin: West Texas Geological Society Bulletin, 42(6), 1-11.

Brunauer S, Emmett P H, Teller E. 1938. Adsorption of gases in multimolecular layers[J]. Journal of the American chemical society, 60(2): 309-319.

Brunauer S, Deming L S, Deming W E, et al. 1940. On a theory of the van der Waals adsorption of gases[J]. Journal of the American Chemical Society, 62(7): 1723-1732.

Bruner K, Smosna R. 2011. A comparative study of the Mississippian Barnett Shale, Fort Worth Basin, and Devonian Marcellus Shale[R]. Technical Report, Appalachian Basin: Technical Report DOE/NETL-2011/1478, National Energy Technology Laboratory (NETL) for The United States Department of Energy.

Cai M, Kaiser P K, Tasaka Y, ea al. 2007. Determination of residual strength parameters of jointed rock masses using the GSI system[J]. International Journal of Rock Mechanics and Mining Sciences, 44(2): 247-265.

Chalmers G R L, Ross D J K, Bustin R M. 2012. Geological controls on matrix permeability of Devonian Gas Shales in the Horn River and Liard basins, northeastern British Columbia, Canada[J]. International Journal of Coal Geology, 103, 120-131.

Cheatham J B. 1984. Wellbore Stability[J]. Journal of Petroleum Technology, 36: 7(7): 2066-2075.

Chen S B, Zhu Y M, Wang H Y, et al. 2011. Shale gas reservoir characterization: A typical case in the southern Sichuan Basin of China[J]. Energy, 36(11): 6609-6616.

Chenevert M E. 1970. Shale alteration by water adsorption[J]. JPT, 9: 1141-1148.

de Boer J H, Lippens B C, Linsen B G, et al. 1966. The t-curve of multimolecular N_2-adsorption[J]. Journal of Colloid and Interface Science, 21(4): 405-414.

Diao H. 2013. Rock mechanical properties and brittleness evaluation of shale reservoir[J]. Acta Petrologica Sinica, 29(9): 3300-3306.

Fowell R J. 1995. Suggested method for determining mode I fracture toughness using Cracked Chevron Notched Brazilian Disc (CCNBD) specimens[J]. International Journal of Rock Mechanics and Mining Sciences & Geomechanics Abstracts, 32(1): 57-64.

Fallahzadeh S H, Shadizadeh S R, Pourafshary P. 2010. Dealing with the challenges of hydraulic fracture initiation in deviated-casedperforated boreholes[R]. SPE 132797.

Gou S, Yin T, Liu K, et al. 2015a. Water-soluble complexes of an acrylamide copolymer and ionic liquids for inhibiting shale hydration[J]. New Journal of Chemistry, 39(3): 2155-2161.

Gou S, Yin T, Xia Q, et al. 2015b. Biodegradable polyethylene glycol-based ionic liquids for effective inhibition of shale hydration[J]. Rsc Advances, 2015, 5(41): 32064-32071.

Gregg S J, Sing K S W. 1982. Adsorption, surface area and porosity[M]. New York: Academic Press.

Guo J C, Zhao Z H, He S G, et al. 2015. A new method for shale brittleness evaluation[J]. Environmental Earth Sciences, 73(10): 5855-5865.

Guo T, Zhang H. 2014. Formation and enrichment mode of Jiaoshiba shale gas field, Sichuan Basin[J]. Petroleum Exploration and

Development, 41（1）: 31-40.

Holt R M, Fjær E, Stenebråten J F, et al. 2015. Brittleness of Shales: Relevance to borehole collapse and Hydraulic fracturing[J]. Journal of Petroleum Science & Engineering, 131: 200-209.

Hossain M M, Rahman M K. 2000. Hydraulic fracture initiation and propagation: Roles of wellbore trajectory, perforation and stressregimes[J]. Journal of Petroleum Science and Engineering, 27: 129-149.

Huang H, Mattson E. 2014. Physics-based modeling of hydraulic fracture propagation and permea-bility evolution of fracture network in Shale gas formation[J]. Journal of Biological chemistry, 244（5）: 1314-1324.

Hubbert M K, Willis D G. 1957. Mechanics of hydraulic fracturing[J]. Transactions of Society of Petroleum Engineers of AIME, 210: 153-168.

Hucka V, Das B. 1974. Brittleness determination of rocks by different methods[J]. International Journal of Rock Mechanics & Mining Science & Geomechanics Abstracts, 11（10）: 389-392.

Jaeger J C. 1960. Shear failure of anisotropic rocks[J]. Geological Magazine, 97（1）: 65-72.

Jarvie D M, Hill R J, Ruble T E, et al. 2007. Unconventional shale-gas systems: The Mississippian Barnett Shale of north-central Texas as one model for thermogenic shale-gas assessment[J]. AAPG bulletin, 91（4）: 475-499.

Jiang W, Ye Z, Gou S, et al. 2015. Modular β‑cyclodextrin and polyoxyethylene ether modified water‑soluble polyacrylamide for shale hydration inhibition[J]. Polymers for Advanced Technologies, 27（2）: 213-220.

Kim J, Moridis G J. 2015. Numerical analysis of fracture propagation during hydraulic fracturing operations in shale gas systems[J]. International Journal of Rock Mechanics & Mining Sciences, 76: 127-137.

Lawn B R, Marshall D B. 1979. Hardness, toughness, and brittleness: an indentation analysis[J]. Journal of the American Ceramic Society, 62（7-8）: 347-350.

Lee H, Ong S H, Azeemuddin M, et al. 2012. A wellbore stability model for formations with anisotropic rock strengths[J]. Journal of Petroleum Science and Engineering, 96: 109-119.

Li X G, Yi L P, Yang Z Z, et al. 2015a. A new model for gas transport in fractal-like tight porous media[J]. Journal of Applied Physics, 117（17）: 401.

Li X G, Yi L P, Yang Z Z, et al. 2015b. A new model for gas–water two-immiscible-phase transport in fractal-like porous media[J]. Journal of Applied Physics, 118（22）: 963.

Liang L, Xiong J, Liu X. 2015a. An investigation of the fractal characteristics of the Upper Ordovician Wufeng Formation shale using nitrogen adsorption analysis[J]. Journal of Natural Gas Science & Engineering, 27（10）: 402-409.

Liang L, Xiong J, Liu X. 2015b. Experimental study on crack propagation in shale formations considering hydration and wettability[J]. Journal of Natural Gas Science & Engineering, 23: 492-499.

Liang L, Xiong J, Liu X. 2015c. Mineralogical, microstructural and physiochemical characteristics of organic-rich shales in the Sichuan Basin, China[J]. Journal of Natural Gas Science &Engineering, 26（3）: 1200-1212.

Liang L, Ding Y, Liu X. 2016a. Shear test, stress analysis predict collapsing pressure in China's Liushagang shale[J]. Oil& Gas Journal, 114（2）: 52-58.

Liang L, Luo D, Liu X, et al. 2016b. Experimental study on the wettability and adsorption characteristics of Longmaxi Formation shale in the Sichuan Basin, China[J]. Journal of Natural Gas Science & Engineering, 33: 1107-1118.

Liang L, Xiong J, Liu X, et al. 2016c. An investigation into the thermodynamic characteristics of methane adsorption on different clay minerals[J]. Journal of Natural Gas Science &Engineering, 33: 1046-1055.

Liang L, Yuan W, Liu X, et al. 2016d. Simulation of well wall stress distribution model and well stability[J]. Open Civil Engineering Journal, 10(Suppl-1, M4): 149-160.

Liu X, Jiang W, Gou S, et al. 2013. Synthesis and evaluation of novel water-soluble copolymers based on acrylamide and modular β-cyclodextrin[J]. Carbohydrate polymers, 96(1): 47-56.

Liu X, Liu K, Gou S, et al. 2014. Water-Soluble Acrylamide Sulfonate Copolymer for Inhibiting Sha-le Hydration[J]. Industrial & Engineering Chemistry Research, 53(8): 2903-2910.

Liu X, Xiong J, Liang L. 2015. Investigation of pore structure and fractal characteristics of organic-rich Yanchang formation shale in central China by nitrogen adsorption/desorption analysis[J]. Journal of Natural Gas Science & Engineering, 22: 62-72.

Liu X, Zeng W, Liang L, et al. 2016. Wellbore stability analysis for horizontal wells in shale formations[J]. Journal of Natural Gas Science & Engineering, 31: 1-8.

Liu X J, Ding Y, Luo P Y. 2017. Index measures brittleness in China's Longmaxi shale[J]. Oil &Gas Journal, 115(2): 45-51.

Loucks R G, Ruppel S C.2007. Mississippian Barnett shale: lithofacies and depositional setting of a deep-water shale-gas succession in the Fort Worth Basin, Texas[J]. AAPG bulletin, , 91(4): 579-601.

Loucks R G, Reed R M, Ruppel S C, et al. 2009. Morphology, genesis, and distribution of nanometer-scale pores in siliceous mudstones of the Mississippian Barnett Shale[J]. Journal of sedimentary research, 79(12): 848-861.

Mastalerz M, Schimmelmann A, Drobniak A, et al. 2013. Porosity of Devonian and Mississippian New Albany Shale across a maturation gradient: Insights from organic petrology, gas adsorption, and mercury intrusion[J]. AAPG Bulletin, 2013, 97(10): 1621-1643.

Mody F K, Hale A H. 1993. Borehole-stability model to couple the mechanics and chemistry of drill-ing-fluid/shale interactions[J]. JPT, 45(11): 1093-1101.

Rickman R, Mullen M J, Petre J E, et al. 2008. A Practical Use of Shale Petrophysics for Stimulati-on Design Optimization: All Shale Plays Are Not Clones of the Barnett Shale[C]// Spe Technical Conference and Exhibition. Society of Petroleum Engineers.

Ross D J K, Bustin R M. 2007. Shale gas potential of the lower jurassic gordondale member, northeastern British Columbia, Canada[J]. Bulletin of Canadian Petroleum Geology, 55(1): 51-75.

Rybacki E, Reinicke A, Meier T, et al. 2014. What controls the strength and brittleness of shale rocks?[C]// EGU General Assembly Conference. EGU General Assembly Conference Abst-racts: 40-45.

Schmidt R A. 1977. Fracture mechanics of oil shale-unconfined fracture toughness, stress corrosion cracking, and tension test results[C]//The 18th US Symposium on Rock Mechanics (USRMS). American Rock Mechanics Association.

Seol H, Jeonga S, Chob C, et al. 2008. Shear load transfer for rock-socketed drilled shafts based on borehole roughness and geological strength index (GSI)[J]. International journal of Rock Mechanics and Mining Sciences, 45(6): 848-861.

Sing K S W, Everett D H, Haul R A W, et al. 1985. Reporting physisorption data for gas/solid systems with special reference to the determination of surface area and porosity[J]. Pure and Applied Chemistry, 57(4): 603-619.

Soliman M Y, East L, Augustine J. 2010. Fracturing design aimed at enhancing fracture complexity[R]. SPE 130043.

Strapoć D, Mastalerz M, Schimmelmann A, et al. 2010. Geochemical constraints on the origin and volume of gas in the New Albany Shale (Devoniane Mississippian), eastern Illinois Basin[J]. AAPG Bulletin, 94(11): 1713-1740.

Tarasov B, Potvin Y. 2013. Universal criteria for rock brittleness estimation under triaxial compress-ion[J]. International Journal of Rock Mechanics & Mining Sciences, 59(4): 57-69.

Xiong J, Liu X, Liang L. 2015a. An investigation of fractal characteristics of marine shales in the southern china from nitrogen adsorption data[J]. Journal of Chemistry, （3）: 766-775.

Xiong J, Liu X, Liang L. 2015b. Experimental study on the pore structure characteristics of the Upper Ordovician Wufeng Formation shale in the southwest portion of the Sichuan Basin, China[J]. Journal of Natural Gas Science & Engineering, 22: 530-539.

Xiong J, Liu X, Liang L, et al. 2016. Experimental study on the physical and chemical properties of the deep hard brittle shale [J]. Perspectives in Science, 7（7）: 166-170.

Xu L, Liu X, Liang L, et al. 2013. The similar structure method for solving the model of fractal Dual-Porosity Reservoir[J]. Mathematical Problems in Engineering, （4）: 1-9.

Yagiz S, Gokceoglu C. 2010. Application of fuzzy inference system and nonlinear regression model-s for predicting rock brittleness[J]. Expert Systems with Applications, 37（3）: 2265-2272.

Yu M. 2002. Chemical and thermal effects on wellbore stability of shale formations[J]. Journal of Petroleum Technology, 54（2）: 51-51.

Zhang D, Ranjith P G, Perera M S A. 2016. The brittleness indices used in rock mechanics and their application in shale hydraulic fracturing: A review[J]. Journal of Petroleum Science & Engineering, 143: 158-170.